TURING

图灵教育

站在巨人的肩上
Standing on the Shoulders of Giants

U0247595

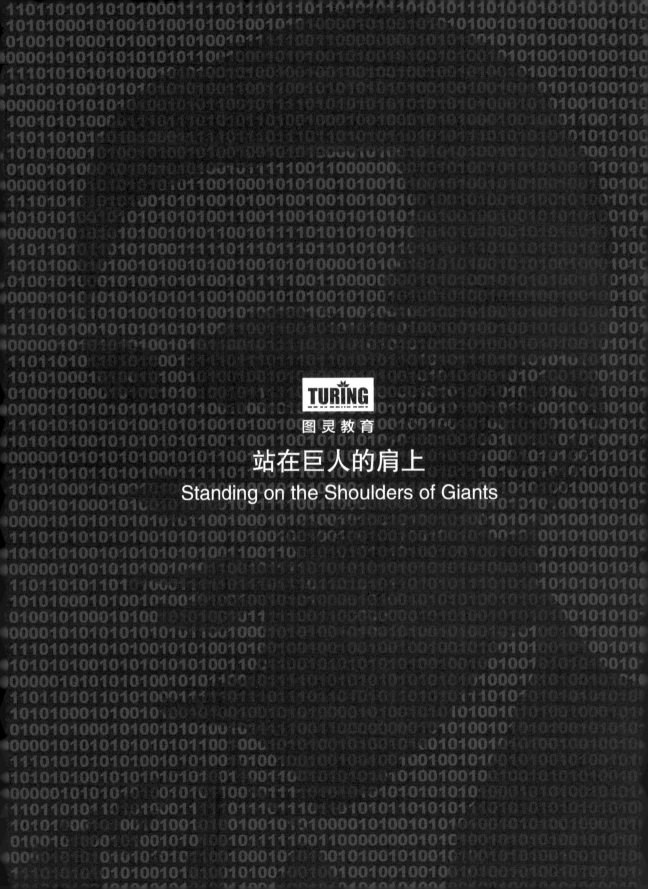

TURING
图灵教育

站在巨人的肩上
Standing on the Shoulders of Giants

TURING 图灵程序设计丛书

The Art of Monitoring

监控的艺术

云原生时代的监控框架

[澳] 詹姆斯·特恩布尔 著　　李强 译

人民邮电出版社

北　京

图书在版编目（CIP）数据

监控的艺术：云原生时代的监控框架 /（澳）詹姆斯·特恩布尔（James Turnbull）著；李强译. -- 北京：人民邮电出版社，2020.6
（图灵程序设计丛书）
ISBN 978-7-115-53965-6

Ⅰ．①监… Ⅱ．①詹… ②李… Ⅲ．①监控系统
Ⅳ．①TP277.2

中国版本图书馆CIP数据核字(2020)第077934号

内 容 提 要

本书由前 Docker 员工、运维专家詹姆斯·特恩布尔执笔，系统介绍现代应用程序及架构的监控和度量。全书共分为 13 章，主要内容包括监控和度量过程中涉及的一些基本概念，描述基于主机的监控，运用大量代码分析例证，实时监控系统。另外，作者对系统日志、应用程序以及通知等方面进行了系统介绍，力求构建可监控的系统。

本书适合工程师、系统管理员以及其他所有对系统监控和 DevOps 感兴趣的人阅读。

◆ 著 [澳] 詹姆斯·特恩布尔
　 译 李 强
　 责任编辑 谢婷婷
　 责任印制 周昇亮
◆ 人民邮电出版社出版发行　　北京市丰台区成寿寺路11号
　 邮编 100164　 电子邮件 315@ptpress.com.cn
　 网址 https://www.ptpress.com.cn
　 天津翔远印刷有限公司印刷
◆ 开本：800×1000　1/16
　 印张：24.25
　 字数：573千字　　　　　　　2020年6月第1版
　 印数：1 – 3 000册　　　　　 2020年6月天津第1次印刷
　 著作权合同登记号　图字：01-2017-0987 号

定价：99.00元
读者服务热线：(010)51095183转600　印装质量热线：(010)81055316
反盗版热线：(010)81055315
广告经营许可证：京东市监广登字 20170147 号

版 权 声 明

前　言

读者对象

本书面向工程师、开发人员、系统管理员、运维人员以及其他所有对系统监控和 DevOps 感兴趣的人。书中对现代应用程序和基础设施的监控艺术提供了简单、实用的介绍。读者应该具有基本的 Unix/Linux 技能，熟悉命令行和基本的网络操作，并能够熟练地编辑文件、安装软件包、管理服务。

致谢

- ❏ 感谢 Ruth Brown，我生命中最了不起的人。
- ❏ 感谢 Kyle Kingsbury 开发了 Riemann，并且在本书写作过程中随时为我解惑。
- ❏ 感谢 Pierre-Yves Ritschard 为我提供有关 Riemann 和 Clojure 的帮助。
- ❏ 感谢 Ben Linsay 对 Clojure 介绍材料的反馈。
- ❏ 感谢 Baron Schwartz、Dean Wilson、Brice Figureau、Marc Fournier 针对本书提供建设性意见。
- ❏ 感谢 Jeff Danzinger 同意本书使用他创作的关于平均值的漫画。
- ❏ 感谢 Simone Bottecchia、Katherine Daniels、Laurie Denness、Ryan Frantz、Kelvin Jasperson、Marc Fournier、Pierre-Yves Ritschard、Javier Uruen Val、Avleen Vig、John Vincent 回答与监控相关的问题。
- ❏ 感谢 PagerDuty 的员工在本书写作过程中免费提供平台。
- ❏ 感谢 Bimlendu Mishra 编写的 Grafana 数据看板示例。
- ❏ 感谢 Michael Jakl 提供 RESTful Clojure 示例应用程序。

技术审校者

Caitie McCaffrey

Caitie McCaffrey 是 Twitter 的后端和分布式系统专家，她是系统可观测性研究团队的技术主管。在此之前，她多数时间致力于构建娱乐行业的大型系统和服务，曾就职于 343 Industries、微软游戏工作室、HBO 电视网。她拥有康奈尔大学的计算机科学学士学位，并参与了多款电子游戏的开发，包括《战争机器 2》《战争机器 3》《光环 4》《光环 5》。她在 CaitieM.com 上写博客，也经常在 Twitter 上讨论技术。她的 Twitter 账户名是@Caitie。

Paul Stack

Paul Stack 是基础设施程序员，他热衷于实践持续集成、持续交付和良好的运维流程，以及如何使它们成为开发人员和系统管理员日常工作的一部分。他相信可靠地交付软件和开发软件一样重要。

Jamie Wilkinson

Jamie Wilkinson 是谷歌存储基础设施团队的网站可靠性工程师。为了顺应其研究领域的跨学科性，他从 1999 年开始从事 Linux 系统管理，同时获得了计算机科学学士学位，并且为《SRE：Google 运维解密》贡献了一章关于监控的内容。他目前和家人居住在澳大利亚悉尼。

编辑

Sid Orlando 是作家兼编辑，目前在 Kickstarter 担任主编。自从开始从事更加注重技术的项目以来，她时常梦见用 Docker 容器来整理衣橱。

作者

詹姆斯·特恩布尔（James Turnbull）是一位作家和开源极客。除了本书以外，他最近出版的书还包括关于基础设施管理工具 Terraform 的 *The Terraform Book*、关于 Docker 的《第一本 Docker 书》，以及关于流行的开源日志工具 Logstash 的 *The Logstash Book*。他写了两本关于 Puppet 的书：《精通 Puppet 配置管理工具》和 *Pulling Strings with Puppet*。另外，他还著有《Linux 系统管理大全》、*Pro Nagios 2.0*、*Hardening Linux*。

他曾在 Kickstarter 担任首席技术官，在 Docker 担任服务和支持副总裁，在 Venmo 担任工程副总裁，并在 Puppet Labs 担任技术运维副总裁。他喜欢美食、美酒、阅读、摄影、猫，但不喜欢在海滩上散步。

排版约定

正文中的代码以等宽字体显示，例如 `inline code statement`。

代码块的格式如下所示。

代码清单　示例代码块

```
This is a code block
```

长代码会换行。

代码和示例

本书中的代码和示例配置可在以下 GitHub 仓库中找到[①]。

https://github.com/turnbullpublishing/aom-code

勘误

如果在本书中发现错误，请发送邮件至 james+errata@lovedthanlost.net，或联系中文版译者（spark.li@qq.com）。

免责声明

本书仅供教育之用，并不作为对法律、会计或其他专业服务提供的建议。尽管已经尽力完善本书，但作者不对内容的准确性和完整性做任何形式的陈述或保证，在此强调不对任何特定用途的适用性做相关的暗示和保证。对于任何个人或组织使用本书所含信息或程序直接或间接造成的任何损失及附带损害，作者不承担任何责任。每个公司的情况都不一样，书中的建议和策略可能并不适合所有情况。在开始实施任何监控计划之前，都请咨询专业人士。

版本

此版本为本书的 1.0.3 版（0b5b213）。

电子书

扫描如下二维码，即可购买本书电子版。

---

① 也可以访问图灵社区，下载示例代码、查看或提交勘误：http://ituring.cn/book/1955。——编者注

目　　录

第 1 章

引 言

1

让我们从 Example 公司的故事讲起。Example 以前有一个系统管理员，她负责管理数据中心的基础设施。每当数据中心增加新的主机时，她都要相应地安装监控代理并设置一些监控埋点。时不时就会有主机崩溃，触发一个监控埋点，并向她发送通知。于是，她就要从睡梦中爬起来去运行 rm - fr /var/log/*.log 来解决问题。

多年来，这种方法一直很有效。当然并非完美，偶尔也会出现一些问题，比如没有触发埋点，没有及时发通知，或者主机上的一些应用程序和服务根本就没有受到监控。但总体上来说，监控还是很有效的。

信息技术行业逐渐开始改变，引入了虚拟化和云计算，需要监控的主机增加了一个甚至几个数量级。其中一些主机由非专业系统管理员来管理，一些主机甚至外包给第三方管理。数据中心的一些主机被迁移到了云上，甚至被"软件即服务"（Software as a Service，SaaS）应用程序所取代。

最重要的是，信息技术（information technology，IT）成为了企业与客户沟通以及销售的核心渠道。以前只被视为纯技术的应用程序和服务，现在对客户满意度和提供高质量的客户服务来说至关重要。IT 不再只是成本中心，更是公司的收入来源。

因此，监控的各个方面都开始出现问题。跟踪主机变得更困难（主机数量大大增多），应用程序和基础设施变得更加复杂，对可用性和质量的期望变得更高。

用现有的系统检查所有可能出现问题的地方变得越来越困难。告警通知堆积如山，更多的主机和服务意味着对监控系统的要求更高，大多数监控系统只能通过添加更大、更强的主机来进行扩展，但很难扩展为分布式系统。在这样的负载下，检测和定位故障和业务中断的速度越来越慢，难度也越来越大。

组织开始要求用更多的数据来证明他们正在向客户提供高质量的服务，并证明增加 IT 服务支出的合理性。这些需求中，有许多数据是现有监控系统无法测量或者无法生成的。由于这些需求，系统管理员的监控系统变得越来越复杂和混乱。

对许多从业者来说，这就是监控系统的现状，显然不尽如人意。它不应该如此，你可以构建更好的方案来解决当前的问题和应对未来的变化。

1.1　内容概览

本书使用最新的工具和技术，为构建可扩展的现代监控框架提供实用指南。书中将从头开始构建监控框架，为开发人员和系统管理员提供最佳实践。开发人员可以了解如何更好地使用监控和指标，系统管理员可以掌握如何利用指标更好地进行故障检测，并深入了解性能。另外，虚拟化、容器化和云引入了动态基础设施，使 IT 环境发生变化，书中将对此提出解决方案。本书旨在提供一个监控框架，帮助你和你的客户更好地管理 IT 基础设施。

在进入正题之前，有必要讨论监控的定义、监控存在的意义，以及每个监控领域中存在的一些挑战。然后，我们将讨论本书的主要内容、阅读过程中将会收获的技能，以及如何改变理解和实现监控的方式。

1.2　监控的定义

从技术的角度来看，监控是度量和管理 IT 系统的工具和过程，但实际上监控远不止这些。监控可以在业务价值与系统或应用程序产生的指标之间提供转换，监控系统将这些指标转换为可度量的用户体验。可度量的用户体验为业务提供反馈，帮助确保其交付客户想要的内容。用户体验还会向 IT 部门提供反馈，指出失误和不足。因此，监控系统有两类客户。

❑ 业务客户
❑ IT 客户

1.2.1　业务客户

监控系统的首要客户是业务部门。监控系统的存在就是支撑业务，确保业务持续运行，其提供的用户体验数据，可以帮助企业更好地进行产品开发和技术投资。另外，监控还有助于业务度量技术交付的价值。

1.2.2　IT 客户

IT 客户就是指你、你的团队以及管理和维护技术环境的人。借助监控，可以了解技术环境的状态。同时，大量的监控能够检测、诊断和帮助解决技术环境中的故障和其他问题。监控提供了许多数据，帮助你做出关键的产品决策和技术决策，并度量这些项目是否成功。它是产品管理生命周期的关键组成部分，也是你与内部客户关系的重要一环，它有助于证明企业的投入落到实处。没有监控，工作价值无从谈起。

1.3　监控的实际存在形式

我们设想的这种监控与现实中大多数监控系统的实际情况相吻合吗？那得看情况。不同组织中的监控系统发展变化非常大，正如 William Gibson 所说：未来并不是均匀分布的。为了探究这个问题，我们创建了一个三层成熟度模型，它反映了不同组织的监控系统演进的各个阶段。

❑ 手动、用户发起或无监控阶段
❑ 被动式监控阶段
❑ 主动式监控阶段

这个模型并不完美。关于阶段的定义很宽泛，组织可能发现他们处于这些阶段之间的某处。此外，这种成熟度难以度量，并不是所有组织都以线性或全盘的方式进行这种演化。这可能是因为不同阶段的员工的技能水平和经验参差不齐，也可能是因为组织的不同部门、业务单元以及职能划分具有不同的成熟度级别，或者两者兼而有之。

1.3.1　手动、用户发起或无监控阶段

这个阶段的监控在很大程度上是手动执行的，或是由用户发起的，抑或根本没有监控。如果需要执行监控，则往往通过检查列表、简单的脚本和其他非自动化流程对其进行管理。监控往往变成了事后行为，只监控已经出故障的组件。往往通过生搬硬套，重复执行"之前就这么干"的步骤来修复这些组件中的故障。

这个阶段的重点是缩短停机时间和管理资产。以这种方式进行监控在度量质量或服务方面提供的价值很少（甚至没有），并且只能提供少量（甚至不能提供）数据来帮助 IT 部门证明预算、成本或新项目的合理性。

这种情况在小型组织中较为常见，这类组织的 IT 人员有限，或者没有专业的 IT 人员，甚至由非 IT 人员（如财务团队）履行和管理 IT 职能。

1.3.2　被动式监控阶段

被动式监控大多是自动的，但还残留一些手动的或无监控的组件。这个阶段已经部署了各种复杂的工具来执行监控，通常会看到像 Nagios 这样的工具对硬盘、CPU 和内存的基本问题进行余量检查。它可以采集一些性能数据，大多基于简单的阈值，并通过电子邮件或消息服务发送告警提示。可能有一个或多个集中的控制台显示监控状态。

人们广泛关注如何度量可用性和管理 IT 资产。可能会有使用监控数据来度量客户体验的趋势。监控系统提供数据来度量质量或服务，也提供数据来帮助 IT 部门证明预算、成本或新项目的合理性。在使用这些数据之前，需要对其中的大部分进行加工或转换，有一些提供了可供操作的数据看板。

被动式监控在中小型企业中很普遍，在大型企业的 IT 部门中也很常见。通常，被动式监控由运维团队构建和部署。你经常会发现大量的通知积压、陈旧的埋点配置和架构，对监控系统的更新往往是被动地响应事故和中断，添加监控埋点通常是应用程序或基础设施部署中的最后一步。

1.3.3　主动式监控阶段

在主动式监控阶段中，监控通常被认为是管理基础设施和业务的核心。监控是自动的，由配置管理工具生成。你会看到 Nagios、Sensu、Graphite 等工具，以及广泛使用的度量标准。埋点将更加趋向于以应用程序为中心，验证多数应用程序变为开发工作的一部分。埋点还更侧重于度量应用程序性能和业务结果，而不仅仅是硬盘和 CPU 之类的余量问题。性能数据被频繁地收集并用于分析和解决故障，告警会标注上下文信息，可能会自动扩大告警范围和自动响应。

关注的重点是衡量服务质量和客户体验。监控提供了度量质量或服务的数据，并提供了帮助 IT 部门证明预算、成本或新项目合理性的数据。大部分数据通过数据看板和报告直接提供给业务部门、应用程序团队和其他相关方。

主动式监控在以 Web 为中心的组织和许多成熟的创业公司中较为常见，采用 DevOps 文化和方法论的组织通常也使用这种方法。监控在很大程度上仍将由运维团队管理，但监控新应用程序和服务的责任可能会交给应用程序开发人员。一个产品如果没有监控，将被认为是不完整的，还不能部署。

1.4　模型分布

基于对监控的广泛研究，我们总结出了监控成熟度模型的分布，如图 1-1 所示。

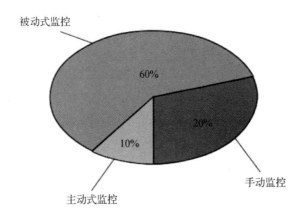

图 1-1　监控成熟度模型分布

可以看到，绝大多数环境处于被动式监控阶段，这对大多数工程师来说并不奇怪。被动式监控成熟度相对容易实现，并且可以满足大多数基本的监控需求。

如前所述，模型和所谓的分布都不是完美的。但是，即使考虑到潜在分布的广泛性，在处于被动式监控阶段的组织中，我们也可以针对其监控系统的实现进行一些架构上的假设。

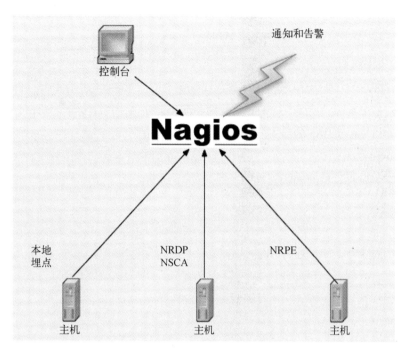

图 1-2 传统的监控配置

图 1-2 展示了在处于被动式监控阶段的组织中常见的经典监控配置。

一个 Nagios 实例对主机和服务进行检查，在某处出现异常时发送短信或电子邮件通知，并作为与通知交互的主要数据看板。借助开源工具和商业工具，这个基本配置可以有许多变体，但它仍然是处于被动式监控阶段的组织常用的基本配置。

从根本上来说，这个基本配置是有缺陷的。我们之前讨论了监控的两个客户：业务和 IT。然而，被动式监控环境根本不能为前者服务，也几乎不为后者服务。

1.5 实施主动式监控

被动式监控环境生成以基础设施为中心的监控输出：主机停机，服务中断。因为并没有生成以业务或应用程序为中心的输出，所以就不能依赖监控为业务决策提供有用信息。当然，也不能使用监控数据证明来改进或更新基础设施的预算是合理的。更重要的是，不能使用监控数据证明对团队进行投资是有价值的。

由于被动式监控环境以基础设施为中心，因此它只服务于部分技术客户（一般指运维团队），不能向开发人员提供有用的、以应用程序为中心的数据。结果，非运维人员不了解受监控的基础设施和应用程序的实际性能和可用性。开发人员通常只能收到二手信息，这削弱了他们对消除问题和故障的责任感。

注意： 需要指出的是，这里对被动式监控模型的批判不涉及工具和技术的选择。我并不是要对工具或工具链吹毛求疵，而纯粹是为了帮助你满足客户的需求，方便开展工作。

如何将典型的被动式监控环境转变成更容易接受的主动式监控环境呢？利用指标。升级被动式监控环境，以关注事件、指标、日志。用事件和以指标驱动的检查替换许多现有的监控基础设施，例如服务和以主机为中心的检查。

在我们的监控框架中，事件、指标、日志将成为解决方案的核心。组成事件、指标、日志的数据点将为以下方面提供可信赖的数据源。

❑ 环境的状况
❑ 环境的性能

因此，我们既不会对主机执行 ping 操作来检查其可用性，也不会通过监控进程来确认服务还在运行。相反，我们将用指标替代大多数以基础设施为中心的故障检查。

　　如果一个指标正在测量中，说明服务是可用的。如果它停止测量，则很可能说明该服务不可用。

将事件、指标、日志可视化还有助于直观地表达和理解复杂的想法，免去了长篇大论或大费口舌的解释。

第 2 章将详细介绍监控框架，包括设计方案，以及工具和技术的选择。

为了阐明这个框架，我虚构了 Example 公司，以说明如何在实际中运用它。接下来快速了解一下 Example，该公司有 3 个主要站点。

❑ 生产环境 A
❑ 生产环境 B（DRP）
❑ 任务控制环境

每个站点的地理位置彼此分离。我们将关注生产环境 A 中的应用程序，但同时会展示如何跨站点构建尽可能有弹性的应用程序。Example 还有一个 DRP 站点（生产环境 B），以及一个包含管理基础设施（包括控制台和数据看板）的任务控制环境。相应地，我将演示如何将这些站点连接到监控框架中。

Example 也有测试环境。在现实世界中，我们也会在测试环境中重复监控。这有助于定位回归问题和性能问题，并且在构建应用程序和服务时，有助于确保监控是高优先级的需求。

Example 主要是 Linux 环境，运行最新版本的 Red Hat Enterprise Linux 和 Ubuntu，并运行大量面向客户的内部应用程序和外部应用程序。几乎所有应用程序都基于 Web，所用技术包括以下几项。

1

❑ 基于 Java 和 JVM 的应用程序
❑ Ruby on Rails
❑ LAMP 技术栈的应用程序

它们的数据库技术栈包含 MySQL/MariaDB、PostgreSQL、Redis。

大部分环境使用配置管理工具进行管理，每个环境都有用于监控的 Nagios 服务器。

最近，Example 开始尝试使用 Docker 等工具，并且使用 GitHub、PagerDuty 等 SaaS 产品。

这种环境提供了具有代表性的技术样例，它适用于其他多种环境和技术栈。

1.6　本书内容

在本书中，你将了解如何构建监控框架。第 2 章将描述该框架，之后的各章将逐步构建它，并最终使用该框架监控基础设施、服务、应用程序。

本书并不是所有技术栈的监控圣经，理解这一点很重要。书中确实会使用许多涵盖广泛技术的示例应用程序来展示如何监控不同的组件，但是，本书并没有详细列出每个技术栈应有的监控项目。每个环境和应用程序的开发、构建、编码都是不同的，同样，每个组织都有自己的架构、监控目标、阈值、关注点。

本书将探讨大部分需要监控的内容，确定关键检查点，并介绍一系列可以采用或修改的模式。通过阅读本书，你应该能够为组织的框架构建解决方案，满足组织的特定需求。

下面是每一章的要点。

❑ 第 1 章：引言。
❑ 第 2 章：介绍监控框架，内容包括监控、指标、度量。这一章为监控框架的相关决策和架构提供所需的背景知识。
❑ 第 3 章：使用名为 Riemann 的事件路由器管理事件和指标。
❑ 第 4 章：使用 Graphite 和 Grafana 存储和可视化指标。
❑ 第 5 章：使用 collectd 进行主机监控。
❑ 第 6 章：在 Riemann 和 Graphite 中使用 collectd 事件。
❑ 第 7 章：讨论如何监控容器，主要是监控 Docker。
❑ 第 8 章：采集诊断日志和状态日志，涵盖 ELK 技术栈。
❑ 第 9 章：构建受监控的应用程序，并了解如何向应用程序添加插装点、指标、日志记录、事件。
❑ 第 10 章：构建与上下文有关且可读性良好的通知。
❑ 第 11 ~ 13 章：监控技术栈。这部分将把所有的组件放在一起监控示例主机、服务、应用程序栈，并全面介绍监控框架的工作原理。

❑ 附录：介绍 Clojure，Riemann 将它作为配置语言。（建议在阅读第 3 章之前先阅读附录。）

本书没有直接讨论对非主机设备的监控，包括网络设备、存储设备、数据中心设备。不过，书中探索的许多技术可以用于这些设备。现代设备有助于推送指标、提供指标和状态端点，并生成适当的事件和日志。

1.7 工具的选择

本书主要讨论免费和开源的监控工具及解决方案，其中会涉及许多提供监控服务的商业工具和在线服务，但不会一一展开介绍。

必须认识到，书中所涉及的内容并不是一成不变的。你可能会看着书中介绍的工具列表，想着必须学习和管理很多软件。为了解决这个问题，本书精心组织内容结构，尽可能地帮助你实现监控框架的各个部分，而不是整个框架。大多数章节会有一个独立的组件，可以与其他组件集成，也可以独立使用。

基于研究、经验和与业内同事的咨询，本书还选择了几种工具，我认为这些工具在其领域中性能最佳。如果你发现所介绍的工具不适合你或不满足需求，针对这种情况，每一章都尽可能地列出了可以探索的替代工具。选择这些工具仅仅是为了阐明本书中提出的监控方法，它们是树林里的树，还有更多的树等待着你去发现。如果你找到更好的工具，并取得相同的结果，那么可以写一篇博客文章，做一次演讲，或者分享你的配置。我很乐意听取你的意见。

监控框架

2

从本章开始，我们将构建监控框架。首先研究数据采集、指标、聚合、可视化，然后扩展这个框架，以采集应用程序指标和业务指标，最后将所有内容融会贯通，构建专注于事件和指标的框架，并以可扩展、稳健的方式采集数据。

在新的监控范式中，事件和指标将是解决方案的核心。这些数据将为以下方面提供事实来源。

❑ 环境的状况
❑ 环境的性能

这些数据的可视化还可以对复杂的思想进行直观的表达和解释，免去了长篇大论的文字或大费口舌的解释。

本章将逐步介绍监控框架，并引入一些基本概念，为理解后文谈到的工具和技术的选择奠定基础。

本书提出一种新的架构来实现监控框架，如图 2-1 所示。

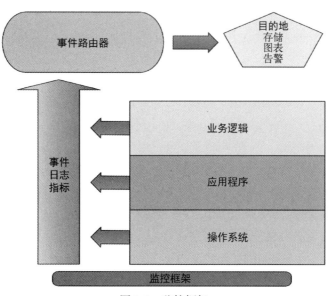

图 2-1　监控框架

新架构能够实现以下功能。

- □ 让我们能轻松实现环境状况可视化。
- □ 以事件、日志、指标为中心。
- □ 关注白盒监控（推式监控），而不是黑盒监控（拉式监控）。
- □ 提供上下文和有价值的通知。

这些目标将帮助我们把 Example 的被动式环境改造为更接近主动式的环境，确保我们以正确的方式监控正确的组件。

让我们来看看这个新架构。

2.1　黑盒与白盒

我们将从根本上改变监控的执行架构。大多数监控系统采用黑盒监控，即拉式（或轮询）监控，Nagios 就是一个很好的例子。使用 Nagios，监控系统通常会查询受监控的组件，典型的检测包括对主机进行基于 ICMP 的 ping 操作。这意味着环境中管理的主机和服务越多，Nagios 主机需要执行和处理的检测就越多。接下来需要通过对监控系统进行纵向扩展或通过分区来应对增长问题。

我们将尽可能避免使用黑盒监控，而使用白盒监控，即推式监控。使用白盒架构，主机、服务、应用程序都是发送者，它们将数据发送到中央采集器。采集的数据完全分布在发送数据的主机、服务、应用程序上，从而可以做到线性扩展。这意味着监控不再是单体中心功能，在添加更多检测时，无须对系统进行纵向扩展或分区。

当发送者处于可用状态时就会上报信息。发送者通常是无状态的，一旦数据生成就发送数据。它们可以使用适合自己的本地传输方式和机制，而不必选择监控工具提供的方案。这使我们能够选择最佳工具集（而不是单一工具）来构建模块化、功能隔离、分区化的监控解决方案。

黑盒监控还要求集中配置相关监控目标，比如监控点和监控内容。通过推式系统，主机、服务、应用程序在启动时发送数据，并向配置的目的地推送指标，这在动态环境中尤为重要。在拉式监控中，短期活动可能没有足够的时间被发现或聚合到配置中。但是，对于推式架构，发送者可以控制数据的发送时机和目的地，因此这构不成问题。

我们还可以从推式架构中获得广泛的安全红利：由于发送者不监听网络连接，因此面对远程攻击，它们天然地更为安全。这就缩小了主机、服务、应用程序的攻击面。此外，因为网络和防火墙只需要配置为从发送者到采集器的单向通信，所以这也降低了安全模型的运维复杂度。

拉式系统通常强调监控可用性（目标是否正常运行），以及最小化停机时间[1]。当我们使用轮

---

[1] 有一些例外，如 Prometheus 和谷歌的 Borgmon。

询系统时，关注点将局限在这种粗粒度的可用性监控上。拉式系统还极为关注小的原子操作，例如告诉你 Nginx 守护进程已停止工作。这可能非常有吸引力，因为修复这些原子操作通常比解决更系统的问题来得容易和简单，例如 HTTP 500 错误增加了 10%。

你可能会问："嘿，这有什么错？"确实，除了更加强化了 IT 是成本中心的观点外，也没有什么根本性问题。重点是关注可用性，而不是质量和服务，将 IT 资产视为纯粹的资本和运维支出。它们不是提供价值的资产，而只是需要管理的资产。那些将 IT 视为成本中心的组织倾向于限制或削减预算、外包服务，而不会投资新项目，因为他们只看到成本，而看不到价值。

值得庆幸的是，IT 组织已经逐渐开始受到更积极的关注。越来越多的组织已经认识到高质量的 IT 服务不仅是开展业务的关键所在，而且实际上还是市场竞争的差异化因素。如果你在 IT 方面做得比竞争对手好，那么就拥有一项非常有市场的资产。除此之外，虚拟化的普及和灵活性、云计算等弹性计算以及软件即服务的引入，也强化了这一点。现在，人们已经认为 IT 从成本中心变为了收入中心，即使不是严格意义上的收入中心，至少也是一个增加收入的杠杆。但是这种变化会带来一些后果，其中最重要的是现在我们需要度量 IT 的质量和性能，而不仅仅是它的可用性，这些数据对于做出正确的业务决策和技术决策至关重要。

与拉式模型相比，推式模型更注重指标。你仍然可以测量可用性，但那只是度量组件和服务的副产品。由于数据采集是分布式的，通常开销很低，因此你还可以推送大量数据并以高精度存储它。提高数据精度有助于更快速地响应有关服务质量、性能、可用性的问题，并可以推动相关支出、人员编制和新项目的决策。这将改变 IT 组织内部对衡量价值、吞吐量和性能的关注，也就是所有与收入而非成本有关的杠杆。

2.2 以事件、日志、指标为中心

本书所提倡的推式架构将把采集事件、日志、指标等数据作为中心。我们将使用这些数据来监控环境，并在出现问题时予以探测。

- 事件：通常使用事件来了解环境中的变化和情况。
- 日志：日志是事件的一个子集。它们有助于了解当前状况，通常是调查和诊断故障最有用的工具。
- 指标：在所有数据源中，我们将主要依赖指标来了解目前环境中的实时进展。让我们更深入地了解一下指标。

2.2.1 更多关于指标的知识

指标似乎是所有监控架构中最简单的部分，因此我们有时并不会投入足够的时间来理解正在采集的内容、采集该内容的原因以及针对指标执行的操作。

实际上，许多监控框架的重点是故障检测：检测是否发生了特定的系统事件或状态（参见下文）。当收到特定系统事件的通知时，我们通常会查看正在采集的指标（如果有的话），以了解发生的状况及其原因。在这一层面，指标被视为故障检测的副产品或补充。

提示：参见本章后面关于通知设计的讨论，深入了解该问题具有挑战性的原因。

我们将改变"把指标视为补充"的想法，指标将是监控工作流中最重要的部分。我们要从根本上改变以故障检测为中心的模型，指标将提供有关环境的状态和性能的信息。

当指标可以同时提供有关状态和性能的信息时，框架就能避免重复的布尔状态检查。如果使用得当，指标还可以提供动态、实时的基础设施状态图，帮助你管理和做出关于环境的正确决策。

此外，通过异常检测和模式分析，指标有可能预先发现将会出现的故障或问题，或在发生特定系统事件之前就识别到服务即将中断。

2.2.2　指标的定义

由于度量和指标对监控框架非常重要，因此我将帮助你理解指标的定义以及如何使用它们。你将大致了解哪些类型的指标、数据和可视化有助于构建监控框架。

指标是对软件属性或硬件属性的度量。为了使指标有价值，我们会跟踪它的状态，通常记录随时间变化的数据点或观测值。观测值可以是一个值、一个时间戳，或者是描述观测的一系列属性，例如来源或标签。这些观测值的组合称为时间序列。

时间序列指标的一个经典例子是采集网站访问量或点击率。我们定期采集关于网站点击率的观测值，并记录点击率和观测次数。我们还会采集一些其他属性，例如点击的来源、命中的服务器或其他各种信息。

通常以固定的时间间隔采集观测值，我们称之为粒度或解析度。这可能是 1 秒、5 分、60 分，甚至更长时间。选择合适的粒度来记录指标非常重要。一方面，过粗的粒度很容易导致忽略细节。例如，每隔 5 分对 CPU 或内存的使用进行采样，很可能无法识别数据中的异常。另一方面，过细的粒度可能导致需要存储和解析大量数据。第 4 章将详细讨论这个问题。

时间序列指标通常是按时间排序的观测值。这种指标通常是可视化的，有时会应用一些数学函数来绘制二维图，横轴表示时间，纵轴表示数据值，如图 2-2 所示。你经常会在纵轴上看到多个数据值，例如来自多台主机的 CPU 使用率，或事务的成功次数和失败次数。

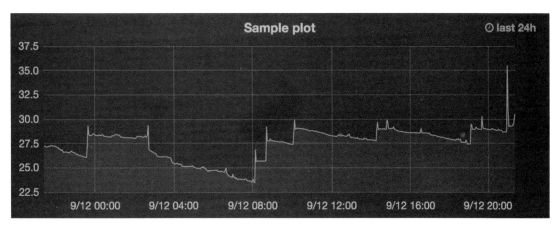

图 2-2　时间序列指标示例图

这些图对我们非常有用，它们直观地展示了关键数据，这相对来说更容易理解，也显然比阅读列表形式的数据更方便。它们还提供了监控目标的历史视图，这些视图展示了哪些部分在什么时间发生了变化。可以使用这些功能来了解环境中正在发生的变化及其发生时间。

2.2.3　指标的类型

我们将在环境中看到各种指标。

1. 计量

第一种也是最常见的指标类型是**计量**（gauge）。计量是会随时间变化的数字，它本质上是某种度量的快照。CPU、内存、磁盘的使用率等经典指标通常用计量表示，如图 2-3 所示。对于业务指标，计量可能是某一站点的访客数。

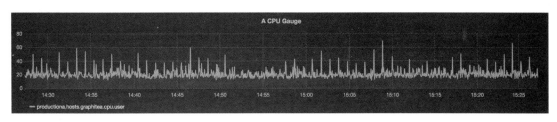

图 2-3　计量示例

2. 计数器

第二种指标是**计数器**（counter）。计数器是一系列数字，这些数字只会持续增长，绝不会减少。虽然计数器从不减少，但有时可以重置为零并重新开始递增。应用程序计数器和基础设施计数器的好例子是系统正常运行时间、设备发送和接收的字节数，以及登录次数。业务计数器可以是一个月的销售量或一段时间的销售成本。

图 2-4 展示了在一段时间内持续增长的计数器。

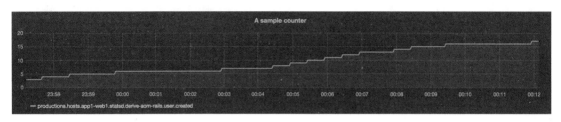

图 2-4   计数器示例

可以借助计数器来计算变化率。假定某个观测值的测量时间为 t，可以用 $t+1$ 时刻的值减去 t 时刻的值，从而计算两个值之间的变化率。通过理解两个值之间的变化率，可以了解很多有价值的信息。例如，登录次数的意义不是很大，但是通过速率可以看到每秒登录的次数，这就有助于确定网站的高峰期。

3. 计时器

我们还将看到一小部分指标是**计时器**（timer）。计时器跟踪记录某件事情持续的时间，通常用于应用程序监控。举例来说，可以在某个方法的开始处嵌入一个计时器，并在该方法的结束处停止计时。这样一来，每次调用该方法，都会测量方法的执行时间。

在图 2-5 中，计时器以毫秒为单位持续测量支付方法的平均执行时间。

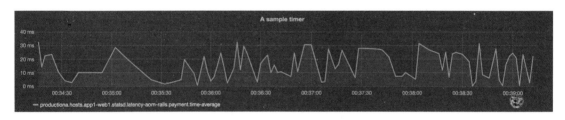

图 2-5   计时器示例

2.2.4　指标小结

通常，单个指标值对我们没什么价值。在将指标可视化时，需要对它进行数学变换。例如，可以将统计函数应用于单个或一组指标。下面是一些可以应用的常见函数。

- ❑ 计数：统计特定时间间隔内的观测次数。
- ❑ 累加：累加特定时间间隔内的所有观测值。
- ❑ 求平均值：求特定时间间隔内所有值的平均值。
- ❑ 求中位数：中位数是所有值的中心，它将数值集合分成上下相等的两部分。
- ❑ 求百分位数：测量一组观测值中某一特定百分比以下的观测值。

❑ 求标准差：求在指标分布中与平均值的标准偏差。它衡量数据集的离散程度。标准差为 0 表示分布等于数据的平均值，高标准差表示数据分布在较大的值域中。

❑ 求变化率：变化率体现了时间序列中数据之间的变化程度。

❑ 频率分布和直方图：这是一个数据集的频率分布。你将数据分组，这是一个被称为"分块"的过程，并以可视化的方式显示组的相对大小。频率分布最常见的可视化方式是直方图，如图 2-6 所示。

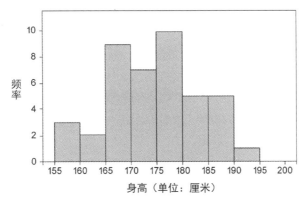

图 2-6　直方图示例

如图 2-6 所示的直方图展示了统计高度的频率分布。纵轴表示频率，横轴表示身高分布。从图中可以看到，在 160 厘米和 165 厘米之间，分布有两个数值。

提示：本节是对汇总方法的简要介绍，书中随后会详细阐释其中一些方法。

2.2.5　指标聚合

除了特定指标的汇总，你通常还希望展示来自多个源头的指标的聚合视图，例如所有应用程序服务器的磁盘空间使用情况。最典型的例子是在一张图上显示多个指标，这非常有助于观察环境中的总体趋势。例如，负载均衡器中的间歇故障可能导致多台服务器的 Web 流量下降，这通常比单独查看每个指标更容易发现。

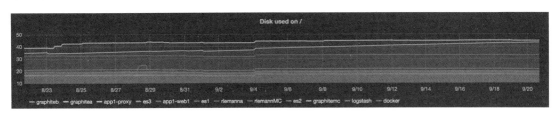

图 2-7　指标的聚合视图

图 2-7 展示了 30 天内多台主机的磁盘使用情况，能够帮助我们快速确定一组主机的当前状态和变化率。

最终，你可以组合使用单个指标和聚合指标。前者用于深入研究特定问题，后者用于查看高级状态，它提供了对环境健康状况最具代表性的视图。

2.3　上下文和有价值的通知

通知是监控架构的主要输出，包括电子邮件、即时消息、短信、弹出窗口或其他任何可以用来了解所在环境中需要注意的事项的内容。这看起来应该非常简单，但它其实很复杂，而且常常没有得到很好的实现和管理。

要建立一个良好的通知系统，需要考虑以下基本要素。

❑ 问题发生时通知谁?
❑ 如何通知他们?
❑ 多久通知他们一次?
❑ 何时停止通知，何时采用其他方式，何时通知其他人?

如果处理不当，生成了太多的通知，人们将无法一一响应，此时会将通知静音。我们都有过与邮箱收件箱斗争的故事，里面塞满了来自监控系统的数千封通知邮件。有时候生成的通知太多，以至于我们产生了"警报疲劳"，忽略了它们（或者更糟，直接全部删除）。结果，很可能因此错过真正关键的通知。

最重要的是，你需要确定要传达的通知的内容。通知通常是你收到的唯一信号，它告诉你出了什么问题或你需要注意什么事项。通知必须简洁、清晰、准确、易消化、可执行，设计行之有效的通知非常重要，接下来将对这一点做简单的介绍。我们将查看典型的 Nagios 磁盘空间通知，如代码清单 2-1 所示。

代码清单 2-1　Nagios 通知示例

```
PROBLEM Host: server.example.com
Service: Disk Space

State is now: WARNING for 0d 0h 2m 4s (was: WARNING) after 3/3
  Checks

Notification sent at: Thu Aug 7th 03:36:42 UTC 2015 (notification number 1)

Additional info:
DISK WARNING - free space: /data 678912 MB (9% inode=99%)
```

假设你在凌晨 3 点 36 分收到了这份通知。它说明了什么信息? 通知显示一台主机的磁盘空间告警了，/data 的容量已经达到了 91%。乍一看这似乎很有用，但实际上并非如此。这是突然

2

的增长，还是逐渐增长？膨胀速率是多少？举例来说，1GB 磁盘上 9%的空闲空间不同于 1TB 磁盘上 9%的空闲空间。是可以忽略该通知，还是需要立即采取行动？没有额外的上下文，你对这份通知能够采取的行动有限，需要投入更多的时间来采集上下文。

在监控框架中，我们将关注以下几个方面。

- ❑ 清晰明了地表达通知并让它具有可操作性。在通知的清晰度和实用性方面，相比使用计算机编写的通知，人工编写的通知能够产生更为显著的效果。
- ❑ 在通知中添加上下文，如相关组件的附加信息。
- ❑ 将通知与受监控服务的业务需求保持一致，以便专门发送对业务有用的内容。

提示：我能给出的最简单的建议是，记住通知是给人看的，而不是给计算机看的。要秉持这个原则设计通知的内容。

第 10 章将谈到如何构建具有更强大上下文的通知，并在我们正在构建的监控框架中增加通知系统。

2.4　可视化

数据可视化是一种非常强大的分析和表达技术，也是非常棒的学习工具。本书将探讨如何实现已采集的数据和指标的可视化。但是，指标及其可视化通常很难解释，人类在观看可视化数据时，倾向于凭空想象随机数据中有意义的模式，这常常导致误将相关性当作因果关系。数据的粒度、解析度、表示方式、规模都会进一步加深这种误解。

理想的可视化可以清楚地展示数据，强调突出展示内容而不是可视化技术本身。在本书中，我们会尝试实现符合以下基本原则的可视化。

- ❑ 清晰地展示数据。
- ❑ 引导使用者思考内容，而不是注意视觉效果。
- ❑ 避免歪曲数据。
- ❑ 使大型数据集易于理解。
- ❑ 可以在不影响理解的基础上改变视图粒度。

强烈推荐阅读 Edward Tufte 的 *The Visual Display of Quantitative Information*，该书对本书的创作有很大的启发，能够帮助你实现良好的可视化效果。

另外，Datadog 团队的一篇关于时间序列数据可视化的文章也值得一读，请搜索 "Metric graphs 101: Timeseries graphs"，阅读完整版。

2.5　传统监控有何问题

第 1 章广泛地讨论了存在的问题、IT 的演变,以及传统监控不能应对这种演变的原因。下面将进一步深入,了解什么地方出了问题,以及为何新的监控框架能够解决这些问题。

当提到"传统监控"时,特别是在被动式监控中,我们通常指的是故障检测。它最准确的定义是:观察一个目标,这样就知道它在工作。传统监控的主要关注点是轮询目标对象,从而返回它们的状态。例如,基于 ICMP ping 检查主机的可用性。

传统上,故障检测依赖于**布尔决策**(Boolean decision)。布尔决策能够判断某个目标是否响应或者某个值是否落在某个范围内。检测的选择和实现也很简单,类似下面的表述。

□ 基于经验或学习。能够使用经验来实现检测,或者通过文档、配置样例、博客文章等信息来创建货物崇拜式^①检测。
□ 在被动式监控中,检测是为了响应已经发生的事件或中断事故。

布尔检测、基于经验的检测和被动式检测有一些重大的设计缺陷。让我们来看看原因。

2.5.1　静态配置

检测通常是静态配置的。每次系统增长、发展或变更时,检测可能都需要更新。在虚拟化环境和云环境中,受监控的主机或服务的存在时间可能非常短暂:在其生命周期中会多次出现、消失或迁移位置和主机。静态定义的检测不能适应这种不断变化的情况,导致检测已经消失或已经更改的资源,从而引发错误。

此外,许多监控系统要求在服务器和被监控的对象上重复配置。这种无根据的重复配置会增加不一致的风险和管理检测点的难度,通常还意味着监控服务器需要在监控资源之前了解被监控的资源。在动态或不断变化的环境中,这显然是有问题的。

相比系统本身的扩展或演化,人们通常将对监控的更新放在次要的位置。因此,一些不当的配置和彼此孤立的检测导致了许多故障。我们需要时间和精力来诊断并解决这些误报,它们使监控环境变得混乱,隐藏了实际的问题和关注点。许多团队没有意识到他们可以通过更改或删除现有的检测来消除这些误报,也就是说,他们将监控视为真理。

2.5.2　不灵活的逻辑和阈值

检测点通常是不灵活的布尔逻辑或在某个时间点上随意设置的静态阈值。它们通常依赖所匹配的特定结果或范围,这些检测点依然没有考虑到大多数复杂系统的动态性。达到或突破某个阈值可能很重要,也可能是由异常事件触发的,甚至可能是自然增长的结果。

---

① 货物崇拜在极其落后的一些地方较为常见。在那里,先进的高科技产品被当作神祇崇拜。——译者注

随意设置的静态阈值总是错误的。数据库性能分析提供商 VividCortex 的首席执行官 Baron Schwartz 说得好：

> 它们比坏掉的钟表更糟糕，坏掉的钟表至少在一天中还能显示 2 次正确的时间。没有一模一样的两个系统，另外，在系统运行过程中，其负载情况以及其他情况随时都在变化。因此，无论什么时候，阈值对于任何系统都是错误的。

随意设置的静态阈值建立了一个瞬时边界。在这段时间内，边界以下的一切都被认为是正常的，而以上的一切都是不正常的。这种界限不仅不灵活，而且极其主观，某个系统的异常在另一个系统中可能就是正常操作。这意味着与随意阈值绑定的通知常常会引发误报，与任何实际问题无关。

布尔检测与随意阈值的问题类似。它们通常是孤立的，往往不能分析趋势或参考历史事件。你会怀疑这真的是一次错误吗？这是一次严重的错误吗？它只是一些抖动吗？特别是在架构良好的弹性应用程序上下文中，检测到的一个或多个错误（甚至是跨一系列检测）真的发生了吗？

2.5.3 以目标对象为中心

检测以目标对象为中心，通常针对单台主机或单个服务。你需要对一个或多个对象定义一项检测，但这些对象通常都是更大、更复杂的系统的一部分，所以检测会经常崩溃。另外，这些针对单个对象的检测经常缺少上下文，导致你无法全面理解这些检测输出对整个系统的意义。因此，通常很难确定单个对象错误的影响程度。

当然，一些监控系统确实尝试在对象检测之上提供上下文层，通常的手段是分组，但很少能够在基本架构之外进行建模。它们也缺乏在大多数现代环境中进行动态处理的能力。

2.5.4 宠物和肉牛的插曲

在读完本书后，很多人可能会对实际构建的故障检测如此之少感到惊讶。传统的监控环境通常有数千个检测标记。为什么不复制这些环境呢？正如我们之前所发现的，这类环境不容易管理、扩展或大量复制，而且通常对故障诊断没有帮助。不过还有一个因素，这与故障排除过程的演化有关。

微软前杰出工程师 Bill Baker 曾打趣说：主机要么是宠物，要么是肉牛。宠物有可爱的名字，比如 Fido 和 Boots，它们被精心地饲养和照顾。如果出了什么问题，你就带它们去看兽医，让它们恢复健康。肉牛有编号，它们成群饲养，基本上是一样的。如果其中一头肉牛出了问题，就将它淘汰，然后用另一头来顶替。

过去，主机是宠物，一旦出现问题，就需要修复。你经常需要维护主机（假设以《辛普森一家》中的角色命名），微调配置，调整设置，并花费时间来解决问题。

在现代环境中，主机是肉牛，可以自动配置和自我修复。如果一台服务器出现故障，那么你将淘汰它并启动另一台服务器，自动将其重新构建到正常运行状态。如果需要更多的容量，可以添加额外的主机。在这些环境中，你不需要对单个组件进行数百或数千次检测，因为对于数量众多的组件，默认的修复方法是重新构建主机或扩展服务。

2.5.5　新方法的不同之处

我们已经找到了传统故障检测的问题，并且提倡用事件和指标替换传统的状态检测，但是这意味着什么呢？不同于以基础设施为中心的检测，如通过 ping 主机返回其可用性或监控流程来确认服务正在运行，我们通过设置主机、服务、应用程序来发出事件和指标，这样就可以从事件和指标中得到两个好处。

> 如果指标正在测量，事件正在报告，或者日志正在缓冲，那么可以确认服务是可用的。如果它停止测量或上报，那么该服务很可能不可用。

注意：如何理解可用性？就本书而言，它的定义是主机、服务或应用程序是可操作的，并且功能符合预期。

监控框架中的事件路由器负责跟踪事件和指标，它可以对这些事件和指标做很多有用的事情，包括存储它们、将它们发送给可视化工具，或者使用它们及其值来通知我们出现性能问题。但最重要的是，它知道这些事件和指标的存在。让我们看一个例子。我们配置一台 Web 服务器来发出当前工作负载的指标，然后配置事件路由器来检测以下内容。

❑ 指标是否停止上报？
❑ 指标值是否符合我们定义的一些标准？

在前一种情况下，如果指标从事件路由器中消失，可以肯定一定出了问题。要么是 Web 服务器停止工作了，要么是我们和服务器之间的通信发生了一些问题，阻止了数据到达事件路由器。无论是哪种情况，我们都已经找到了一个希望检测到的故障。

在后一种情况下，我们从事件或指标的内容中获得有用的数据。这些数据不仅对长期分析趋势、性能、容量有用，而且为构建新的状态检测范式提供了可能。在传统的监控模型中，我们依赖随意阈值来确定问题所在，例如轮询 CPU 使用率，如果超过某个百分比就告警。现在，我们使用一种更智能的方法，而不是检测随意阈值。不能完全忽视设置阈值的价值，但是可以通过更为智能的阈值输入实现更为精准的分析。

2.5.6　更智能的阈值输入

新方法仍然使用阈值，但是提供给这些阈值的数据要复杂得多。我们将生成更好的数据和分析，并根据采集到的指标更好地理解用户体验，所有这些都有助于找出问题和错误。新的监控框架能够帮助我们实现以下几点。

- ❑ 采集高频且高解析度的数据。
- ❑ 关注数据窗口，而不是静态时间点。
- ❑ 计算更智能的输入数据。

使用这种方法论，我们更有可能判断某个状态是否是实际的问题，而不是异常峰值或瞬时状态。

接下来的几章将研究高频数据的采集和查看数据窗口的技巧。但是，为了向阈值和检测提供更智能的输入数据，需要了解哪些技巧可用，哪些不应该使用。让我们来看看选择或不选择某种技巧的原因，以及如何使用平均值、中位数、标准差、百分位数等统计工具。

注意：本节只会概述统计技巧，而不会深入探讨。因此，对于熟悉统计学或数学的人来说，本节的内容可能显得过于简单。

---

1. 平均值

平均值是事实指标分析方法。事实上，大多数曾经监控或分析过网站（或应用程序）的人已经使用过平均值。例如，在 Web 运维领域，许多公司的生死取决于站点或 API 的平均响应时间。平均值很有吸引力，因为它们很容易计算。假设有一个包含 7 个时间序列值的列表：12、22、15、3、7、94、39。为了计算平均值，我们对这些值求和，并将总数除以列表中的值的个数。

$$(12 + 22 + 15 + 3 + 7 + 94 + 39) / 7 = 27.428571428571$$

先把 7 个值相加，得到 192，然后将总和除以值的个数 7，得到平均值：27.428571428571。看起来很简单，是吧？俗话说，细节决定成败。

平均值假设存在正常事件，或者数据是正态分布。例如，平均响应时间假设所有事件以相同的速度运行，或者响应时间分布大致是钟形曲线，但这在应用程序中发生的概率很小。有一个关于统计学家的老笑话（如图 2-8 所示）：统计学家跳进平均深度只有 1 米的湖里，结果差点淹死。

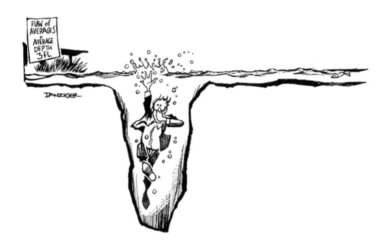

图 2-8 平均值的缺陷，Jeff Danzinger 版权所有

他为什么差点淹死呢？这片湖有大片浅水区和一小片深水区。由于浅水区面积较大，因此总体平均水深较浅。同样的原则也适用于监控领域：平均值中有许多低值扭曲或隐藏了高值，反之亦然。这些被隐藏的异常值可能意味着，尽管我们认为大多数用户正在体验高质量的服务，但仍有相当数量的用户并没有体验到。

让我们看一个网站的响应时间和请求数的例子，如图 2-9 所示[①]。

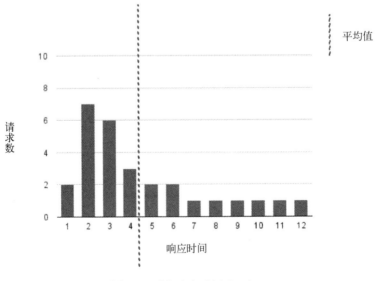

图 2-9 平均响应时间（一）

---

① 请在图灵社区上查看图 2-9、图 2-10、图 2-11、图 2-12、图 2-14、图 2-15 的彩色版本，参见 http://ituring.cn/book/1955。
                                                        ——编者注

图 2-9 显示了许多请求的响应时间，计算平均响应时间将得到 4.1 秒。绝大多数用户将体验到良好的 4.1 秒响应时间。但是，还有许多用户体验到的响应时间高达 12 秒，这可能是难以接受的。

在图 2-10 的例子中，值的分布更广。

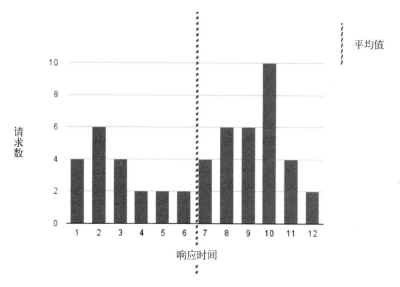

图 2-10 平均响应时间（二）

本例的平均响应时间是 6.8 秒，但更糟的是，这个平均响应时间比大多数用户体验到的响应时间要短得多。这些用户的请求时间分布很广，大约为 9 秒、10 秒、11 秒。如果仅仅依赖于平均值，我们可能会认为应用程序的性能比用户实际体验到的要好得多。

2. 中位数

此时你可能想知道如何使用中位数。中位数是所有值的中心，它将数值集合分成了上下相等的两部分。如果有奇数个值，那么中位数就是中间的值。对于列表 12、22、15、3、7、94、39，中位数是 15。如果有偶数个值，中位数就是中间两个值的平均值。所以，如果把 39 从列表中移除，使值的个数变为偶数，则中位数将变成 13.5。

接下来，计算上述两个例子的中位数。

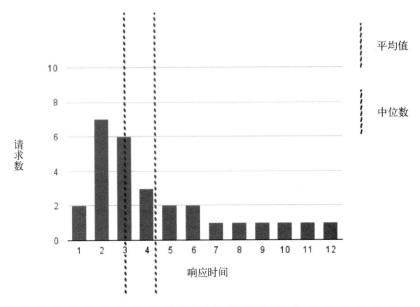

图 2-11   平均响应时间和中位数（一）

第一个例子的中位数是 3，这为数据提供了更好的图示，如图 2-11 所示。

第二个例子的中位数是 8，如图 2-12 所示，稍微好一点，但与平均值足够接近，展示它的意义不大。

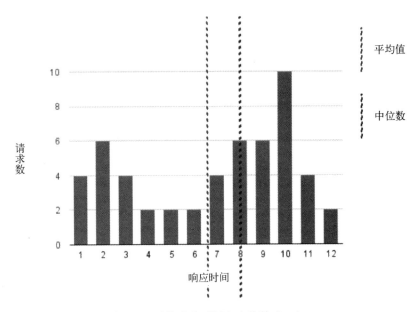

图 2-12   平均响应时间和中位数（二）

你可能已经发现问题了。就像平均值一样，当数据分布是钟形曲线时，中位数的效果最好。但实际上，这是不现实的。

识别性能问题的另一种常用技巧是计算指标与平均值的标准差。

3. 标准差

如本章前面所述，标准差表示数据集合中的变化或离散程度。标准差为 0 表示大多数数据值接近平均值，高标准差表示数据分布在较大的值域中。标准差表示为后缀为 σ（读作西格玛）的正数或负数，例如 1σ 代表平均值的一个标准差。

然而，与平均值和中位数一样，当数据呈正态分布时，标准差的效果最好。事实上，正态分布中有一种简单的方法来表达这种分布，那就是**经验法则**（empirical rule），如图 2-13 所示。在该法则中，偏离平均值 1 个标准差（1 或 –1）以内的数据占所有事务的 68.27%，偏离平均值 2 个标准差（2 或 –2）以内的数据占 95.45%，偏离平均值 3 个标准差以内的数据占 99.73%。

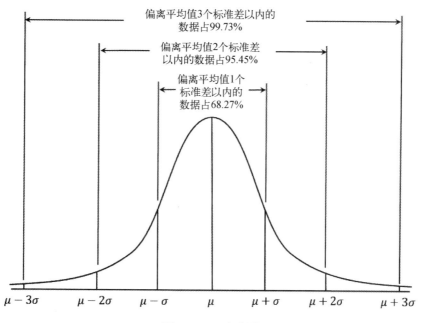

图 2-13　经验法则

许多监控方法使用了经验法则，关注偏离平均值 2 个标准差以上的事务或事件，从而捕获潜在的性能异常值。然而在前面的两个例子中，标准差也没有太大的帮助。如果没有正态分布的数据，由此产生的标准差可能具有很大的误导性。

到目前为止，我们在指标中识别异常数据的方法效果都不太理想。但并不是没希望了！我们的下一个方法是百分位数，情况将有所改变。

4. 百分位数

百分位数衡量一组观测值中低于某一特定百分比的观测值。从本质上看，百分位数关注的是值在数据集中的分布。例如，我们上面看到的中位数是第 50 百分位数（p50），有 50%的值低于中位数，另有 50%高于它。百分位数对指标来说很有意义，它们使值的分布很容易掌握。例如，事务的第 99 百分位数是 10 毫秒就很容易解释：99%的事务在 10 毫秒或更短的时间内完成，1%的事务耗时超过 10 毫秒。

百分位数是识别异常值的理想方法。如果站点的响应时间少于 10 毫秒算是体验良好，那么99%的用户都有良好的体验，但其他 1%的用户并没有。了解这一点之后，就可以集中精力来解决这 1%的性能问题。

让我们将百分位数分别应用于图 2-11 和图 2-12，看看会出现什么情况。我们将对第一个示例数据集应用两个百分位数：第 75 百分位数和第 99 百分位数，如图 2-14 所示。

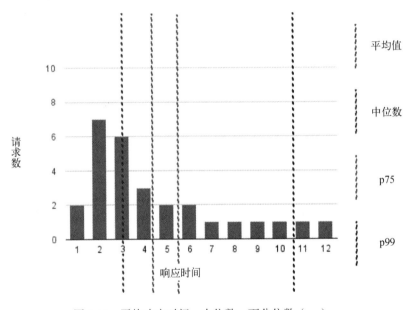

图 2-14   平均响应时间、中位数、百分位数（一）

可以看到，第 75 百分位数是 5.5 秒，这表明 75%的人在 5.5 秒内完成，而其余 25%的人速度要慢一些。这与我们之前对数据集的分析基本一致。另外，第 99 百分位数显示为 10.74 秒，这意味着 99%的用户请求时间少于 10.74 秒，1%的用户请求时间超过 10.74 秒，这向我们展示了应用程序的真实执行情况。我们也可以使用 p75 和 p99 之间分布的数据：99%的用户获得 10.74 秒或更短的响应时间，而 1%的用户速度较慢。如果可以接受这种情况，那么就不需要考虑进一步的调优。如果想统一响应时间，或者所有数据都低于 10.74 秒，那我们已经确定了一个可以跟踪、测定、改进的事务集。当调整性能时，还将看到 p99 响应时间改进。

第二个数据集更能说明问题，如图 2-15 所示。

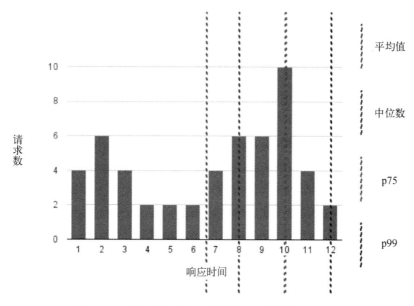

图 2-15　平均响应时间、中位数、百分位数（二）

第 75 百分位数是 10 秒，第 99 百分位数是 12 秒。后者清楚地显示了事务分布更为广泛，这更准确地反映了网站的外围事务。我们现在知道，与平均响应时间相反，并非所有用户都能享受到足够良好的体验。可以使用这些数据来找出应用程序中的可改进之处。

然而，百分位数并不总是完美的。建议绘制涉及多个指标的组合图表，从而更清晰地观察数据。例如在测量延迟时，最好显示如下指标。

❑ 第 50 百分位数（中位数）
❑ 第 95 百分位数和第 99 百分位数
❑ 最大值

最大值有助于标示测量指标的上边界，但它也不是完美的。如果图中的最大值很高，会导致其他值的显示范围变得很矮。

稍后，我们将开始实现检测和采集指标，并将应用百分位数和其他计算方法。

2.6　为监控框架采集数据

我们的监控框架将关注基于代理的数据采集，我们更喜欢在主机上运行本地代理，重点关注应用程序和服务的探测。只要可能，主机或服务都是自包含的，并负责发出自己的监控数据。我们将在本地配置数据采集和发送目的地。

为了与推式架构保持一致，我们将尽量避免对主机和服务进行远程检测。除了将在第 9 章讨论的少数例外情况，比如主机和应用程序的外部监控，我们很少从远程轮询器或监控机上拉取主机、服务、应用程序的信息。

我们将采集以下多种数据。

- ❑ 资源信息：如 CPU 或内存的消耗信息。
- ❑ 性能信息：比如延迟和应用程序吞吐量。
- ❑ 业务指标和用户体验指标：如交易量、事务量或登录失败次数。
- ❑ 主机、服务、应用程序的日志数据。

我们将使用大量直接采集的数据和观察值作为指标。在某些情况下，我们还将以事件的形式把观察值转换为指标。

开销和观察者效应

在考虑数据采集时需要考虑到，采集数据的过程也会影响正在采集的值。在正常操作中，用于采集数据的许多方法会消耗一些正在监控的资源。有时，这种开销会变得过大，以至于影响到正在监控的目标的状态，甚至触发通知和中断。这通常被称为**观察者效应**（observer effect），源自相关的物理概念。我们使用的方法将重点关注如何尽可能地减小开销，但是仍需意识到产生的开销。采集粒度过小，例如过度地访问某个 HTTP 站点或探查某个 API 端点，可能导致监控检测明显影响到服务的资源容量。

2.7   小结

本章详细说明了即将构建的用于监控环境的框架。我们对比了推式架构与拉式架构，关注了事件和指标，讨论了为什么选择推式架构，以及目前一些替代的监控方案存在的问题，接着简要介绍了将贯穿全书的一些监控和指标的原则。

第 3 章将真正开始构建监控框架，并介绍事件路由引擎。

第3章

使用 Riemann 管理事件和指标

第 2 章讨论了事件、指标、日志及其使用方法。本章将构建监控框架的基础，即路由引擎，它将用于输入和处理事件、指标、日志。

图 3-1 展示了事件路由器的设计框架。

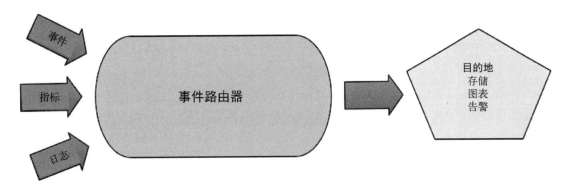

图 3-1　事件路由器

通过这样的设计，我们希望路由引擎具备以下功能。

❑ 接收事件和指标（第 8 章将详细介绍日志），并且可以随着环境的增长而扩展。

❑ 维护必要的状态来完成事件匹配，为通知和基于趋势的检测提供上下文。

❑ 分析事件，包括从事件中提取指标。

❑ 可以把数据归类并路由到存储、图表、告警或发送到任何其他可能的目的地。

为了实现这些目标，本章将研究新的工具：Riemann。Riemann 是一个基于事件的工具，用于监控分布式系统。它在推式模型上运行，主要用于接收事件，而不是轮询事件。下面将使用 Riemann 作为路由引擎。主机、服务、应用程序将其事件发送给 Riemann，Riemann 对这些事件做出必要的决策。

3.1　Riemann 简介

> 要是我当时有这些定理就好了！那样一来，我应该很容易就找到证明了。
>
> ——Bernhard Riemann

为什么使用 Riemann 呢？Riemann 是一个监控工具，可以聚合来自主机和应用程序的事件，并将它们提供给流处理语言进行操作、汇总或进行下一步动作。Riemann 旨在使监控和度量事件成为简单的操作。

Riemann 还可以跟踪传入事件的状态，可以用于构建利用事件序列或组合的检测。它也提供了通知，能够将事件发送到其他服务、存储，以及其他各种集成系统。

总体来说，Riemann 能够满足所有监控需求。它可以快速地高度配置，虽然吞吐量与每个事件的具体处理方式有关，但是基于 x86 硬件的 Riemann 可以在亚毫秒的延迟内每秒处理数百万个事件。

另外，Riemann 是开源工具，使用 Eclipse 公共许可证（Eclipse Public License）进行授权。Riemann 主要由 Kyle Kingsbury（代号 Aphyr）研发，使用 Clojure 语言编写，并在 JVM 中运行。

3.1.1　Riemann 的架构和实现

第 1 章简单介绍了 Example 环境的拓扑结构，其中包括生产环境 A、生产环境 B、任务控制环境。我们将在每个环境中都部署 Riemann 服务器，还将在任务控制环境中部署下游服务器，以采集事件并"监控监控器"。为此，需要向下游发送 Riemann 自己的状态事件，并在这些事件断流时发出告警通知。

第 4 章将结合使用 Riemann 和 Graphite。Graphite 是一个实时的时间序列数据绘图引擎，可以存储和绘制事件生成的指标。另外还会介绍 Grafana，这个工具可以实现所采集数据的可视化。

总之，我们将实现下述目标。

❑ 在生产环境 A 和生产环境 B 中安装 Riemann 服务器。
❑ 在生产环境 A 和生产环境 B 中安装 Graphite 服务器和 Grafana 服务器（参见第 4 章）。
❑ 在任务控制环境中配置下游 Riemann 服务器、Graphite 服务器、Grafana 服务器。

图 3-2 展示了指标监控架构。

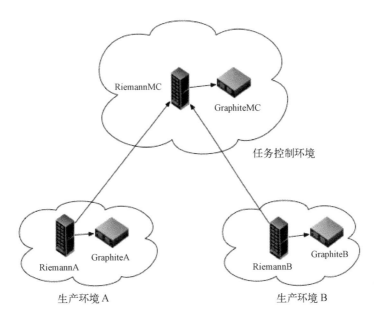

图 3-2　指标监控架构

现在来看一下 Riemann 的安装。

3.1.2　安装 Riemann

接下来将在 3 台主机上安装 Riemann。

- ☐ 生产环境 A 中的 Ubuntu 14.04 主机，主机名为 riemanna.example.com，IP 地址为 10.0.0.110。
- ☐ 生产环境 B 中的 Red Hat Enterprise Linux（RHEL）7.0 主机，主机名为 riemannb.example.com，IP 地址为 10.0.0.120。
- ☐ 任务控制环境中的 Ubuntu 14.04 主机，主机名为 riemannmc.example.com，IP 地址为 10.0.0.100。

注意：这里假定已经配置了本地 DNS 来查找和解析这些主机。

下面将手动安装所需的前提条件包，来帮助你了解 Riemann 的运作方式。在实际操作中，将使用配置管理工具。

1. 在 Ubuntu 上安装 Riemann

在 riemanna.example.com 主机上安装 Riemann，这是一台 Ubuntu 14.04 主机。

● **Ubuntu 的前提条件**

首先，需要 Java 来运行 Riemann，这将使用 Ubuntu 上已有的默认 Java 开发环境 OpenJDK，如代码清单 3-1 所示。

代码清单 3-1   在 Ubuntu 上安装 Java

```
$ sudo apt-get -y install default-jre
```

然后检查 Java 是否安装正确，如代码清单 3-2 所示。

代码清单 3-2   检查 Ubuntu 上是否已经安装 Java

```
$ java -version
java version "1.7.0_65"
OpenJDK Runtime Environment (IcedTea 2.5.3) (7u71-2.5.3-0ubuntu0.14.04.1)
OpenJDK 64-Bit Server VM (build 24.65-b04, mixed mode)
```

● **在 Ubuntu 上安装 Riemann 包**

现在要安装 Riemann。我们将使用 Riemann 项目默认的 DEB 包，或者可以使用 RPM 包和压缩包。下面将手动安装，你可以看到所涉及的步骤，也可以简单地使用配置管理工具来安装。

先来获取最新版本的 DEB 包，如代码清单 3-3 所示。在 Riemann 网站上查看最新版本，并更新此命令来获得该包。

代码清单 3-3   获取 Riemann DEB 包

```
$ wget https://aphyr.com/riemann/riemann_0.2.11_all.deb
```

然后通过 dpkg 命令进行安装，如代码清单 3-4 所示。

代码清单 3-4   在 Ubuntu 上安装 Riemann 包

```
$ sudo dpkg -i riemann_0.2.11_all.deb
```

Riemann DEB 包安装了 riemann 二进制文件和其他支持文件、服务管理文件，以及默认配置文件。

然后，在第二台 Ubuntu 主机 riemannmc.example.com 上重复安装步骤。

2. 在 Red Hat 上安装 Riemann

在主机 riemannb.example.com 上进行安装，这是一台 Red Hat Enterprise Linux（RHEL）7.0 主机。

● **Red Hat 的前提条件**

同样需要安装 Java，接下来将安装所需的软件包，如代码清单 3-5 所示。

代码清单 3-5   在 RHEL 上安装 Java 和前提条件包

```
$ sudo yum install -y java-1.7.0-openjdk
```

提示：在较新的 Red Hat 及其系列版本中，yum 命令已被 dnf 命令所取代，语法的其他部分不变。

这里安装了 Java，下面在这台主机上测试 Java，如代码清单 3-6 所示。

代码清单 3-6 检查 Red Hat 是否成功安装 Java

```
$ java -version
java version "1.7.0_75"
OpenJDK Runtime Environment (rhel-2.5.4.2.el7_0-x86_64 u75-b13)
OpenJDK 64-Bit Server VM (build 24.75-b04, mixed mode)
```

● **在 Red Hat 上安装 Riemann 包**

接下来安装 Riemann。我们将使用 Riemann 项目自己的 RPM 包，同样进行手动安装，但也可以简单地使用配置管理工具。

首先获取最新版本的 RPM 包，如代码清单 3-7 所示。在 Riemann 网站上查看最新版本，并更新此命令来获得该包。

代码清单 3-7 获取 Riemann RPM 包

```
$ wget https://aphyr.com/riemann/riemann-0.2.11-1.noarch.rpm
```

然后通过 rpm 命令安装，如代码清单 3-8 所示。

代码清单 3-8 在 RHEL 上安装 Riemann 包

```
$ sudo rpm -Uvh riemann-0.2.11-1.noarch.rpm
```

Riemann RPM 包安装 riemann 二进制文件和相关支持文件、服务管理文件、默认配置文件。

3. 通过配置管理工具安装 Riemann

你还可以通过各种配置管理工具来安装 Riemann，如 Puppet、Chef、Docker、Vagrant。

4. 运行 Riemann

在主机上安装 Riemann 后，接下来将运行它。Riemann 可以通过命令行运行或作为守护进程，如果将它作为守护进程运行，那么使用以下服务管理命令，如代码清单 3-9 所示。

代码清单 3-9 启动和停止 Riemann

```
$ sudo service riemann start
$ sudo service riemann stop
...
```

也可以在命令行中用 riemann 二进制文件运行 Riemann，为此需要指定一个配置文件，安装过程中已经添加了一个：/etc/riemann/riemann.config，如代码清单 3-10 所示。

代码清单 3-10 在命令行中运行 Riemann

```
$ sudo riemann /etc/riemann/riemann.config
loading bin
```

```
INFO [2014-12-21 18:13:21,841] main - riemann.bin - PID 18754
INFO [2014-12-21 18:13:22,056] clojure-agent-send-off-pool-2 - riemann.transport.websockets -
  Websockets server 127.0.0.1 5556 online
INFO [2014-12-21 18:13:22,091] clojure-agent-send-off-pool-4 - riemann.transport.tcp -
  TCP server 127.0.0.1 5555 online
INFO [2014-12-21 18:13:22,099] clojure-agent-send-off-pool-3 - riemann.transport.udp -
  UDP server 127.0.0.1 5555 16384 online
INFO [2014-12-21 18:13:22,102] main - riemann.core - Hyperspace core online
```

可以看到 Riemann 和一些服务器已经启动，包括端口 5556 上的 WebSockets 服务器，以及端口 5555 上的 TCP 服务器和 UDP 服务器。Riemann 默认绑定到 localhost。

注意：不要使用 UDP 向 Riemann 发送事件。UDP 不保证数据包送达、有序或重复，有可能丢失事件和数据。

默认的日志配置是/var/log/riemann/riemann.log，你还可以在这里跟踪守护进程的活动。

在命令行中，可以使用 Ctrl+C 停止 Riemann 服务器。

注意：Riemann 包还添加了默认运行的 riemann 用户和组。

---

5. 安装 Riemann 的支持工具

在所有的 Riemann 主机上安装最后一个支持部件：Riemann 工具。

Riemann 工具是一组小程序，包括用于监控 Web 服务、本地主机、应用程序、数据库的工具，可以用来向 Riemann 提交事件。我们将使用这些工具进行一些本地测试，你可以在 GitHub 上找到 Riemann 工具。

注意：第 5 章将探讨如何使用 collectd 进行主机监控。

安装 Riemann 工具前，需要在主机上安装 Ruby 和编译器。如果你担心它会对主机造成安全风险，可以稍后删除它。下面在 Ubuntu 上完成代码清单 3-11 中的操作。

代码清单 3-11　在 Ubuntu 上安装支持工具的前提条件包

```
$ sudo apt-get -y install ruby ruby-dev build-essential zlib1g-dev
```

或者在 Red Hat 发行版上进行安装，如代码清单 3-12 所示。

代码清单 3-12　在 RHEL 上安装支持工具的前提条件包

```
$ sudo yum install -y ruby ruby-devel gcc libxml2-devel
```

通过 Ruby Gems 安装支持工具，如代码清单 3-13 所示。

代码清单 3-13 安装 Riemann 的支持工具

```
$ sudo gem install --no-ri --no-rdoc riemann-tools
```

提示：如果需要，可以在安装后删除构建工具，但是不要删除 Ruby，因为你需要它来运行支持工具。

还有一个由 `riemann-dash gem` 提供的 Riemann 看板。它只提供一些基本功能，可以在 GitHub 上找到它的源代码。本书中不会涉及此代码，但对于在 Riemann 主机上创建图表或查看本地事件，比如需要快速执行诊断或检测状态，它非常有帮助。可以在 Riemann 看板文档中浏览更多信息。

3.2 配置 Riemann

Riemann 使用基于 Clojure 的**领域专用语言**（domain-specific language，DSL）或者相关配置文件进行配置。这意味着配置文件实际上作为一个 Clojure 程序来处理。你需要编写 Clojure 来处理事件并发送通知和指标。不要惊慌，使用 Riemann 并不需要成为超级 Clojure 开发人员，我会教你一些必备知识。Riemann 还提供了许多帮助程序和快捷方式，使编写 Clojure 来处理事件变得更容易。

3.2.1 学习 Clojure

学习如何配置 Riemann 的第一步是初步了解 Clojure，能够开始构建最初的少数监控检测即可。本书在后面将介绍更多实用的概念和语法，参见书后的附录。Riemann 的开发人员 Kyle Kingsbury 写了一系列名为 "Clojure from the ground up" 的文章，能够对理解 Clojure 起到很大的帮助。

提示：强烈建议在继续学习之前阅读附录。它将帮助你理解 Riemann 的配置 DSL 如何运作，并帮助你开始使用它。

3.2.2 Riemann 的基础配置

安装完成 Riemann 后，接下来看看如何配置它。安装程序创建了一个默认配置文件/etc/riemann/riemann.config。我们将用一个新的初始配置文件替换该文件。

编辑/etc/riemann/riemann.config 并添加代码清单 3-14 中的内容。

代码清单 3-14 新的/etc/riemann/riemann.config 配置文件

```
(logging/init {:file "/var/log/riemann/riemann.log"})

(let [host "127.0.0.1"]
(tcp-server {:host host})
```

```
(udp-server {:host host})
(ws-server {:host host}))

(periodically-expire 5)

(let [index (index)]
(streams
  (default :ttl 60
    index

    #(info %))))
```

提示：所有以 ; 开头的代码行或字符串都是注释。

可以看到文件被分成了几段。第一段指定了 Riemann 的日志文件：/var/log/riemann/riemann.log，如代码清单 3-15 所示。

代码清单 3-15　设置 Riemann 日志的部分

```
(logging/init {:file "/var/log/riemann/riemann.log"})
```

提示：Clojure 使用许多大括号、方括号、圆括号，确保它们按顺序排列并且互相匹配可能比较棘手。在此强烈建议使用配置管理工具和版本控制工具来管理 Riemann 配置文件。如果编辑器支持语法高亮显示和检查，那也会非常有帮助。

本例调用了 logging/init 函数。我们指定了函数的名字空间 logging、函数名 init，以及其他参数。在 Clojure 中，名字空间是组织代码的一种方式，本章稍后会详细讨论。在这个示例中，参数是一个 map，它包含了传递给 logging/init 函数的所有参数。

我们在 map 中指定了一个参数，即 :file，其值为/var/log/riemann/riemann.log。:file 参数是一个 Clojure 关键字。关键字是一个标签，非常类似于 Ruby 符号，通常用于 map 之类的集合中，标记键-值对中的键。

总之，我们调用了 logging/init 函数并将其传递到一个 map，在本例中只包含一个参数，就是写入日志的文件名。

第二段用来配置 Riemann 的接口。Riemann 通常监听 TCP 接口、UDP 接口和 WebSockets 接口。默认情况下，这些接口绑定到 127.0.0.1（localhost）。

❑ TCP 位于端口 5555。
❑ UDP 位于端口 5555。
❑ WebSockets 位于端口 5556。

可以看到接口配置定义在一个以 let 开头的段落中，如代码清单 3-16 所示。在配置中出现

了很多 `let`，`let` 表达式为值创建在**词法作用域**（lexically scoped）中不可变的别名。用更通俗易懂的语言来说，它用一个特定表达式来为一个或多个符号定义有意义的别名。

代码清单 3-16 `let` 表达式

```
(let [host "127.0.0.1"]
(tcp-server {:host host})
(udp-server {:host host})
(ws-server {:host host}))
```

`let` 表达式接受包含一个或多个绑定（binding）的向量。绑定是指表达式所绑定的一对符号和值。符号是指向值的指针，例如符号 `host` 的值为 `127.0.0.1`。绑定仅对 `let` 表达式局部生效，可以通过绑定做一些更有价值的事情，比如覆盖当前表达式中已有的符号值。

后文的表达式将使用这些绑定。上面的接口示例把符号 `host` 指向 127.0.0.1，然后使用符号 `host` 作为 `:host` 参数的值来调用 `tcp-server` 函数、`udp-server` 函数和 `ws-server` 函数。

这将把 TCP 服务器、UDP 服务器、WebSockets 服务器的主机接口设置为 127.0.0.1。

`let` 绑定支持词法作用域，仅在表达式自身范围内有效。在这个表达式之外，`host` 符号将是未定义的。`host` 符号在其定义的表达式中是不可变的，不能在此表达式中更改 `host` 的值，这是证明函数式编程有效的一个很好的例子。表达式内部的任何事情都不能更改 `host` 的值（状态），这样能够确保每次计算表达式时都能得到相同的结果。

`let` 表达式对于配置 Riemann 非常有用，因为它简单、易读，而且具有清晰的范围和不可变的状态，在更改配置时可以干净地重新加载。

对最终目的而言，仅将 Riemann 绑定到 localhost 并没有太大意义。代码清单 3-17 中做了一个快速的更改，将这些服务器都绑定到可用的接口。

代码清单 3-17 在所有接口上暴露 Riemann

```
(let [host "0.0.0.0"]
(tcp-server {:host host})
(udp-server {:host host})
(ws-server {:host host}))
```

这里将 `host` 符号的值从 `127.0.0.1` 更新为 `0.0.0.0`。这意味着如果有一个接口在公网上，那么 Riemann 服务器也会暴露在公网上，任何人都可以访问它。如果需要更强的安全性，还可以使用 TLS 配置 Riemann。

还可以通过在 map 中添加 `:port` 参数来调整 Riemann 使用的端口，如代码清单 3-18 所示。

代码清单 3-18 更改 Riemann 端口

```
(let [host "0.0.0.0"
    tcp-port 5555]
(tcp-server {:host host :port tcp-port}))
```

除了其他服务器，Riemann 还有一台内置的 REPL 服务器，可以用来测试 Riemann 配置。你可以通过在服务器配置中添加(repl-server {:host host})将其添加到已启用的服务器中，通过(repl-server {:host "127.0.0.1"})将它绑定到本地，从而防止不安全的访问，如代码清单 3-19 所示。另外，可以通过获取 Riemann 源代码，用其中的 lein 二进制文件来连接它。

提示：附录会介绍 REPL 服务器，它对测试 Riemann 和 Clojure 非常有用。

代码清单 3-19　连接到 Riemann REPL 服务器

```
$ git clone git://github.com/riemann/riemann.git
$ cd riemann
$ lein repl :connect 127.0.0.1:5557
```

接着需要重新加载或重新启动 Riemann 来使这些变化生效。重新加载时，Riemann 将使用 kill -HUP <Riemann PID> 命令或从 REPL 服务器内部响应 SIGHUP，如代码清单 3-20 所示。

代码清单 3-20　来自 Riemann REPL 服务器的 SIGHUP

```
user=> (riemann.bin/reload!)
```

强烈建议使用 SIGHUP 重新加载配置，如代码清单 3-21 所示。Riemann 具有热加载配置的能力，这在大多数情况下能更好地减少对事件流的影响。然后，你将在 Riemann 日志文件中看到一条关于重新加载配置的消息，当然也可以在主机上使用服务管理工具来重新加载。

代码清单 3-21　重新加载 Riemann

```
$ sudo service riemann reload
```

提示：如果配置错误或有语法错误，Riemann 将继续使用旧的配置运行，而不应用新配置。它还会将一条错误消息记入日志，详细说明问题，方便后期修复。

下一节介绍索引和流的配置。这两个主题都需要特别关注，它们是 Riemann 功能强大的核心所在。现在来看一下这些概念。

3.2.3　事件、流、索引

Riemann 是事件处理引擎。在使用 Riemann 前，需要理解 3 个概念：事件、流、索引。下面先从事件开始介绍。

1. 事件

事件是 Riemann 的基本概念。Riemann 对流入的事件进行处理、计数、采集、操纵或导出到其他系统。事件是一个**结构体**（struct），可以视为不可变 map。

代码清单 3-22 中是 Riemann 事件的示例。

代码清单 3-22 Riemann 事件示例

```
{:host riemanna, :service riemann streams rate, :state ok,
:description nil, :metric 0.0, :tags [riemann],
:time 355740372471/250, :ttl 20}
```

表 3-1 列出了每个事件通常包含的字段。

表 3-1 Riemann 事件字段

字　　段	描　　述
:host	主机名，例如 riemanna
:service	服务，例如 riemann streams rate
:state	描述状态的字符串，例如 ok、warning、critical
:time	事件发生的时间，以 Unix 历元秒为单位
:description	事件的描述，形式不限
:tags	标签列表，形式不限
:metric	与此事件相关的指标值，例如每秒请求次数
:ttl	一个以秒为单位的浮点数时间，标记此事件的有效时间

在 Riemann 事件中，还可以用自定义字段来补充一些信息。你可以在创建或处理事件时配置附加字段，比如向事件添加包含摘要或派生指标的字段。

在 Riemann 配置中通常使用关键字来引用一个事件的字段。请记住，关键字通常用于在 map 中标识键–值对中的键，而事件是不可变的 map。关键字通过前缀:来定义，因此，host 字段将被引用为:host。

位于事件之上的一层是流。

2. 流

每个到达的事件都被添加到一条或多条流中。你可以在 Riemann 配置文件的(streams 部分定义流。流是一个函数，可以将事件传递给流来进行聚合、修改或升级。流也可以有子流，可以将事件传递给子流，如代码清单 3-23 所示。这可以用于对事件流进行过滤或分区，例如只处理特定主机或服务中的事件。

代码清单 3-23 子流示例

```
(streams
  (childstream
    (childstream)))
```

可以将流想象为现实世界中的管道。事件进入管道系统，流经管道和隧道，汇入水箱和水坝中，并通过格栅和排水沟进行过滤。

你可以拥有任意多的流，并且 Riemann 提供了一种强大的流处理语言，可用于选择与特定流相关的事件。例如，可以从特定主机或服务中选择符合某些条件的事件。

与管道一样，流主要用于让事件流经它们，仅保留有限的状态或不保留状态。然而，出于各种目的，我们确实需要保留一些状态。Riemann 引入了索引来管理这种状态。

3. 索引

索引是 Riemann 所跟踪的所有服务的当前状态表，可以在 Riemann 中为某些希望跟踪的事件指定索引。Riemann 通过映射事件的 :host 字段和 :service 字段，为每个索引过的事件创建一个新服务，然后索引将会保留该服务的最新事件。可以把索引看作 Riemann 的最终实现和状态的真相来源，从流甚至外部服务查询索引。

在前面对事件的定义中可以看到，每个事件都可以包含 ttl 字段，该字段表示事件的存活时长。索引中超过 ttl 的事件将过期并被删除。对于每个过期事件，都会创建一个新事件，将其 :state 字段设置为 expired，然后将此新事件注入到流中。

观察代码清单 3-24 中的示例。

代码清单 3-24 Apache Riemann 事件示例

```
{:host www, :service apache connections, :state nil, :description nil, :metric 100.0,
 :tags [www], :time 466741572492, :ttl 20}
```

此事件来自 www 主机，针对 apache connections 服务而设计，其 ttl 是 20 秒。如果对这个事件进行索引，那么 Riemann 将通过映射 www 和 apache connections 来创建一个服务。如果事件不断进入 Riemann，那么索引会跟踪来自该服务的最新事件。如果事件停止流动，那么在 20 秒之后的某个时间点，该事件将在索引中过期。此服务会生成一个新的事件，其状态字段 :state 为 expired，如代码清单 3-25 所示。

代码清单 3-25 过期的 Apache Riemann 事件示例

```
{:host www, :service apache connections, :state expired, :description nil, :metric 100.0,
 :time 466741573456, :ttl 20}
```

然后，这个事件将被注入回流中，可以在那里使用它。当使用 Riemann 监控应用程序和服务时，这样做将非常有用。此时可以通过判断事件是否全部过期，而不是通过轮询或检测，来监控服务是否存活。

3.2.4 配置事件、流、索引

对 Riemann 有了进一步的了解后，来看看默认配置的后半部分，其中包含流和索引的配置，如代码清单 3-26 所示。

代码清单 3-26　riemann.config 配置文件中的其他默认配置

```
(periodically-expire 5)

(let [index (index)]
  (streams
    (default :ttl 60
      Index

      #(info %)))))
```

配置中的第一个函数(periodically-expire 5)从索引中删除所有已经过期的事件。它像是一台事件收割机，每 5 秒运行一次，从索引中删除 ttl 过期的所有事件。对于每个被删除的事件，都会为该索引的主机和服务创建一个新事件，然后将它的 :state 设置为 expired，并放回流中。

Riemann 默认将 :host 字段和 :service 字段复制到新创建的过期事件中。通过将 :keep-keys 参数传递给 periodically-expire 函数，来控制其他需要复制到过期事件中的字段，例如 :tags 字段，如代码清单 3-27 所示。

代码清单 3-27　将更多字段复制到过期事件中

```
(periodically-expire 5 {:keep-keys [:host :service :tags]})
```

这将把 :host 字段、:service 字段、:tags 字段从过期的事件复制到正向流中注入的新事件中。

periodically-expire 函数后面的 let 表达式定义了一个名为 index 的新符号。这个符号的值也是 index，它是向 Riemann 索引发送事件的函数。下面将用这个符号告诉 Riemann 何时索引特定的事件。

let 表达式还封装了流（注意括号还没有关闭）。它使用 streams 函数指定流，每一条流都是接收事件的 Clojure 函数。streams 函数的意思是："这里有一个函数列表，在新事件到达时应该调用它们。"

在流中需要做的第一件事是为事件设置 60 秒的默认 ttl，这个操作将借助 default 函数来完成，如代码清单 3-28 所示。default 函数从事件中获取一个字段，并为该字段指定一个默认值。

代码清单 3-28　使用 Riemann 的 default 函数

```
(default :field default_value)
```

这个 ttl 将决定一个事件在索引中的存活时间。在本例中，事件会在 60 秒后过期。

接下来调用 index 符号。这意味着所有传入的事件都将自动添加到 Riemann 的索引中，配置中的最后一项将所有事件打印到日志文件中，如代码清单 3-29 所示。

代码清单 3-29　记录到 Riemann 日志文件中

```
#(info %)
```

info 函数将事件和一些日志数据写入/var/log/riemann/riemann.log 文件以及 STDOUT。当 Riemann 运行时，可以在日志文件中查看事件，如代码清单 3-30 所示。

代码清单 3-30　Riemann 事件日志

```
INFO [2015-03-22 21:40:37,287] Thread-5 - riemann.config - #riemann.codec.Event{:host riemanna,
    :service riemann streams rate, :state nil, :description nil, :metric 7.739079374131467,
    :tags [riemann], :time 1427060437213/1000, :ttl 20}
```

同样可用的还有#(warn %)函数，它发出 WARN 级别而不是 INFO 级别的事件。

可以调整此日志输出，记录更丰富的信息，例如添加用于调试的前缀，如代码清单 3-31 所示。

代码清单 3-31　向 Riemann 日志记录添加前缀

```
#(info "prefix" %)
```

这将为所有日志条目加上前缀 prefix。此外，还可以将日志输出限制为只输出事件中的特定字段，如代码清单 3-32 所示。

代码清单 3-32　限制 Riemann 日志记录

```
#(info (:host %) (:service %))
```

这将只把:host 字段和:service 字段的内容发送给日志文件，如代码清单 3-33 所示。

代码清单 3-33　过滤后的 Riemann 事件日志

```
INFO [2015-03-22 21:55:35,172] Thread-6 - riemann.config -riemanna riemann streams rate
```

如果只想打印到 STDOUT，比如正在命令行中运行 Riemann 以进行某个测试，可以使用 prn 函数，如代码清单 3-34 所示。

代码清单 3-34　Riemann 的 prn 函数

```
; Print event to stdout
prn

; Print "output", then the event
#(prn "Output: " %)
```

现在需要重新加载 Riemann 来启用新配置，如代码清单 3-35 所示。

代码清单 3-35　通过重新加载 Riemann 启用新配置

```
$ sudo service riemann reload
```

现在可以在/var/log/riemann/riemann.log 文件中查看事件，这些事件是 Riemann 默认的内部状态报告，如代码清单 3-36 所示。

代码清单 3-36　Riemann 内部事件

```
INFO [2015-02-03 06:04:50,031] Thread-7 - riemann.config - #riemann.codec.Event{:host riemanna,
    :service riemann streams rate, :state nil, :description nil, :metric 0.0, :tags [riemann],
    :time 355740372471/250, :ttl 20}
INFO [2015-02-03 06:04:50,034] Thread-7 - riemann.config - #riemann.codec.Event{:host riemanna,
    :service riemann streams latency 0.0, :state nil, :description nil, :metric nil, :tags [riemann],
    :time 355740372471/250, :ttl 20}
INFO [2015-02-03 06:04:50,035] Thread-7 - riemann.config - #riemann.codec.Event{:host riemanna,
    :service riemann streams latency 0.5, :state nil, :description nil, :metric nil, :tags [riemann],
    :time 355740372471/250, :ttl 20}
...
```

它们包括流、TCP 服务器、UDP 服务器、WebSockets 服务器的速率和延迟，可以用这些数据来获取 Riemann 的状态。

3.2.5　向 Riemann 发送事件

下面测试 Riemann 是否接收来自外部的事件。可以通过多种方式将数据发送到 Riemann，包括通过它自己的一组工具和各种语言的客户端工具。

注意：可以在 Riemann 网站上找到完整的客户端列表。

这组工具是用 Ruby 编写的，可以通过前面安装好的 `riemann-tools gem` 来获取。每个工具都是单独的二进制文件，可以在 GitHub 上的 riemann-tools 库中看到可用的工具列表。它们包括基本健康检查、Apache 和 Nginx 之类的 Web 服务器、AWS 之类的云服务等。

提示：还可以使用 Riemann C 客户端向 Riemann 查询事件或发送事件。该客户端可以通过 riemann-c-client 包在 Ubuntu 和 Red Hat 上进行安装，并通过 riemann-client 二进制文件进行使用。

这些工具中最容易测试的是 `riemann-health`。它将 CPU、内存、负载统计等信息发送给 Riemann。现在打开一个新的终端，在 Riemann 服务器上启动它，如代码清单 3-37 所示。

代码清单 3-37　`riemann-health` 命令

```
$ riemann-health
```

可以在运行 Riemann 的主机上本地运行 `riemann-health`，也可以在远程服务器上运行它，并使用`--host` 标志将它指向 Riemann 服务器，如代码清单 3-38 所示。

代码清单 3-38　riemann-health --host 选项

```
$ riemann-health --host riemanna.example.com
```

现在，riemann-health 命令将开始向 Riemann 的 TCP 服务器端口 5555 发送事件，或者使用
--port 标志指定其他端口。当前配置通过#(info %)函数将所有传入的事件发送给 Riemann 的日
志文件。来看看 Riemann 日志文件/var/log/riemann/riemann.log 中传入的数据，如代码清单 3-29 所示。

代码清单 3-39　传入的数据

```
$ tail -f /var/log/riemann/riemann.log
INFO [2015-12-23 17:23:47,050] pool-1-thread-16 - riemann.config - #riemann.codec.Event{:host
  riemanna.example.com, :service disk /, :state ok, :description 11% used, :metric 0.11,
  :tags nil, :time 1419373427, :ttl 60.0}
INFO [2015-12-23 17:23:47,055] pool-1-thread-18 - riemann.config - #riemann.codec.Event{:host
  riemanna.example.com, :service load, :state ok, :description 1-minute load average/core is
  0.11, :metric 0.11, :tags nil, :time 1419373427, :ttl 60.0}
...
```

这里有两个事件，一个关于磁盘空间，另一个关于负载。下面来更深入地看看事件本身，如
代码清单 3-40 所示。

代码清单 3-40　Riemann-health 磁盘事件

```
{:host riemanna.example.com, :service disk /, :state ok,
 :description 11% used, :metric 0.11, :tags nil,
 :time 1419373427, :ttl 10.0}
```

该事件来自 riemanna.example.com 主机中的 disk/服务。它测量根目录的已用磁盘空间。它
有一个 ok 的状态，一个告诉我们磁盘空间消耗百分比的描述，一个与该百分比相关的浮点数指
标，以及该事件的记录时间。最后，还有一个生存时间来控制事件的存活时间。

现在我们知道，Riemann 服务器正在工作，可以正常接收事件。

注意：第 5 章和第 6 章将采集和监控更多的主机级事件和指标。

3.2.6　创建 Riemann 监控检测

接下来将详细介绍本书的重点部分，使用 riemann-health 的一个事件来创建监控检测。
打开/etc/riemann/riemann.config 配置文件并添加第一个检测，如代码清单 3-41 所示。

代码清单 3-41　第一个监控检测

```
(let [index (index)]
  (streams
    (default :ttl 60
      Index
```

```
;#(info %)
(where (and (service "disk /") (> metric 0.10))
  #(info "Disk space on / is over 10%!" %))
```

我们为第一个检测添加了一些新的 Clojure 代码。可以看到这里用;注释掉了#(info %)函数。这将阻止 Riemann 将每个事件都发送到日志文件。接下来指定了名为 where 的新流。where 流根据一些标准选择事件，然后将它们传递给子流，在子流中可以对事件执行其他操作。where 流使用布尔 and 语句同时匹配了两个条件。

❑ :service 字段是 disk/的事件。

❑ :metric 字段大于 0.10（10%）的事件。

如果事件满足这两个条件，则将它发送到#(info %)函数，以便将其发送到日志文件。另外，日志消息中添加了前缀，详细说明了该事件被匹配和输出至此的原因。

代码清单 3-42 展示了匹配并输出到/var/log/riemann/riemann.log 日志文件中的事件的状态。

代码清单 3-42　带前缀的警告事件

```
Disk space on / is over 10%! #riemann.codec.Event{:host riemanna, :service disk /, :state ok,
  :description 24% used, :metric 0.24, :tags nil, :time 1449184188, :ttl 60.0}
```

我们已经从事件中删除了一些初始模板，但是可以看到此事件的磁盘空间使用率为 24%，因此被 where 流提取。再加上有意义的解释信息前缀，然后打印到日志文件中。

祝贺！你刚刚成功构建了 Riemann 监控检测！虽然这个检测比较基础，并无特别有用之处，也没有说明任何关于环境的关键信息，但它初步展示了 Riemann 的用途。稍后，当构建监控环境时，我们将看到更多复杂的检测。现在来探索更多过滤事件的方法。

3.2.7　Riemann 过滤的一个小插曲

过滤是管理 Riemann 内部事件的关键。因此，在继续学习之前，来看一些示例，学习如何过滤流。

第一个示例将使用正则表达式匹配事件，如代码清单 3-43 所示。这是常见的用例，也是一个很好的起点。

代码清单 3-43　使用 where 流和正则表达式

```
(where (service #"^nginx"))
```

在 Clojure 中，正则表达式以#为前缀，并用双引号引起来。在本例中，where 流匹配:service 字段以 nginx 开头的所有事件。

还可以使用布尔运算符来匹配事件，如代码清单 3-44 所示。

代码清单 3-44   使用 where 流和布尔运算符

```
(where (and (tagged "www") (state "ok")))
```

在本例中，where 流匹配带有 www 标签并且 :state 字段是 ok 的事件。这个示例还结合了 where 流和名为 tagged 的新流。

tagged 流选择 :tags 字段中所有包含 www 标签的事件。tagged 流是 tagged-all 函数的简写，用来匹配特定的标签。还有一个名为 tagged-any 的函数，可以在系列标签中任选其一进行匹配，如代码清单 3-45 所示。

代码清单 3-45   tagged-any 流

```
(tagged-any ["www" "app1"]
  #(info %))
```

这里使用了 tagged-any 流来匹配所有包含 www 标签或 app1 标签的事件，然后发送要记录的事件。

还可以组合标签、布尔运算符、正则表达式来进行更复杂的匹配，如代码清单 3-46 所示。

代码清单 3-46   使用 where 流进行复杂匹配

```
(where (and (tagged "www") (state "ok") (service #"^apache*")))
```

这里匹配了一些事件，这些事件的标签为 www，状态为 ok，并且来自以 apache 开始的服务。

到目前为止，所有示例都使用 :service 和 :state 等"标准"字段匹配事件。可以看到，示例引用了这些字段的名称，但是删去了冒号。这是 where 过滤流提供的一些有用的语法糖。所有对"标准"字段的引用，如 :service、:host、:tags、:metric、:description、:time、:ttl，都可以使用这些名称的简写。但是如果想引用自定义字段，那么需要采用下面的方式，如代码清单 3-47 所示。

代码清单 3-47   引用 Riemann 中的示例自定义字段

```
(:field_name event)
```

字段名称前面加上了冒号，告诉 Riemann 它属于事件，这是 Riemann 处理事件的简写。例如代码清单 3-48 中展示的名为 :type 的字段。

代码清单 3-48   引用 Riemann 中的自定义字段

```
(:type event)
```

现在看一下它的使用方式，如代码清单 3-49 所示。

代码清单 3-49 Riemann 中的自定义类型字段

```
(where (and (tagged "www") (= (:type event) "load")))
```

在这里，`where` 流匹配所有标签为 `www` 且`:type` 字段值为 `load` 的事件。可以看到第二个`:type` 字段的匹配，它使用运算符、字段名、值的组合来完成，其结构如代码清单 3-50 所示。

代码清单 3-50 引用 Riemann 中的自定义字段

```
(operator (:field_name event) value)
```

使用这个 "运算符 字段名 值" 的语法结构，还可以使用数学函数来匹配事件，如代码清单 3-51 所示。

代码清单 3-51 使用 where 流和数学函数

```
(where (and (tagged "www") (>= (* metric 10) 5)))
```

这里匹配了包含有 www 标签，且`:metric` 字段值乘以 10 后大于或等于 5 的事件。可以在这些语句中使用常规的运算符，如大于、等于、小于。

还可以使用类似的语法来执行范围查询，如代码清单 3-52 所示。

代码清单 3-52 使用 where 流进行范围查询

```
(where (and (tagged "www") (< 5 metric 10)))
```

这里匹配了所有标签为 www 且`:metric` 字段值在 5 和 10 之间的事件。

提示：可以访问 Riemann 网站，了解更多关于事件过滤的信息。

3.3 连接 Riemann 服务器

现在，多台 Riemann 服务器已经可以正常工作，接下来将它们连接在一起，如图 3-3 所示。在当前架构中有两台上游 Riemann 服务器：riemanna.example.com 和 riemannb.example.com，还有一台下游 Riemann 服务器 riemannmc.example.com。假定目前已经用上面的步骤将 Riemann 安装到了这些主机上。

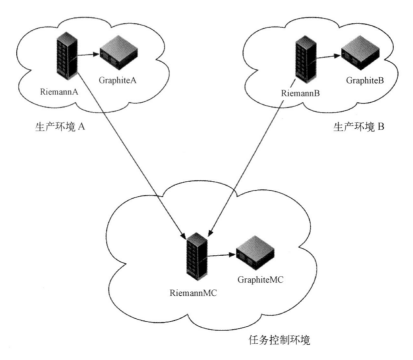

图 3-3　连接 Riemann 服务器

　　在此架构中,假如要向下游的任务控制环境发送生产环境的升级和状态更新信息,那么需要发送关于 Riemann 自身的信息来检测上游 Riemann 服务器是否运行正常。

　　接下来把上游服务器连接到下游服务器,然后测试连接。

3.3.1　配置上游 Riemann 服务器

　　首先将下游 Riemann 服务器连接到上游 Riemann 服务器。为此先要新定义名为 `async-queue!` 的流,它会创建一个异步线程池队列,该队列接收事件并通过线程池将这些事件异步传递给子流。

　　为什么要异步传递事件? 因为 Riemann 的速度很快,当流连接到外部服务时就有可能发生等待,整个处理流程就有被阻塞的风险,所以使用异步队列,告诉 Riemann 对事件进行排队,并在不阻塞的情况下立即返回主流程。本例将使用 Riemann 默认的 TCP 客户端作为异步流,将事件发送到下游服务器。

警告: 看起来使用异步流可以快速解决阻塞,但也有一些需要注意的地方。在广泛使用此方法前,需要仔细阅读 Riemann 网站上关于异步流使用方法的说明文档。

　　接下来看一个更新后的配置文件,如代码清单 3-53 所示。

代码清单 3-53　更新后的 Riemann 配置

```
(logging/init {:file "/var/log/riemann/riemann.log"})

(require 'riemann.client)

...

(let [index (index)
      downstream (batch 100 1/10
        (async-queue! :agg {:queue-size      1e3
                            :core-pool-size 4
                            :max-pool-size  32}
          (forward
            (riemann.client/tcp-client :host "riemannmc")))))]

  (streams
    (default :ttl 60
      index

      #(info %)

      (where (service #"^riemann.*")
        downstream))))
```

可以看到，这里添加了一些新的配置，其中添加了 Riemann 客户端，如代码清单 3-54 所示。require 函数类似 Ruby 的 require 方法，用来加载所需要的其他代码库。

代码清单 3-54　引入 Riemann 客户端

```
(require 'riemann.client)
```

require 函数加载了 Riemann TCP 客户端，下面将通过这个客户端向下游发送事件。

注意：本章稍后将更详细地讨论 require。

接下来在 let 表达式中添加另一个绑定（注意，绑定是一对符号和值），来配置发送事件的目的地和流程，如代码清单 3-55 所示。

代码清单 3-55　向 Riemann 添加下游绑定

```
(let [index (index)
      downstream (batch 100 1/10
        (async-queue! :agg {:queue-size      1e3
                            :core-pool-size 4
                            :max-pool-size  32}
          (forward
            (riemann.client/tcp-client :host "riemannmc")))))]

...
)
```

这个绑定定义了名为 downstream 的符号。该符号的值是一系列的流,第一条流称为 batch,可以按每 100 个事件或每十分之一秒的时间分批发送事件。batch 流将事件传递到异步队列 async-queue!中,我们将其称为:agg(聚合)。

我们为 async-queue!定义了一个 queue-size(队列容量),用指数 1e3 或 1000 表示,将 core-pool-size(线程池中的线程数)设置为 4,同时将 max-pool-size(线程池的最大线程数)设置为 32。这可以适用于大多数场景。

队列接收批量传入的事件,并将它们转发给 forward 子流。forward 子流通过 Riemann 客户端(在本例中是 TCP 客户端)将事件发送给 riemannmc 服务器,如代码清单 3-56 所示。

代码清单 3-56   Riemann 客户端转发配置

```
(riemann.client/tcp-client :host "riemannmc")
```

注意:这里假设已经配置了 DNS,并且在/etc/hosts 环境变量中添加了各台 Riemann 服务器,或者为 Riemann 提供了一些其他方式解析 riemannmc 主机名。

这个配置很复杂,下面看一下整个过程,确保完全理解每个操作。

❑ 这里定义了 downstream 符号,当引用该符号时,事件被传递给它。
❑ 事件最先进入 batch 流。按每 100 个事件或每十分之一秒分批发送事件。
❑ 分批的事件被传递给 async-queue!流。
❑ async-queue!流将事件传递给 forward 子流,继而发送给 riemannmc 服务器。

最后,添加 where 流来选择要发送的事件,如代码清单 3-57 所示。

代码清单 3-57   转发的 where 过滤流

```
(where (service #"^riemann.*")
  downstream)
```

与之前一样,where 过滤流根据一定的标准(例如来自特定主机或服务),通过正则表达式或某个函数的执行结果来选择事件。

本例中的 where 流选择所有匹配正则表达式^riemann.*的事件,它表示:service 字段以 riemann.开始的所有事件。然后将这些事件传递给 downstream 符号,downstream 符号再将这些事件转发给 riemannmc 服务器。

接着,将创建好的配置添加到 riemanna 服务器和 riemannb 服务器。

3.3.2   配置下游 Riemann 服务器

现在来看下游 riemannmc 服务器上的配置,如代码清单 3-58 所示。

代码清单 3-58 下游 riemannmc 服务器

```
...

(let [index (index)]
  ; Inbound events will be passed to these streams:
  (streams
    (default :ttl 60
      ; Index all events immediately.
      index

      #(info %))))
```

可以看到它基本上和之前创建的配置相同，只是缺少向 `downstream` 发送事件的相关配置。

注意：可以从 GitHub 上获取本书中的所有示例配置和代码[①]。

3.3.3 向下游发送 Riemann 事件

现在，重新启动所有服务器上的 Riemann，来实现向下游发送事件，如代码清单 3-59 所示。

代码清单 3-59 通过重新启动 Riemann 启用转发

```
riemanna$ sudo service riemann restart
riemannb$ sudo service riemann restart
riemannmc$ sudo service riemann restart
```

现在可以在上游服务器上的/var/log/riemann/riemann.log 日志文件中看到队列的一些新事件，如代码清单 3-60 所示。

代码清单 3-60 riemanna 或 riemannb 上的聚合事件

```
INFO [2015-02-03 15:29:10,911] Thread-7 - riemann.config - # riemann.codec.Event{:host riemanna,
  :service riemann executor agg accepted rate, :state ok, :description nil, :metric 250/2507,
  :tags nil, :time 711497675449/500, :ttl 20}
INFO [2015-02-03 15:29:10,911] Thread-7 - riemann.config - # riemann.codec.Event{:host riemanna,
  :service riemann executor agg completed rate, :state ok, :description nil, :metric 250/2507,
  :tags nil, :time 711497675449/500, :ttl 20}
INFO [2015-02-03 15:29:10,911] Thread-7 - riemann.config - # riemann.codec.Event{:host riemanna,
  :service riemann executor agg rejected rate, :state ok, :description nil, :metric 0N,
  :tags nil, :time 711497675449/500, :ttl 20}
...
```

这有助于跟踪状态、性能和转发情况。

还可以看到下游服务器 riemannmc 上的事件。

---

① 也可以从图灵社区下载：http://ituring.cn/book/1955。——编者注

可以看到，无须更改 riemannmc 服务器上的任何内容，该服务器便可以接收事件。接着查看 /var/log/riemann/riemann.log 日志文件，可以找到来自 riemanna 和 riemannb 的事件，以及来自 riemannmc 的本地事件，如代码清单 3-61 所示。

代码清单 3-61　同时接收来自上游和下游的事件

```
INFO [2015-02-03 08:35:58,507] Thread-6 - riemann.config - # riemann.codec.Event{:host riemannMC,
    :service riemann server ws 0.0.0.0:5556 in latency 0.999, :state ok, :description nil,
    :metric nil, :tags nil, :time 1422970558489/1000, :ttl 20}
...
INFO [2015-02-03 08:36:01,495] defaultEventExecutorGroup-2-1 - riemann.config - #riemann.codec.
    Event{:host riemannb. lovedthanlost.net, :service riemann streams rate, :state nil,
    :description nil, :metric 3.9884721385215447, :tags [riemann], :time 1422970561, :ttl 20.0}
...
INFO [2015-02-03 08:36:14,314] defaultEventExecutorGroup-2-1 - riemann.config - #riemann.codec.
    Event{:host riemanna, :service riemann streams latency 0.5, :state nil, :description nil,
    :metric 0.222681, :tags [riemann], :time 1422970574, :ttl 20.0}
...
```

这里可以看到来自 3 台服务器的所有事件，这表明它们已连接成功。

3.4　在上游 Riemann 服务器发出告警

现在，下游的 riemannmc 服务器已经连接到了上游的 riemanna 服务器和 riemannb 服务器。但想要在上游服务器出问题时有所感知，需要利用 Riemann 索引来实现这一点。

记住，索引是 Riemann 跟踪的所有服务的当前状态表。索引的每一个事件均作为服务被添加，使用其:host 字段和:service 字段来进行映射，索引保存该服务的最新事件。每个索引事件都有生存时间 TTL，可以通过事件的:ttl 字段设置，或者指定一个默认值。默认 TTL 是 60 秒，使用 Riemann 配置中的 default 函数进行设置。

如果服务失效，它将停止向 Riemann 提交事件。Riemann 配置中有一个 periodically-expire 函数，它每 5 秒运行一次，像是索引的事件收割机。它会检查索引中事件的 TTL，如果过期，则从索引中删除事件。它将为索引中的每一个过期事件创建一个新事件，将其状态字段:state 设为 expired 并发送回流。

然后监控流中是否存在:state 字段为 expired 的事件，如果存在则意味着服务已经停止上报事件，此时需要发出告警。

接着在 riemannmc 服务器上创建一些配置，来捕获 riemanna 服务器和 riemannb 服务器上的过期事件。这意味着如果这些服务器停止发送事件，我们可以及时得到通知。

现在看一下 riemannmc 上的 Riemann 配置。/etc/riemann/riemann.config 配置文件如代码清单 3-62 所示。

代码清单 3-62　下游 riemannmc 服务器的配置

```
(logging/init {:file "/var/log/riemann/riemann.log"})

(let [host "0.0.0.0"]
  (repl-server {:host "127.0.0.1"})
  (tcp-server {:host host})
  (udp-server {:host host})
  (ws-server {:host host}))

(periodically-expire 10 {:keep-keys [:host :service :tags, :state,
  :description, :metric]})

(let [index (index)]
  ; Inbound events will be passed to these streams:
  (streams
    (default :ttl 60
      ; Index all events immediately.
      index

      #(info %))))
```

它类似于上游 Riemann 服务器,除去向下游发送事件的配置部分。

我们要添加如下一些配置。

❏ 识别过期事件。
❏ 只选择与 Riemann 有关的事件。
❏ 用电子邮件通知过期事件。

接下来看一下这些配置。首先配置通知机制,先从简单的电子邮件开始,如果检测到过期的 Riemann 事件,则发送电子邮件通知。

我们需要为此配置 mailer 插件,该插件可以从 Riemann 发送电子邮件。名字空间是组织代码和函数的一种方式,我们将在其中配置 mailer 插件。你可以考虑在 Riemann 配置中使用名字空间作为一种更高级的方法来组织流。

Riemann 使用 Clojure 的内置名字空间来实现这一点。在 Clojure 中,通常建议使用精心定义的名字空间,它不能与其他任何名字空间重合。大多数情况下,其格式如代码清单 3-63 所示。

代码清单 3-63　Clojure 名字空间格式

```
[organization].[library|app].[group-of-functions]
```

本例用 examplecom 作为组织名称,你也可以使用 mycorpname 或部门名之类的名称。然后是库名 etc,因为它应用广泛,包含 Riemann 配置中经常用到的许多函数。最后是函数组名 email,完整写出来就是 examplecom.etc.email。

名字空间还决定了 Riemann 服务器上存储代码的位置。Riemann 希望在/etc/riemann 目录下与名字空间相同的目录结构中存放相应代码。首先来创建目录结构，如代码清单 3-64 所示。

代码清单 3-64   创建 examplecom.etc 名字空间路径

```
$ sudo mkdir -p /etc/riemann/examplecom/etc
```

然后创建一个文件保存 Riemann 代码和函数，如代码清单 3-65 所示。

代码清单 3-65   创建 email.clj 文件

```
$ sudo touch /etc/riemann/examplecom/etc/email.clj
```

可以看到，目录结构和文件与名字空间保持一致。

Riemann 代码和函数放置在 email.clj 文件中。

注意：.clj 是 Clojure 代码文件的扩展名。

先看看这个文件中的代码，如代码清单 3-66 所示。

代码清单 3-66   引用函数

```
(ns examplecom.etc.email
  (:require [riemann.email :refer :all]))

(def email (mailer {:from "reimann@example.com"}))
```

首先使用 ns 函数声明新的名字空间，即 example.etc.email，在 Riemann 配置中用这个名字来引用名字空间。

提示：名字空间是 Clojure 组织代码、库、函数的标准。可以在 Riemann HOWTO 中阅读更多关于名字空间的信息。

其次指定一个要传入名字空间中的参数:require。这里的:require 语句与前面用于引入 Riemann TCP 客户端的 require 函数密切相关，它在名字空间中执行相同的功能。这里的:require 参数引入了 riemann.email 函数库，:require 确保所需的名字空间已经存在，随时可以被调用，并导入相应名字空间。通过导入名字空间，定义并准备该名字空间下的所有函数。

现在可以在 examplecom.etc.email 名字空间中引用 riemann.email 名字空间中的函数，例如 riemann.email/mailer。

但是，引用完全限定名字空间的函数有点笨拙。我们在:require 指令中添加了参数:refer。:refer 函数意味着不必使用完全限定的名称来引用名字空间中的函数，可以引用名字空间中的一个、几个甚至全部函数。这里使用:all 选项来引用 riemann.email 中的所有函数。

此外，也可以指定只使用该名字空间中的一个或几个函数，如代码清单 3-67 所示。

代码清单 3-67 引用函数

```
(ns examplecom.etc.email
  (:require [riemann.email :refer [mailer]]))
```

...

这将只引用 riemann.email 名字空间中的 mailer 函数。现在可以在名字空间中引用一个函数，无须在它前面加上前缀 riemann.email。

注意： 如果在两个名字空间中定义了相同名称的符号并同时引用它们，那么将会出现冲突，导致 Riemann 无法启动。举例来说，不能同时定义和引用 examplecom.etc.email/foo 和 examplecom.etc.fish/foo。

现在看一下这个文件中的 mailer 配置，如代码清单 3-68 所示。

代码清单 3-68 在 Riemann 中配置电子邮件通知

```
(def email (mailer {:from "reimann@example.com"}))
```

可以看到，这里使用了 def 语句。正如附录所述，def 语句声明了一个符号和一个变量。

本例把 email 符号赋值为 mailer。这代表在所有限定 email 的地方，Riemann 都应该调用 riemann.email 名字空间中的 mailer 函数。因为这里引用了名字空间中的所有函数，所以不需要在 mailer 前面加上 riemann.email 前缀。

mailer 函数负责发送电子邮件。我们还为 mailer 函数指定了一个选项:from，它指定了 Riemann 电子邮件的源地址。

mailer 函数实际上使用标准 Clojure 电子邮件库 Postal 来发送电子邮件。默认情况下，它使用本地的 sendmail 二进制文件，但也可以使用 SMTP 服务器，如代码清单 3-69 所示。

提示： 在 Ubuntu 上安装 mailutils 包，或者在 Red Hat 和相关发行版上安装 mailx 包，可以快速地添加 sendmail 二进制文件并设置本地邮件。

代码清单 3-69 为 Postal 配置 SMTP 服务器

```
(def email (mailer {:host "smtp.example.com"
                    :user "james"
                    :pass "password"
                    :from "riemann@example.com"}))
```

提示： 应该在所有的 Riemann 主机上添加 email.clj 文件及其配置，这在后续发送通知时还会涉及。

现在我们有了通知事件的方法，把这个功能添加到 Riemann 配置中。为了使用新的电子邮件功能，需要在 riemann.config 中告诉 Riemann。为此，需要再次使用 require 函数，但这次略有不同，如代码清单 3-70 所示。

代码清单 3-70 将 email 函数添加到 Riemann 中

```
(logging/init {:file "/var/log/riemann/riemann.log"})

(require 'riemann.client)
(require '[examplecom.etc.email :refer :all])

...
```

我们在 riemann.config 文件中的 riemann.client 下面又添加了一个新的 require。它包括 examplecom.etc.email 名字空间，并使用:refer :all 指令引用该名字空间中的所有函数。

Riemann 在启动时自动搜索/etc/riemann 目录下的名字空间，导入名字空间和其中的函数。在本例中，这将导致 Riemann 搜索目录/etc/riemann/examplecom/etc/。

然后载入文件: /etc/riemann/examplecom/etc/email.clj。

:refer 可以实现在 Riemann 配置中引用 email 函数，无须在前面加上 examplecom.etc. email 名字空间。

现在可以指定流来获取相关事件，如代码清单 3-71 所示。

代码清单 3-71 过期的 Riemann 事件过滤器流

```
(expired
  (where (service #"^riemann.*")
    (email "james@example.com")))
```

这里使用了 expired 过滤流。它从索引中匹配过期事件。可以将其视为 where 流，其中:state 字段上的匹配项为 expired。

使用 where 流对所有以 riemann.开头的服务执行正则表达式匹配。where 流匹配到的所有事件都将传递给 email 并通过 mailer 函数发送到 james@example.com。

现在需要重新加载或重启 Riemann 来激活这个新的电子邮件功能，这将加载和引入 examplecom.etc.email 名字空间。

因此，如果现在停用 riemanna 主机上的 Riemann，那么在 TTL 过期之后，riemannmc 主机上的 Riemann 索引将生成如代码清单 3-72 所示的事件。

代码清单 3-72 riemanna 过期流事件

```
{:ttl 60, :time 713456271631/500, :state expired, :service riemann streams latency 0.999,
 :host riemanna, :tags [riemann]}
```

可以看到，事件的 :state 字段为 expired，也包含了 :service 字段、:host 字段、:tags 字段。当事件收割机遍历索引时，所有这些字段都被复制到了新的过期事件中。事件还包含默认为 60 秒的 TTL，以及生成事件的时间。

将这个匹配到的事件传递给 email，它会触发电子邮件的发送，如图 3-4 所示。

图 3-4　电子邮件通知

当 Riemann 服务器发生故障时，我们就会收到电子邮件。但有个问题：对于正在采集的每个指标，我们都会收到一封邮件。是的，每个事件都一样。这意味着当 Riemann 服务器停机时，可能会收到非常多的电子邮件。

3.4.1　Riemann 事件限流

为了防止电子邮件泛滥，我们将在通知中添加一个限流阀。代码清单 3-73 中是它的配置。

代码清单 3-73　Riemann 过期事件过滤器的限流

```
(expired
  (where (service #"^riemann.*")
    (throttle 1 600
      (email "james@example.com"))))
```

我们添加了名为 throttle 的新流。throttle 允许一定数量的事件通过，然后在一段时间内忽略其他所有事件，如代码清单 3-74 所示。

代码清单 3-74　throttle 流

```
(throttle 1 600
```

这个限流阀只允许一个事件通过，然后在接下来的 600 秒内忽略所有其他事件。这是一个相当粗糙的机制，但适用于只需要少量通知的情况。

3.4.2　汇总 Riemann 事件

除了 throttle 流，还有 rollup 流。rollup 流允许一些事件通过，然后采集和保持其他事件。它将这些事件保持一段时间，然后发送它们的汇总信息，如代码清单 3-75 所示。

代码清单 3-75 汇总已过期的 Riemann 事件

```
(expired
  (where (service #"^riemann.*")
    (rollup 5 3600
      (email "james@example.com"))))
```

这里，rollup 流每 3600 秒（一小时）只发送 5 封电子邮件。你将立即收到 4 封电子邮件，然后在一小时后收到最后一封电子邮件，其中包含这一小时内收到的所有其他事件的汇总信息。

警告：rollup 流在内存中累积事件。事件越多，消耗的内存就越多。应该确保它不会耗尽主机上承载汇总事件的内存。

3.4.3 电子邮件通知的替代工具

显然，电子邮件并不总是理想的通知机制（我们已经有了装满电子邮件的收件箱），因此 Riemann 提供了各种各样的替代工具，包括 PagerDuty 和各种聊天软件（比如 Slack）。

第 10 章将更多地讨论这些机制和通知。

3.5 测试 Riemann 配置

Riemann 配置的一个优点是，作为 Clojure 程序，可以编写测试，从而确认配置正确。

为了测试 Riemann 事件，首先确定需要观察的窃听点（tap），然后编写测试来判断行为是否正确，以及事件是否正常生成或接收。Riemann 在生产环境中将忽略这些窃听点，这样就不会因为添加它们而损失性能。

代码清单 3-76 展示了一个示例，在当前的 riemannmc 配置中，接收传入的事件并立即对它们进行索引。

代码清单 3-76 重新定义 riemannmc 配置

```
(logging/init {:file "/var/log/riemann/riemann.log"})

(let [host "0.0.0.0"]
  (repl-server {:host "127.0.0.1"})
  (tcp-server {:host host})
  (udp-server {:host host})
  (ws-server {:host host}))

(periodically-expire 10 {:keep-keys [:host :service :tags, :state,
  :description, :metric]})

(let [index (index)]
```

```
(streams
  (default :ttl 60
    ; Index all events immediately.
    index)))
```

这里的测试将检测那些进入流的事件是否被索引。为了支持这个测试，需要将 `index` 流封装在 `riemann.test/tap` 函数中，这样可以查看被索引的事件，如代码清单 3-77 所示。

代码清单 3-77　向 riemannmc 索引添加 tap

```
(logging/init {:file "/var/log/riemann/riemann.log"})

(let [host "0.0.0.0"]
  (repl-server {:host "127.0.0.1"})
  (tcp-server {:host host})
  (udp-server {:host host})
  (ws-server {:host host}))

(periodically-expire 10 {:keep-keys [:host :service :tags, :state,
  :description, :metric]})

(let [index (tap :index (index))]

  (streams
    (default :ttl 60
      ; Index all events immediately.
      index)))
```

可以看到，`index` 外围添加了一个 `tap`，将其称为窃听 `:index`。

然后，创建一个或几个测试，对 `index` 中的传入事件进行取样。这通过定义 `tests` 流并使用标准的 Clojure 测试函数 `deftest` 来实现，如代码清单 3-78 所示。

代码清单 3-78　向 riemannmc 配置添加测试

```
(logging/init {:file "/var/log/riemann/riemann.log"})

(let [host "0.0.0.0"]
  (repl-server {:host "127.0.0.1"})
  (tcp-server {:host host})
  (udp-server {:host host})
  (ws-server  {:host host}))

(periodically-expire 10 {:keep-keys [:host :service :tags, :state,
  :description, :metric]})

(let [index (tap :index (index))]

  (streams
    (default :ttl 60
      ; Index all events immediately.
      index)))
```

```
(tests
  (deftest index-test
    (is (= (inject! [{:service "test"
                      :time    1}])
           {:index [{:service "test"
                     :time    1
                     :ttl     60}]})))))
```

现在可以在配置中看到一组新的 tests 流，其定义了测试 index-test，测试过程很简单。

❑ 将事件注入到流中。

❑ 监控 :index 窃听点并查看该事件是否到达。

inject! 函数将事件注入到流中。这里注入了一个事件，其中将 :service 字段设为 test，并将 :time 字段设为 1。然后询问 :index 窃听点是否看到类似事件。我们把 :ttl 字段设为 60，因为 default 函数在索引事件时设置了这个字段，否则，正在观察的事件与注入的事件就不匹配，测试就会失败。

接着使用 riemann 二进制文件运行测试，如代码清单 3-79 所示。在运行测试时必须停用 Riemann，因为包括接口绑定之类的组件在内的整个配置在运行测试时都是工作的。

代码清单 3-79   运行 Riemann 测试

```
$ sudo riemann test riemann.config
INFO [2015-07-15 17:40:01,236] main - riemann.repl - REPL server
  {:port 5557, :host 127.0.0.1} online

Testing riemann.config-test

Ran 1 tests containing 1 assertions.
0 failures, 0 errors.
```

可以看到，包含一个断言的测试已经运行并成功通过。这意味着我们已经将一个事件注入到流中，然后在窃听点处观察到了相应的事件。

提示：可以在 Riemann 文档中阅读更多有关测试配置的信息。

3.6   验证 Riemann 配置

Riemann 配置刚接触起来看似很复杂，为了简化其构建过程，可以借助语法检查器。使用语法检查器之前，需要下载并自行构建，如代码清单 3-80 所示。前提是已经安装了 Java 环境、Git 环境、Leiningen 环境。

代码清单 3-80   下载 Riemann 语法检查器

```
$ git clone https://github.com/samn/riemann-syntax-check.git
```

然后将语法检查器构建为 Jar 文件，如代码清单 3-81 所示。

代码清单 3-81　构建 Riemann 语法检查器

```
$ cd riemann-syntax-check
$ lein uberjar
...
```

可以看到，这个过程下载了一些依赖项并创建了一些 Jar 文件。其中一个 Jar 文件可以用来对 Riemann 配置进行语法检查，如代码清单 3-82 所示。

代码清单 3-82　对 Riemann 配置进行语法检查

```
$ cd /etc/riemann/
$ java -jar riemann-syntax-check-0.2.0-standalone.jar riemann.
  config
```

这里对 riemann.config 配置文件进行了语法检查。任何错误或问题都会被报告出来，这样就可以在重新加载或重新启动 Riemann 之前修复它们。

3.7　性能、可伸缩性、高可用性

Riemann 的性能主要受限于内存，它唯一使用的磁盘 I/O 是记录日志，应该确保所有运行 Riemann 的主机都有足够的内存。

通过配置启动 Riemann 时传入 Java 堆参数，可以配置 Riemann 进程使用的附加内存容量。为此，Ubuntu 上的/etc/default/riemann 文件和 Red Hat 及其类似系统上的/etc/sysconfg/riemann 文件添加了所有必要的选项。在这两个文件中，取消以 EXTRA_JAVA_OPTS 开头的行注释，并使用 -Xms 和 -Xmx 标志来配置恰当的附加内存大小。这两个标志分别控制 Java 堆的初始值和最大值，如代码清单 3-83 所示。

代码清单 3-83　配置额外的内存

```
EXTRA_JAVA_OPTS="-Xms4096m -Xmx4096m"
```

Oracle 建议将堆的初始值和最大值设置为相同的值，以最小化垃圾回收。

注意： 可以在 Oracle 网站上更多地了解 Java 文档中的 -X 选项。

还可以查看 Debian 和 RPM 包中关于 AGGRESSIVE_OPTS 环境变量的 JVM 调优选项，学习一些关于如何调优 Riemann 的其他方法。

目前还没有现成的 Riemann 高可用性解决方案。Riemann 服务器没有提供高可用性的故障转移解决方案或配置。不过这并没有那么可怕，Riemann 没有维护太多的状态，它主要是事件和指标的路由引擎。没有这种能力并不乐观，但是由于 Riemann 的无状态性，很容易重新构建或添加新的 Riemann 主机来替换不可用的主机。

此外，可以运行一台或几台热备份 Riemann 主机，并相对快速地用新主机替换不可用的主机。还可以使用共享代理（如 HAProxy）补充此功能，并将多台 Riemann 服务器添加到后端主机池中。如果一台主机发生故障，另一台主机就可以立即顶上。

关于可伸缩性，Riemann 还不能以任何一种集群或分布式的方式自动扩展和调度工作负载。Riemann 的可伸缩性主要体现在通过添加 Riemann 服务器进行水平扩展，或者根据应用程序、机架、栈、数据中心或站点进行分布，也可以选择使用共享代理之类的解决方案将事件和指标分发到一系列后端 Riemann 主机上。

此外，可以创建分片配置，并行运行两台或多台 Riemann 服务器，如图 3-5 所示。每台处理事件的服务器都会给事件分配一个分片 ID，然后在下游通过过滤分片 ID，并对每组事件使用合并算法将它们整合。

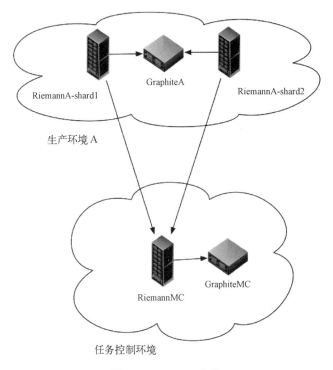

图 3-5　Riemann 分片

本书不涉及任何关于高可用性和可伸缩性的探讨，但是如果有了更好的解决方案，书中内容将及时更新。

提示：还有一个插件支持基于 JMX 的 Riemann 监控，那就是 riemann-mbeans。在第 8 章和第 12 章中，可以看到关于使用 JMX 监控 JVM 的更多内容。

3.8 Riemann 的替代工具

还有一些基于事件或消息队列的系统，它们的工作原理与 Riemann 类似。下面列出一些有趣的工具，仅供参考。如果书中的选择不适合或不符合你的风格，或许可以尝试使用这些工具。

- Apache Samza 和 Apache Kafka：前者是分布式实时计算系统，后者是以集群为中心设计的发布–订阅消息系统。
- Prometheus：一个开源的系统监控和报警工具包，最初由 SoundCloud 开发。
- Heron：Twitter 开发的实时分析平台。
- Bosun：在 MIT 授权基础上，由 Stack Exchange 开发的监控和报警开源系统。
- Anthracite：事件和变更日志的管理应用程序。
- ELK 技术栈：Elasticsearch、Logstash、Kibana。它是强大的日志工具，也可以用来处理事件和指标。第 8 章将更详细地介绍它。
- Heka：另一个日志工具，由 Mozilla 团队发布。遗憾的是，它不再维护了，但有一个潜在的继任者：Hindsight。
- Godot：基于 Riemann 的事件流处理工具，以 node.js 开发，使用 JavaScript（而不是 Clojure）。它比 Riemann 慢一些，但是有很多相同的概念。
- Munin：使用 RRDTool 的指标和监控工具。
- Snap：英特尔的开源软件，遥测采集和处理工具。它还支持向 Riemann 发送数据。

3.9 小结

本章介绍了如何安装 Riemann。我们以生产环境中的 riemanna 和 riemannb，以及任务控制环境中的 riemannmc 为例，在这 3 台主机上安装了 Riemann。另外，还介绍了如何配置和运行它。

我们将上游的 Riemann 服务器与下游的 Riemann 服务器连接起来，然后在下游的 Riemann 服务器中设置通知，以检测上游服务器是否存在问题。

这些 Riemann 服务器将构成监控框架的基础，也就是以事件为中心的路由引擎，它们可以用来采集、处理、发送事件和指标。接着，我们在 Riemann 索引中集中跟踪主机、服务、应用程序的状态，通知所有关键或重要的事件，然后绘制相关指标。

第 4 章将通过安装和配置绘图引擎 Graphite 继续构建监控环境，然后把一些初始指标从 Riemann 发送到 Graphite。

第 4 章

Graphite 和 Grafana

第 3 章在每个环境中安装并配置了 Riemann 服务器，Riemann 为事件和指标提供了中心目的地和路由引擎。在监控框架的下一层，我们将提供一个目的地来存储 Riemann 接收的时间序列指标。我们将继续研究这些指标的可视化工具，以便深入了解主机、服务、应用程序的运行方式。

指标的存储和可视化解决方案的设计如图 4-1 所示。

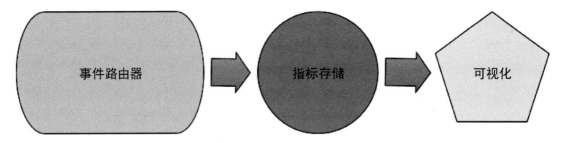

图 4-1　指标的存储和可视化

通过这种设计，我们希望存储和可视化系统能够具有以下能力。

- ❑ 高效地接收和处理指标数据。
- ❑ 可以随着环境的发展而扩展。
- ❑ 提供可伸缩、高效的指标数据存储能力。
- ❑ 提供一种机制来优雅地降低指标数据的粒度，以高粒度存储近期指标数据，并可以降低较旧指标的粒度。

为了提供存储和可视化功能，我们将安装和配置一个名为 Graphite 的工具。

4.1　Graphite 简介

Graphite 是一个引擎，用 Python 编写，获得 Apache 2.0 许可证。它可以存储时间序列数据，然后使用 API 绘制该数据的图表。Graphite 简单高效。它可能不是最现代化的时间序列数据库，比如它依赖**平面文件**（flat file），而不是更现代化的数据库风格来实现，但是它经过了良好的测试，并且非常可靠。它提供了一系列用于操作、汇总、转换数据的功能来实现可视化，还拥有活跃的社区和稳定的开发团队。

我们将配置 Riemann，把指标发送到 Graphite 中。另外，开始使用 Grafana 看板探究 Graphite 的绘图和看板功能，以便显示指标数据。

提示：本书只会简单介绍 Graphite，但它是一款功能强大的工具。如果你有兴趣成为 Graphite 专家，强烈推荐阅读 Jason Dixon 的 *Monitoring with Graphite* 一书。

Graphite 由 3 部分组成，分别是 Carbon、Whisper、Graphite Web。

4.1.1　Carbon

Carbon 是一组以事件驱动的守护进程，可以监听网络端口。本书将使用两个主要的守护进程：carbon-cache 和 carbon-relay。carbon-cache 负责监听、接收时间序列数据并将其写入存储。carbon-relay 负责监听、接收时间序列数据并将其转发到 carbon-cache 服务器。

使用上述两个 Carbon 守护进程，可以在一台或多台主机上扩展和使用 Carbon 集群。例如，负载均衡器后面的一台主机运行多个 carbon-relay 守护进程，这台主机接收事件，然后将它们转发给另一台运行有多个 carbon-cache 守护进程的主机，再由它们接收并处理数据。

最初的 Graphite 配置会将一切都集中在单台主机上，但是稍后会介绍更多关于扩展 Carbon 的知识。

Carbon 守护进程接收时间序列数据流（本质上是一些指标、值、时间戳）。指标可以是任何形式的可度量输出，比如系统指标、应用程序指标、业务指标。Carbon 接收到指标后，会定期将它们刷到 Whisper 存储数据库中。

4.1.2　Whisper

Whisper 是轻量级的平面文件数据库格式，用于存储时间序列数据。它不是一个守护进程或服务，而是一种数据库文件格式。Carbon 以 Whisper 格式将指标数据写入磁盘。每个单独的指标类型都存储在一个固定大小的文件中，文件的扩展名是.wsp，如代码清单 4-1 所示。

代码清单 4-1　Whisper 文件布局

```
../carbon/whisper/HostA/memory-used.wsp
../carbon/whisper/HostB/memory-free.wsp
../carbon/whisper/HostB/memory-used.wsp
```

每个数据库文件的大小由存储的数据点的数量决定。

数据写入磁盘通常是 Graphite 服务器的扩展瓶颈，可以使用更快的本地磁盘来解决这个问题。例如，许多人使用带有 SSD（Solid State Drive，固态驱动器）的主机来存储指标数据。还可以实现 Graphite 服务器集群，本章稍后将详细讨论。

4.1.3 Graphite Web、Graphite-API、Grafana

Graphite 的最后一个组件是 Graphite Web，这是一个基于 Django 的 Web 图形接口，可以通过查询 Carbon 守护进程并读取 Whisper 数据来返回指标数据。它可以直接用于绘制图表，也可以提供 RESTful API，第三方工具可以使用该 API 提取指标并绘制图表。该 API 可以返回数据或输出绘制好的图片，如.png 图像。

但是，本书不涉及使用 Graphite Web。一方面，Graphite Web 的安装和配置问题比较多；另一方面，该接口有些过时，且难以使用。

我们将使用更现代化的 Grafana 控制台。Grafana 是一个基于 Apache 2.0 许可证的开源指标数据看板，支持 Graphite、InfluxDB、OpenTSDB。当使用 Graphite 时，Grafana 在 Graphite Web API 之上运行。所以，本书不会安装完整的 Graphite Web 组件，而是安装一个 API 集成，然后在该 API 之上安装 Grafana 看板。

4.2 Graphite 的架构

Graphite 的总体架构如下：Carbon 接收传入的指标并以 Whisper 格式将其写入磁盘，然后由 Graphite-API 将这些指标提供给 Grafana。

接下来要安装 Graphite、Graphite-API、Grafana，然后配置并运行每个组件。

4.3 安装 Graphite

我们将在 3 台主机上安装 Graphite。

❑ 生产环境 A 中的 Ubuntu 14.04 主机，主机名为 graphitea.example.com，IP 地址为 10.0.0.210。

❑ 生产环境 B 中的 Red Hat Enterprise Linux（RHEL）7.0 主机，主机名为 graphiteb.example.com，IP 地址为 10.0.0.220。

❑ 任务控制环境中的 Ubuntu 14.04 主机，主机名为 graphitemc.example.com，IP 地址为 10.0.0.200。

这与第 3 章建立的架构保持一致，如图 4-2 所示。

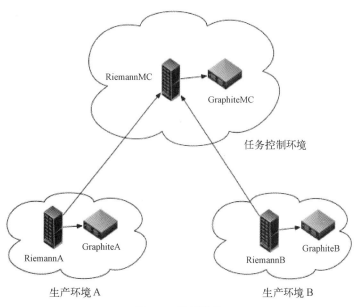

图 4-2　指标架构

　　然后在服务器上安装带有 carbon-relay 守护进程的 Graphite 来接收所有传入的事件，并使用两个 carbon-cache 守护进程处理这些事件，如图 4-3 所示。

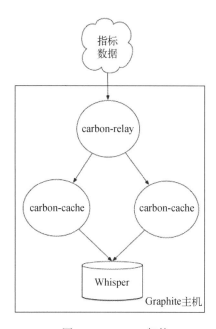

图 4-3　Graphite 架构

这样一来，如有必要，通过在 Graphite 主机上添加多个 carbon-cache 守护进程，可以扩展 Graphite 的安装。如果有更大的扩展需求，也可以很容易地将此 Graphite 架构应用于多台主机。

接下来手动安装必需的前提条件包和其他相关的包，从而更好地了解 Graphite 的工作原理。但是，在现实情况中，一般会使用配置管理工具进行安装。

4.3.1   在 Ubuntu 上安装 Graphite

在 Ubuntu 14.04 或更高的版本上，可以从 APT 包中获得 Graphite。接下来安装需要的软件包，如代码清单 4-2 所示。

代码清单 4-2   在 Ubuntu 上安装 Graphite 包

```
$ sudo apt-get update
$ sudo apt-get -y install graphite-carbon
```

首先更新 APT 包缓存，然后安装 graphite-carbon 包，其中包括 Carbon 存储引擎。

在安装过程中会遇到这样的问题：在卸载 Graphite 的同时，是否移除图形数据库？选择 No，从而确保留存图形数据，如图 4-4 所示。

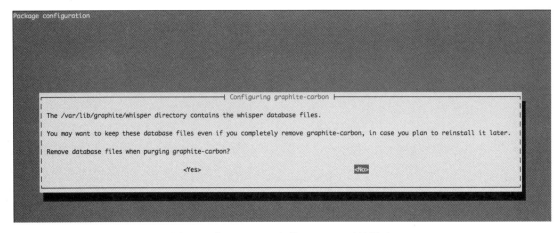

```
Package configuration


                          ┤ Configuring graphite-carbon ├
    The /var/lib/graphite/whisper directory contains the whisper database files.

    You may want to keep these database files even if you completely remove graphite-carbon, in case you plan to reinstall it later.

    Remove database files when purging graphite-carbon?

                        <Yes>                                    <No>

```

图 4-4   在 Ubuntu 上安装 Graphite 时的提示

现在安装完成。

4.3.2   在 Red Hat 上安装 Graphite

在 Red Hat 及其相关的发行版上（如 CentOS 和 Fedora），安装 Graphite 会有点棘手，我们需要的所有包不能全部从包存储库中获取，而需要使用"企业版 Linux 的扩展包"（Extra Packages for Enterprise Linux），即 EPEL 存储库。

1. 在 Red Hat 上安装前提条件包

现在添加 EPEL 存储库，如代码清单 4-3 所示。

代码清单 4-3　添加 EPEL 存储库

```
$ sudo yum install -y epel-release
```

安装所需的前提条件包，如代码清单 4-4 所示。

代码清单 4-4　在 Red Hat 上安装 Graphite 前提条件包

```
$ sudo yum install -y python-setuptools
```

这里安装了 Python 的工具集，它提供了一些 Python 打包工具。

2. 在 Red Hat 上安装 Graphite

前提条件包安装完成后，接下来安装 Graphite，如代码清单 4-5 所示。

代码清单 4-5　在 Red Hat 上安装 Graphite 包

```
$ sudo yum install -y python-whisper python-carbon
```

提示：在较新的 Red Hat 及其系列版本中，yum 命令已被 dnf 命令所取代，其他语法保持不变。

这里安装了 python-whisper 和 python-carbon，分别提供 Whisper 和 Carbon。

3. 在 Red Hat 上的最后几步

在 Red Hat 上，我们将对默认安装的包做一些微小更改，确保不同主机的配置一致并简化配置过程。如果所有运行 Graphite 的主机都是 Red Hat，那么你可以跳过本节，只需要关注配置选择的变化。

以下是详细的步骤。

- ❏ 创建新的组和用户，命名为_graphite。
- ❏ 将默认路径/var/lib/carbon/移动到/var/lib/graphite。
- ❏ 更改/var/log/carbon 目录的所有权。
- ❏ 删除已经废置的 carbon 用户。

首先，创建新的组和用户，如代码清单 4-6 所示。

代码清单 4-6　在 Red Hat 上创建新的 Graphite 组和用户

```
$ sudo groupadd _graphite
$ sudo useradd -c "Carbon daemons" -g _graphite -d /var/lib/ graphite -M -s /sbin/nologin _graphite
```

然后，移动并更改/var/lib/carbon 目录的所有权，如代码清单 4-7 所示。

代码清单 4-7 移动/var/lib/carbon 目录

```
$ sudo mv /var/lib/carbon /var/lib/graphite
$ sudo chown -R _graphite:_graphite /var/lib/graphite
```

接下来，更改/var/log/carbon 目录的所有权，如代码清单 4-8 所示。

代码清单 4-8 更改/var/log/carbon 目录的所有权

```
$ sudo chown -R _graphite:_graphite /var/log/carbon
```

最后，删除 carbon 用户，如代码清单 4-9 所示。

代码清单 4-9 删除 carbon 用户

```
$ sudo userdel carbon
```

提示：以上所有步骤都可以通过配置管理工具或 Docker 容器进行更好的管理。鉴于我们试图使不同主机上的 Graphite 保持一致，这次演练可以让你对正在进行的更改有一些了解。

4.3.3 安装 Graphite-API

Graphite 安装完成后，接下来将添加可以让 Grafana 连接到 Graphite 的 API 层。Graphite-API 是 Graphite 的开源（Apache 2.0 许可）附加组件。

1. 在 Ubuntu 上安装 Graphite-API

在 Ubuntu 和 Debian 上，Graphite-API 是一个社区包。可以从 Package Cloud 网站上的 exoscale 社区包存储库中安装它。首先，添加存储库的 APT 密钥，如代码清单 4-10 所示。

提示：如果不习惯在 Package Cloud 中安装程序，可以基于 pip 安装。

代码清单 4-10 添加 Package Cloud 密钥

```
$ curl https://packagecloud.io/gpg.key | sudo apt-key add -
```

然后，添加新的 APT 存储库列表，如代码清单 4-11 所示。

代码清单 4-11 添加 Package Cloud exoscale 存储库列表

```
$ sudo sh -c "echo deb https://packagecloud.io/exoscale/community/ubuntu/ trusty main >
/etc/apt/sources.list.d/ exoscale_community.list"
```

现在可以更新 APT，可能还需要添加 apt-transport-https 包，如代码清单 4-12 所示。

代码清单 4-12　为 Graphite-API 更新 APT

```
$ sudo apt-get install apt-transport-https
$ sudo apt-get update
```

接着，安装 Graphite-API 包，如代码清单 4-13 所示。

代码清单 4-13　在 Ubuntu 上安装 Graphite-API 包

```
$ sudo apt-get install graphite-api
```

2. 在 Red Hat 上安装 Graphite-API

不幸的是，Red Hat 还没有任何可用的原生包，因此必须通过 Python pip 安装 Graphite-API，这意味着我们必须自己编译 Graphite-API 包。

首先，需要安装一些前提条件包，如代码清单 4-14 所示。

代码清单 4-14　在 Red Hat 上安装 Graphite-API 的前提条件包

```
$ sudo yum install -y python-pip gcc libffi-devel cairo-devel
  libtool libyaml-devel python-devel
```

这里安装了一个编译器、一些开发库和 Python pip 二进制命令程序。然后，使用 pip 命令更新一些包并安装 Graphite-API，如代码清单 4-15 所示。我们将升级一些本地 Python 库，之后安装一些新包。

代码清单 4-15　通过 pip 安装 Graphite-API

```
$ sudo pip install -U six pyparsing websocket urllib3
$ sudo pip install graphite-api gunicorn
```

这将升级 Graphite-API 的前提条件包，接下来安装 graphite-api 和 gunicorn。本章稍后将使用 gunicorn 包部署 Graphite-API。

提示：在 Red Hat 上还有一个 Puppet 模块可以用于安装 Graphite-API。

4.3.4　安装 Grafana

接下来安装 Grafana。Ubuntu 和 Red Hat 均提供原生包。

1. 在 Ubuntu 上安装 Grafana

可以在 Ubuntu 上使用 Grafana 的包存储库安装。为此，首先需要添加另一个存储库列表，如代码清单 4-16 所示。

代码清单 4-16　添加 Grafana 存储库列表

```
$ sudo sh -c "echo deb https://packagecloud.io/grafana/stable/debian/ wheezy main >
/etc/apt/sources.list.d/ packagecloud_grafana.list"
```

然后添加 Package Cloud 密钥，如代码清单 4-17 所示，这可以让我们安装签名包。

代码清单 4-17　添加 Package Cloud 密钥

```
$ curl https://packagecloud.io/gpg.key | sudo apt-key add -
```

最后，更新 APT 存储库并安装 Grafana 包，如代码清单 4-18 所示。（可能还需要用到 apt-transport-https 包，所以也要安装它。）

代码清单 4-18　安装 Grafana 包

```
$ sudo apt-get update
$ sudo apt-get install -y apt-transport-https grafana
```

2. 在 Red Hat 上安装 Grafana

可以在 Red Hat 上使用 Grafana 的包存储库来进行安装。为此，首先添加 Yum 存储库列表。

在 /etc/yum.repos.d/grafana.repo 上创建新的 Yum 存储库定义，如代码清单 4-19 所示。

代码清单 4-19　创建 Grafana Yum 存储库

```
$ sudo touch /etc/yum.repos.d/grafana.repo
```

然后，用以下内容填充 /etc/yum.repository.d/grafana.repo 文件，如代码清单 4-20 所示。

代码清单 4-20　Grafana 的 Yum 存储库定义

```
[grafana]
name=grafana
baseurl=https://packagecloud.io/grafana/stable/el/6/$basearch repo_gpgcheck=1
enabled=1
gpgcheck=1
gpgkey=https://packagecloud.io/gpg.key https://grafanarel.s3.amazonaws.com/
  RPM-GPG-KEY-grafana
sslverify=1
sslcacert=/etc/pki/tls/certs/ca-bundle.crt
```

注意：6 代表 Red Hat 的版本，可以替换为其他版本。举例来说，若使用的是 RHEL 7，就指定为 7。

现在通过 yum 命令安装 Grafana，如代码清单 4-21 所示。

代码清单 4-21　通过 yum 命令安装 Grafana

```
$ sudo yum install grafana
```

提示：在此过程中，可能会提示你接受 Package Cloud 中的 GPG 密钥。

4.3.5　通过配置管理工具安装 Graphite 和 Grafana

通过配置管理工具安装 Graphite、Graphite-API、Grafana 有许多选择，可以查找以下资料。

Chef 操作指南

❏ Graphite：https://github.com/hw-cookbooks/graphite
❏ Graphite-API：https://supermarket.chef.io/cookbooks/graphite-api
❏ Grafana：https://supermarket.chef.io/cookbooks/grafana

Puppet 模块相关资料

❏ Graphite：https://forge.puppetlabs.com/garethr/graphite
❏ Graphite-API：https://forge.puppetlabs.com/stevenmerrill/graphiteapi
❏ Grafana：https://forge.puppetlabs.com/modules?utf-8=%E2%9C%93&sort=rank&q=grafana

Docker 镜像

❏ Graphite：https://hub.docker.com/search/?q=graphite
❏ Graphite-API：https://hub.docker.com/r/brutasse/graphite-api/
❏ Grafana：https://hub.docker.com/search/?q=grafana

Ansible 角色

❏ Graphite：参见 https://galaxy.ansible.com 网页有关 Graphite 的介绍。
❏ Graphite-API：参见 https://galaxy.ansible.com 网页有关 Graphite-API 的介绍。
❏ Grafana：参见 https://galaxy.ansible.com 网页有关 Grafana 的介绍。

Synthesize 是基于 Vagrant 的 Graphite 配置工具，可以访问 https://github.com/obfuscurity/synthesize 来了解更多信息。

4.4　配置 Graphite 和 Carbon

接下来需要配置 Graphite 和 Carbon。Ubuntu 和 Red Hat 都为 Carbon 安装了默认配置文件：/etc/carbon/carbon.conf，如代码清单 4-22 所示。该示例文件非常有用，它包括 Carbon 所有的可用选项。不过，我们将用自己的文件替换它。

代码清单 4-22　编辑 Carbon 设置

```
$ sudo vi /etc/carbon/carbon.conf
```

Carbon 配置文件被分割成 ini 文件风格的区块，用以管理每个守护进程：[cache]用于管理 carbon-cache 守护进程，[relay]用于管理 carbon-relay 守护进程。

注意：还有一个区块[aggregator]，它用于管理 carbon-aggregation 守护进程。它是一个缓冲和操作指标守护进程，本书不作过多涉及。

现在看看 carbon.conf 配置文件。它比较大，我们可以把它分成几部分来看。也可以在 GitHub 上找到本书的源代码并浏览完整的文件[①]。

依次来看每个部分。第一部分[cache]配置 carbon-cache 守护进程，第一段相关配置项指定了各种组件的位置，如代码清单 4-23 所示。

代码清单 4-23　Carbon 的目录配置

```
STORAGE_DIR     = /var/lib/graphite/
CONF_DIR        = /etc/carbon/
LOG_DIR         = /var/log/carbon/
PID_DIR         = /var/run/
LOCAL_DATA_DIR  = /var/lib/graphite/whisper/
```

可以看到，这里已经配置了多个目录位置。特别值得注意的是/var/log/carbon 目录，在这里可以找到所有的 Carbon 日志文件。

注意：如果在 Red Hat 上安装，那么可能需要在安装期间进行一些统一修改，比如将 Carbon 用户改为_graphite。可以在这里对 Carbon 进行任意更改。

接下来，设置 Carbon 用户和**日志滚动**（log rotation），如代码清单 4-24 所示。

代码清单 4-24　设置 Carbon 用户和日志滚动

```
USER = _graphite
ENABLE_LOGROTATION = True
LOG_UPDATES = False
LOG_CACHE_HITS = False
```

为了配置 carbon-cache 守护进程，这里将 USER 设置为_graphite。接下来在[relay]部分再次设置了用户，每个正在运行的 Carbon 守护进程都需要设置用户。

另外，carbon-cache 守护进程启用了滚动日志，并禁用了日志更新和缓存。无须在每次指标更新时都记录日志，如果将大量日志写入指标相应的文件，甚至会引起冲突。

现在看一下代码清单 4-25 中的 carbon-cache 守护进程的网络和端口配置。

代码清单 4-25　配置 carbon-cache 守护进程

```
LINE_RECEIVER_INTERFACE = 127.0.0.1
PICKLE_RECEIVER_INTERFACE = 127.0.0.1
```

① 可以从图灵社区下载：http://ituring.cn/book/1955。——编者注

```
CACHE_QUERY_INTERFACE = 127.0.0.1

[cache:1]
LINE_RECEIVER_PORT = 2013
PICKLE_RECEIVER_PORT = 2014
CACHE_QUERY_PORT = 7012

[cache:2]
LINE_RECEIVER_PORT = 2023
PICKLE_RECEIVER_PORT = 2024
CACHE_QUERY_PORT = 7022
```

注意，示例首先定义了 3 个接口。

❑ LINE_RECEIVER_INTERFACE
❑ PICKLE_RECEIVER_INTERFACE
❑ CACHE_QUERY_INTERFACE

将这些接口都绑定到 127.0.0.1（localhost）。这些守护进程都依赖于 carbon-relay，因此只需要将它们绑定到本地，而不必公开。每个接口有不同的用途。

LINE_RECEIVER_INTERFACE 和 PICKLE_RECEIVER_INTERFACE 分别处理 Carbon 的两个协议：Line（Plaintext）和 Pickle。

Plaintext（纯文本）是基础协议，如代码清单 4-26 所示，采用代码清单 4-27 中的格式表示指标。

代码清单 4-26　Carbon Plaintext 协议

```
<metric path> <metric value> <metric timestamp>
```

代码清单 4-27　Carbon Plaintext 协议指标示例

```
riemanna.cpu.usage 88 1423507423
```

Carbon 会将其转换为 Whisper 可以写入磁盘的格式。该协议非常简单明了，可以使用 Netcat（nc）发送一个指标样例，如代码清单 4-28 所示。

代码清单 4-28　通过 Netcat 向 Graphite 发送 Plaintext 指标

```
PORT=2003
SERVER=graphitea.example.com
echo "riemanna.someservice.somemetric 12 `date +%s`" | nc -c ${SERVER} ${PORT}
```

Pickle 协议是 Plaintext 协议的一个更为高效的变体。它支持接收批量指标，而不只是单个指标。Pickle 数据采用多级元组列表的形式，如代码清单 4-29 所示。

代码清单 4-29　Graphite Pickle 协议

```
[(path, (timestamp, value)), ...]
```

每个元组包含单个指标，指标数据被嵌套为次级元组，其中包含时间戳和值。然后，客户端或应用程序将积累一定数量的元组列表，并将它们打包到一个带有附加头的包中，然后发送到 Pickle 接收程序。

最后一个接口是 CACHE_QUERY_INTERFACE。carbon-cache 将在这个接口上监听从 Graphite Web 接口传入的查询。有时候，Web 接口需要的数据仍然在缓存中，而不是在 Whisper 文件中。此时，Graphite Web 接口可以通过它查询缓存数据。

接下来将看到两个 carbon-cache 实例：[cache:1]和[cache:2]。carbon-cache 实例通过在守护进程名 cache 后面加上实例名来定义，如代码清单 4-30 所示。

代码清单 4-30　carbon-cache 实例定义

```
[cache:name_of_instance]
```

本例采用数字来命名实例，但也可以用字母或其他名称。在服务管理中，这样做能使启动和管理实例变得更方便，本章稍后会提到这一点。

我们已经为每个 carbon-cache 守护进程定义了所绑定的接口，并在每个实例中定义了实例绑定的端口。比如在实例 1 上，Plaintext 协议绑定到了端口 2013，Pickle 协议绑定到了端口 2014（如图 4-5 所示），缓存查询绑定到了端口 7012。在实例 2 上，Plaintext 协议绑定到了端口 2023，Pickle 协议绑定到了端口 2024，缓存查询绑定到了端口 7022。

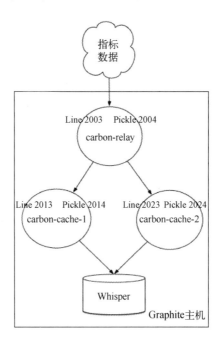

图 4-5　Carbon 守护进程端口和架构

可以看到端口的分配方式。如果想添加另一个实例，可以做如下声明，如代码清单 4-31 所示。

代码清单 4-31 第 3 个 carbon-cache 实例

```
[cache:3]
LINE_RECEIVER_PORT = 2033
PICKLE_RECEIVER_PORT = 2034
CACHE_QUERY_PORT = 7032
```

这个配置与代码清单 4-32 中的 carbon-relay 配置相关联。

代码清单 4-32 carbon-relay 守护进程配置

```
[relay]
USER = _graphite
LINE_RECEIVER_INTERFACE = 10.0.0.210
LINE_RECEIVER_PORT = 2003
PICKLE_RECEIVER_INTERFACE = 10.0.0.210
PICKLE_RECEIVER_PORT = 2004
RELAY_METHOD = consistent-hashing
REPLICATION_FACTOR = 1
DESTINATIONS = 127.0.0.1:2014:1, 127.0.0.1:2024:2
```

现在已经为 carbon-relay 守护进程创建了一个[relay]配置块，指定了_graphite 用户，并且定义了 Plaintext 协议接口和 Pickle 协议接口来绑定到外部网络，这里使用的 graphitea 的 IP 地址是 10.0.0.210。接下来把 Plaintext 协议绑定到端口 2003，并将 Pickle 协议绑定到端口 2004，Carbon 将在此接口和这些端口上接收指标数据。

然后，carbon-relay 使用 RELAY_METHOD 和 REPLICATION_FACTOR 确定如何分发这些事件。RELAY_METHOD 指定将向哪个 carbon-cache 实例分发特定的指标。这可以是基于规则的配置，例如，通过名称或指标组指定分发规则。此外，可以使用一致性散列算法，把指标均匀地分布在 carbon-cache 守护进程之间。我们最终选择了一致性散列算法。

REPLICATION_FACTOR 用于控制向目的地发送的指标副本数量。本例为每个指标发送一个副本。可以将副本数量设置为 2 或更高，以便将每个指标副本发送到多个目的地，提供指标冗余。我们将在本章后面看到这样的示例。

最后一个配置项 DESTINATIONS 指定了 carbon-relay 守护进程发送指标的位置。本例指定了每个 carbon-cache 实例的 Pickle 协议端口：127.0.0.1:2014:1（实例 1）和 127.0.0.1:2024:2（实例 2）。如果有更多实例，可以在此添加更多的条目。如果要添加上面的实例 3，这一行将如代码清单 4-33 所示。

代码清单 4-33 为 carbon-relay 添加第 3 个实例

```
DESTINATIONS = 127.0.0.1:2014:1, 127.0.0.1:2024:2, 127.0.0.1:2034:3
```

提示：对于 carbon-cache 和 carbon-relay，最简单的扩展规则是为每个 CPU 内核分配一个守护进程。

在当前的配置中，carbon-relay 守护进程将从 Graphite 主机上的端口 2003（Plaintext）或端口 2004（Pickle）接收指标数据。接着，通过一致性散列算法，carbon-relay 守护进程将把这个指标传递给某一个 carbon-cache 守护进程（localhost 的端口 2014 或端口 2024 上）。最后，carbon-cache 守护进程把指标数据以 Whisper 格式写入磁盘。

4.4.1　配置 Carbon 指标的留存模式

接下来配置 Carbon 指标数据的密度，这本质上就是指标的存储时间以及详细程度。在指标的术语中，我们称之为解析度。

指标解析度对于好的监控至关重要，以恰当的频率采集正确的信息是提高监控效率的关键。许多传统的监控和指标系统以较低的解析度采集指标，例如每一分钟甚至每五分钟采集一个数据点。如果想用这些数据来弄清楚状况，几乎很难实现。特别是对于 CPU、内存或一些指标（例如事务数）等不稳定或易变的服务，长周期采集的数据点不太可能捕获该组件的真实状况，反而可能导致对该组件状态的错误解读。

下面的示例将以高解析度采集数据，通常至少每两三秒采集一个数据点，这能让我们清楚地了解正在进行指标采集的大多数组件的状态。

当然，高解析度带来了性能和存储方面的问题。采集的指标越多，采集数据点的频率就越高，所花费的时间就越长，所消耗的存储空间也就越多。稍后将更多地讨论指标解析度以及为不同类型的指标配置不同的解析度，并通过一些计算帮助你理解更高解析度的性能和存储成本。

与此同时，我们将更改 Carbon 默认配置来提供更高的解析度。

请记住，对指标解析度的决策是永久性的。在不同解析度下采集的指标通常不具有可比性，如果更改解析度，将无法使用以前采集的数据进行比较。同时，需要调整 Whisper 文件，或者删除并重新创建它们。这是一个很重要的练习，慎重决策你的解析度！

在 Carbon 中，指标解析度通过/etc/carbon/storage-schemas.conf 文件配置。现在看看这个文件，如代码清单 4-34 所示。

代码清单 4-34　配置 carbon 留存模式

```
# Whisper 文件中的模式定义。系统会每隔 60 秒按顺序扫描该文件的所有条目，
# 以最先出现的符合模式定义的内容为准
#
#  [name]
#  pattern = regex
#  retentions = timePerPoint:timeToStore, timePerPoint: timeToStore, ...

# Carbon 的内部指标。这个条目需要与 CARBON_METRIC_PREFIX 和 CARBON_METRIC_INTERVAL 中配置的一样
[carbon]
pattern = ^carbon\.
retentions = 60:90d
```

```
[default_1min_for_1day]
pattern = .*
retentions = 60s:1d
```

留存模式指定了 Carbon 保存指标的时间以及解析度选择，如代码清单 4-35 所示。每个留存模式配置项按名称匹配指标，然后为所匹配的指标指定一个或多个保留期。

代码清单 4-35 carbon 留存模式

```
[name]
pattern = regex_pattern
retentions = periods
```

留存模式配置项由用方括号括起来的名称组成，该名称是特定模式的唯一标识。它包含一个正则表达式 pattern，可以根据名称匹配特定的指标。此外，模式还需要配置 retentions，它指定了 Carbon 将以何种解析度存储指标，以及在该解析度下存储的时间。可以用代码清单 4-36 中的形式指定一项或多项 retentions。

代码清单 4-36 Graphite 保留期示例

```
sample_time:retention_period
```

看一下示例配置文件中的配置项。第一个[carbon]管理 Carbon 自身的指标，该正则表达式用来匹配所有以 carbon 开头的指标。然后，在 retentions 配置项中为这些 Carbon 指标设置留存模式。

对于 Carbon 指标，60:90d 表示每 60 秒创建一个数据点，并保存 90 天。这意味着每个数据点描述了 60 秒的信息，我们希望保留足够的数据点来存储 90 天的数据。

其他所有默认配置的指标都使用[default_1min_for_1day]，该模式匹配.*（所有事件）。在这个模式中，Graphite 每 60 秒创建一个数据点，并能够保存一天中的数据。按照常规标准，这是非常低的解析度，而且 Riemann 处理事件的速度要比这快得多。因此，下面将创建一个新模式并删除[default_1min_for_1day]，如代码清单 4-37 所示。

代码清单 4-37 创建新的 Graphite 默认模式

```
[default]
pattern = .*
retentions = 1s:24h, 10s:7d, 1m:30d, 10m:2y
```

新模式[default]的正则表达式也匹配.*（所有事件）。不同的是，新模式包含多个留存模式，可以优雅地删减历史数据，节省磁盘空间，提高性能。第一个留存模式 1s:24h 指定每秒创建一个数据点，并保存 24 小时的数据。下一个留存模式 10s:7d 指定按 10 秒一次的频率保存 7 天的数据，以此类推，直到以每 10 分一次的频率保存 2 年的数据。

　　要将采样率从 1s:24h 降低为 10s:7d，Graphite 会采集过去 10 秒的所有数据（这应该是 10
个数据点，每秒生成一个），然后对这些数据点求平均值，并将这个新数据点保存 7 天。默认情况
下，降低采样率的途径是对所有数据点求平均值，因此通常可以根据平均值反过来计算总的指标。

　　还可以配置 Graphite，让它使用其他方法聚合数据点，包括 min、max、sum、last。这是通
过配置/etc/carbon/storage-aggregation.conf 文件实现的。请参考示例文件/usr/share/doc/graphite-carbon/
examples/storage-aggregation.conf.example。

　　我们现在并不打算使用这些聚合函数，但是在 Carbon 日志文件/var/log/carbon/console.log 中
反复出现了一条惹人不快的日志消息，如代码清单 4-38 所示。

代码清单 4-38　惹人不快的 Graphite 日志消息

```
/etc/carbon/storage-aggregation.conf not found, ignoring.
```

　　创建一个空的/etc/carbon/storage-aggregation.conf 文件，如代码清单 4-39 所示，这样可以防
止此消息再次出现。

代码清单 4-39　创建一个空的存储聚合文件

```
$ touch /etc/carbon/storage-aggregation.conf
```

4.4.2　估算 Graphite 存储空间

　　Whisper 数据库文件的大小是固定的，它们不能像普通关系数据库那样增长。每当接收到一
个新的指标时，就会创建一个 Whisper 文件，文件大小根据所存指标的解析度和保留期来计算。
Whisper 数据库文件永远不会自己变小或变大。

　　由于 Whisper 数据库文件的大小固定，因此可以很轻松地预测存储需求。下面来看代码清单
4-40 中的示例，每个 Graphite 指标数据点的长度为 12 字节，根据解析度和留存配置，很容易就
能算出需要存储多少数据点。

代码清单 4-40　创建新的 Graphite 默认模式

```
[default]
pattern = .*
retentions = 1s:24h, 10s:7d, 1m:30d, 10m:2y
```

　　如果以 1 秒为间隔把一个指标存储 24 小时，可以很容易地计算出需要 86 400 个数据点（一
天有 86 400 秒）。每个数据点有 12 字节，这总共需要 1 036 800 字节，即 1.0368MB。

　　但这只是留存配置的一部分。必须分别计算各个部分才能得到 Whisper 数据库文件的总体大
小。J. Javier Maestro 写了一个 Whisper 计算器来简化计算过程。whisper-calculator.py 是一个 Python
应用程序，传入一个保留期，它将返回 Whisper 数据库文件的大小。

先来下载这个计算器，如代码清单 4-41 所示。

代码清单 4-41　下载计算器

```
$ cd ~
$ wget https://gist.githubusercontent.com/jjmaestro/5774063/raw/9
  b615fa9a4666529c264af738ffa34ecc0298bd6/whisper-calculator.py
```

现在来试试这个计算器，如代码清单 4-42 所示。

代码清单 4-42　whisper-calculator.py

```
$ python ./whisper-calculator.py 1s:24h,10s:7d,1m:30d,10m:2y 1s:24h,10s:7d,1m:30d,10m:2y >>
3542464 bytes
```

这里提供了留存配置，计算器返回的大小为 3 542 464 字节。也就是说，对于正在采集的每个指标，大约需要 3.5MB 的空间。然后，可以依据主机数量和指标数量计算出需要的总容量。例如，对于 100 台主机，每台主机都有 100 个指标，因此需要 35 424MB，即约 35.4GB。

注意：Graphite 附带有用的命令 `whisper-info`，可以针对现有的 Whisper 文件使用该命令，以返回关于已存储的数据点及其大小的详细信息。

4.4.3　Carbon 和 Graphite 服务管理

现在需要设置 Carbon 和 Graphite，以便它们能通过服务管理工具运行。

1. Ubuntu 上的服务管理

需要将 carbon-cache 替换为 Graphite 包安装的标准 Ubuntu init 脚本，并为 carbon-relay 守护进程添加新的 init 脚本。这样便可以像上面配置的那样运行多个 carbon-cache 守护进程，同时运行一个 carbon-relay 守护进程。

我为你准备了 carbon-cache 守护进程的 init 脚本，可以从 GitHub 上下载[①]。它基于现有的 init 脚本，但可运行多个守护进程。可以通过在/etc/default/graphite-carbon 文件中设置的环境变量控制启动守护进程的数量。另外还提供了/etc/default/graphite-carbon 示例文件。

首先，下载 init 脚本，如代码清单 4-43 所示。

代码清单 4-43　在 Ubuntu 上下载 carbon-cache 的 init 脚本

```
$ wget https://raw.githubusercontent.com/turnbullpress/aom-code/master/4/graphite/
  carbon-cache-ubuntu.init
```

其次，将 init 脚本复制到/etc/init.d/并设置其权限，如代码清单 4-44 所示。

---

① 也可以从图灵社区下载：http://ituring.cn/book/1955。——编者注

代码清单 4-44　在 Ubuntu 上安装 carbon-cache 的 init 脚本

```
$ sudo cp carbon-cache-ubuntu.init /etc/init.d/carbon-cache
$ sudo chmod 0755 /etc/init.d/carbon-cache
```

然后，启用守护进程，如代码清单 4-45 所示。

代码清单 4-45　在 Ubuntu 上启用 carbon-cache 的 init 脚本

```
$ sudo update-rc.d carbon-cache defaults
```

还需要为 carbon-relay 守护进程配置一个 init 脚本。重复上述步骤，如代码清单 4-46 所示。

代码清单 4-46　在 Ubuntu 上安装 carbon-relay 的 init 脚本

```
$ wget https://raw.githubusercontent.com/turnbullpress/aom-code/master/4/graphite/
  carbon-relay-ubuntu.init
$ sudo cp carbon-relay-ubuntu.init /etc/init.d/carbon-relay
$ sudo chmod 0755 /etc/init.d/carbon-relay
$ sudo update-rc.d carbon-relay defaults
```

最后，编辑/etc/default/graphite-carbon 文件，将 Carbon 配置为默认运行，如代码清单 4-47 所示。

代码清单 4-47　在 Ubuntu 启动时启用 Graphite

```
$ sudo vi /etc/default/graphite-carbon
```

将 CARBON_CACHE_ENABLED=false 更改为 CARBON_CACHE_ENABLED=true，这将把 carbon-cache 设置为在启动时运行。

我们还要配置预期在这个文件中运行的 carbon-relay 和 carbon-cache 的数量。为此，使用两个变量：RELAY_INSTANCES 和 CACHE_INSTANCES。这两个变量将在 carbon-relay 和 carbon-cache 的 init 脚本中用来指定守护进程的启动数量，有助于快速伸缩守护进程。这里将它们分别设置为 1 和 2。

最终的/etc/default/graphite-carbon 文件如代码清单 4-48 所示。

代码清单 4-48　/etc/default/graphite-carbon 文件

```
CARBON_CACHE_ENABLED=true
RELAY_INSTANCES=1
CACHE_INSTANCES=2
```

启动 carbon-cache 和 carbon-relay，如代码清单 4-49 所示。

代码清单 4-49　在 Ubuntu 上启动 Carbon 守护进程

```
$ sudo service carbon-relay start
$ sudo service carbon-cache start
```

现在应该可以检查/var/log/carbon/console.log 文件，查看守护进程是否正在运行，以及 Carbon 是否已经启动。

注意：本书的示例代码包含所有的示例配置，包括服务管理脚本。

接下来，我们很快就会把 Riemann 和 Carbon 连接起来。届时，你会看到指标流向 Graphite。

2. Red Hat 上的服务管理

Red Hat 使用 systemd 进行服务管理。我们将为 carbon-cache 和 carbon-relay 创建 systemd 单元文件（unit file），需要运行两个 carbon-cache 实例和一个 carbon-relay 实例。下面将利用 systemd 的实例化服务创建包含多个实例的单元文件。

先从 carbon-cache 开始，创建名为/lib/systemd/system/carbon-cache@.service 的文件。

提示：@表示即将在单元文件中使用实例化服务。

文件内容如代码清单 4-50 所示。

代码清单 4-50 carbon-cache 守护进程的 systemd 单元文件

```
[Unit]
Description=carbon-cache instance %i (graphite)

[Service]
ExecStartPre=/bin/rm -f /var/run/carbon-cache-%i.pid
ExecStart=/usr/bin/carbon-cache --config=/etc/carbon/carbon.conf
  --pidfile=/var/run/carbon-cache-%i.pid  --logdir=/var/log/carbon/
  --instance=%i start
Type=forking
PIDFile=/var/run/carbon-cache-%i.pid

[Install]
WantedBy=multi-user.target
```

单元文件运行 carbon-cache 守护进程的实例。在本例中，每个实例都将与前面配置的两个缓存实例（实例 1 和实例 2）相关联，在单元文件中用%i 变量表示。当单元文件运行时，它将被替换为我们传递给它的实例号。

现在启用并启动所有 carbon-cache 守护进程，如代码清单 4-51 所示。

代码清单 4-51 启用并启动 systemd carbon-cache 守护进程

```
$ sudo systemctl enable carbon-cache@1.service
$ sudo systemctl enable carbon-cache@2.service
$ sudo systemctl start carbon-cache@1.service
$ sudo systemctl start carbon-cache@2.service
```

这些命令将启用并启动 carbon-cache 守护进程的两个实例: carbon-cache@1 和 carbon-cache@2。

现在为 carbon-relay 守护进程创建名为/lib/systemd/system/carbon-relay@.service 的单元文件，然后用代码清单 4-52 中的内容填充。

代码清单 4-52　carbon-relay 守护进程的 systemd 单元文件

```
[Unit]
Description=carbon-relay instance %i (graphite)

[Service]
ExecStartPre=/bin/rm -f /var/run/carbon-relay-%i.pid
ExecStart=/usr/bin/carbon-relay --config=/etc/carbon/carbon.conf
  --pidfile=/var/run/carbon-relay-%i.pid
  --logdir=/var/log/carbon/ --instance=%i start
Type=forking
PIDFile=/var/run/carbon-relay-%i.pid

[Install]
WantedBy=multi-user.target
```

启用并启动 carbon-relay 守护进程，如代码清单 4-53 所示。

代码清单 4-53　启用并启动 systemd carbon-relay 守护进程

```
$ sudo systemctl enable carbon-relay@1.service
$ sudo systemctl start carbon-relay@1.service
```

删除旧的 systemd 单元文件，如代码清单 4-54 所示。

代码清单 4-54　删除 Carbon 的旧 systemd 单元文件

```
$ sudo rm -f /lib/systemd/system/carbon-relay.service
$ sudo rm -f /lib/systemd/system/carbon-cache.service
```

现在可以查看/var/log/carbon/console.log 文件，观察守护进程是否正在运行，以及 Carbon 是否已经启动。

我们很快就会把 Riemann 和 Carbon 连接起来。届时，你会看到指标流向 Graphite。

4.5　配置 Graphite-API

Graphite-API 的默认配置文件是/etc/graphite-api.yaml。它在 Ubuntu 上会自动安装，但在 Red Hat 上需要手动创建。配置文件使用 YAML 格式。

在 Ubuntu 和 Red Hat 上，我们都将使用自己的配置文件，用代码清单 4-55 中的内容来填充/etc/graphite-api.yaml。

代码清单 4-55 /etc/graphite-api.yaml 文件

```
search_index: /var/lib/graphite/api_search_index
finders:
  -graphite_api.finders.whisper.WhisperFinder
functions:
  -graphite_api.functions.SeriesFunctions
  -graphite_api.functions.PieFunctions
whisper:
  directories:
    - /var/lib/graphite/whisper
carbon:
  hosts:
    - 127.0.0.1:7012
    - 127.0.0.1:7022
  timeout: 1
  retry_delay: 15
  carbon_prefix: carbon
  replication_factor: 1
time_zone: UTC
```

下面来看这个文件有何用途。第一个选项 search_index 是搜索索引文件的位置，Graphite-API 使用该文件对指标进行索引。我们把它放在 /var/lib/graphite 目录下，Graphite-API 需要该文件的写入权限。

现在创建该文件，并将其所有权更改为_graphite 用户，如代码清单 4-56 所示。

代码清单 4-56 创建/var/lib/graphite/api_search_index 文件

```
$ sudo touch /var/lib/graphite/api_search_index
$ sudo chown _graphite:_graphite /var/lib/graphite/api_search_index
```

接下来的两组选项 finders（查找器）和 functions（函数）提供了连接和操作各种 API 函数的插件。查找器指定了 Graphite-API 找到 Graphite 数据的位置。本例只定义了一个查找器：graphite_api.finders.whisper.WhisperFinder。此查找器定位并加载本地文件系统中的 Whisper 文件。如果你正在使用其他 Graphite 数据源（例如第三方数据存储系统），则可以使用其他查找器。

函数用于转换、组合从 Graphite 中提取的数据并对其执行计算。Grafana 从 Graphite 中检索数据时会包括预期 Graphite-API 能够理解的一些函数，这些函数由 Graphite-API 提供。

graphite_api.finders.whisper.WhisperFinder 查找器使用 whisper 选项指定想要 Graphite-API 查询的 Whisper 文件的位置。这是一个目录列表，我们可以在其中查找 Whisper 文件，在本例中是/var/lib/graphite/whisper。

有时，所需数据可能在 Carbon 的缓存中。carbon 选项允许 Graphite-API 查询缓存。我们使用 carbon-cache 守护进程和端口的列表指定 hosts 选项。记住，我们已经将两个 carbon-cache 守护进程绑定到了 127.0.0.1（localhost）。在上面定义过的 Carbon 配置文件中，对于 Carbon 查询端口，每个守护进程的指定端口由 CACHE_QUERY_PORT 定义。在本例中，第一个缓存位干端口 7012，第二个位于端口 7022。

最后一个选项 time_zone 是我们正在提取的 Graphite 数据的时区，它应该与主机的时区相匹配。如果时区设置错误，时间序列会变得混乱，你可能会在数据中看到一些奇怪的结果。我们已经将它设置为 UTC（协调世界时）时间，本章稍后将介绍如何确保主机和其他服务的时区匹配并保持准确。

4.5.1　Graphite-API 的服务管理

在 Ubuntu 上，因为我们安装的包附带 init 脚本，所以不需要配置任何服务管理。可以使用它启动和停止 Graphite-API，如代码清单 4-57 所示。

代码清单 4-57　在 Ubuntu 上重启 Graphite-API

```
$ sudo service graphite-api start
```

Graphite-API 将被绑定到主机上的端口 8888 的所有接口。可以在/etc/init.d/graphite-api 中调整 init 脚本的配置，将 Graphite-API 改绑到其他接口或本地主机。

警告：Graphite-API 1.0.1 版本的 init 脚本有一个 bug。在/etc/init.d/graphite-api 中的 init 脚本的第 47 行，你需要把变量$PID_FILE 改为$PIDFILE（这个 bug 在后续版本中已经得到修复）。

不过，在 Red Hat 上，我们需要创建一个 init 脚本来运行 Graphite-API 守护进程。我们将创建一个运行 Graphite-API 的 systemd 脚本。

下面创建一个名为 /lib/systemd/system/graphite-api.service 的文件，然后用代码清单 4-58 中的配置填充该文件。

代码清单 4-58　Graphite-API 的 systemd 脚本

```
[Unit]
Description=graphite-api (graphite)

[Service]
ExecStartPre=/bin/rm -f /var/run/graphite-api.pid
ExecStart=/usr/bin/gunicorn --pid /var/run/graphite-api.pid -b
  0.0.0.0:8888 --daemon graphite_api.app:app
Type=forking
PIDFile=/var/run/graphite-api.pid

[Install]
WantedBy=multi-user.target
```

它通过 gunicorn 守护进程运行 Graphite-API，并将其绑定到端口 8888 上的所有接口。你还可以向 gunicorn 传递 -w 标志，指定服务器的 worker[①]数量。一般来说，worker 的数量是主机上内核数量的两倍再加 1，如代码清单 4-59 所示。

代码清单 4-59 计算 worker 数量

```
(2 x number_of_cores) + 1
```

然后，可以启用并启动 Graphite-API 服务，如代码清单 4-60 所示。

代码清单 4-60 启用并启动 Graphite-API 服务

```
$ sudo systemctl enable graphite-api.service
$ sudo systemctl start graphite-api.service
```

4.5.2 测试 Graphite-API

下面访问一个 URL 来测试 API 是否正常工作。在 Graphite 主机上使用 Web 浏览器打开 http://hostname:8888/render?target=test。例如在 graphitea 主机上，URL 就是http://graphitea.example.com:8888/render?target=test，应该能看到标签为 `No Data` 的空图，如图 4-6 所示。

No Data

图 4-6 测试 Graphite-API

不必担心，No Data 并不能说明有错误，只能说明没有选择任何特定的数据。

4.6 配置 Grafana

可以在两个地方配置 Grafana：本地配置文件/etc/grafana/grafana.ini 和 Grafana Web 接口。要访问它，需要启动 Grafana Web 服务，所以先来使用 service 二进制文件启动它，如代码清单 4-61 所示。

---

① gunicorn 实现了不同类型的 worker，可以是进程、线程、协程等形式。——译者注

代码清单 4-61   启动 Grafana 服务器

```
$ sudo service grafana-server start
```

Ubuntu 和 Red Hat 都能识别这个命令。Grafana 是一个基于 Go 的 Web 服务，默认在端口 3000 上运行。一旦它运行成功，就可以使用 Web 浏览器查看。图 4-7 展示了 Grafana 的登录页面。

图 4-7   Grafana 控制台登录页面

你将首先看到一个登录页面，默认的用户名和密码都是 admin。可以通过更新 /etc/grafana-server.ini 配置文件的 [security] 部分来更改。

你可以配置用户身份验证方式，包括与谷歌、GitHub 或本地用户等身份验证的结合。Grafana 配置文件包括关于用户管理和身份验证的部分，方便起见，我们假定控制台位于我们自己的环境中，并且使用本地身份验证。

使用 admin 登录控制台，可以看到 Grafana 的默认控制台视图，如图 4-8 所示。

图 4-8   Grafana 控制台

接下来，需要通过 Graphite-API 将 Grafana 与 Graphite 数据相连。记住，Graphite-API 正在
Graphite 服务器的端口 8888 运行，因此可以在 http://graphitea.example.com:8888 找到它。可以使
用 curl 命令测试它是否工作，如代码清单 4-62 所示。

代码清单 4-62　用 curl 测试 Graphite-API

```
$ curl http://graphitea.example.com:8888
```

我们需要通过单击控制台左上角的 Grafana 标志打开菜单，将其作为数据源添加到 Grafana，
如图 4-9 所示。

图 4-9　Grafana 控制台菜单

单击 Data Sources，会出现一个空的数据源列表，如图 4-10 所示。

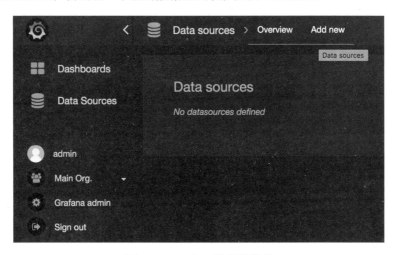

图 4-10　Grafana 数据源菜单

单击 Add new 添加新的数据源。

要添加新的数据源，需要指定几个细节。首先需要命名数据源，这里命名为 graphite。其次，选中 Default 复选框，告诉 Grafana 默认使用这个数据源搜索数据。另外，确保将 Type 设置为 Graphite。

然后，为数据源指定 HTTP 设置，也就是 Graphite-API 的 URL，同时将 Access 选项设置为 proxy。令人惊讶的是，这样做并没有配置连接的 HTTP 代理，但它指明 Grafana 使用自身的 Web 服务实现与 Graphite-API 的代理连接。还可以选择 direct，代表从 Web 浏览器直接连接。由于 Grafana 服务负责连接，因此选择 proxy 更实用。图 4-11 展示了在添加数据源时的选项设置。

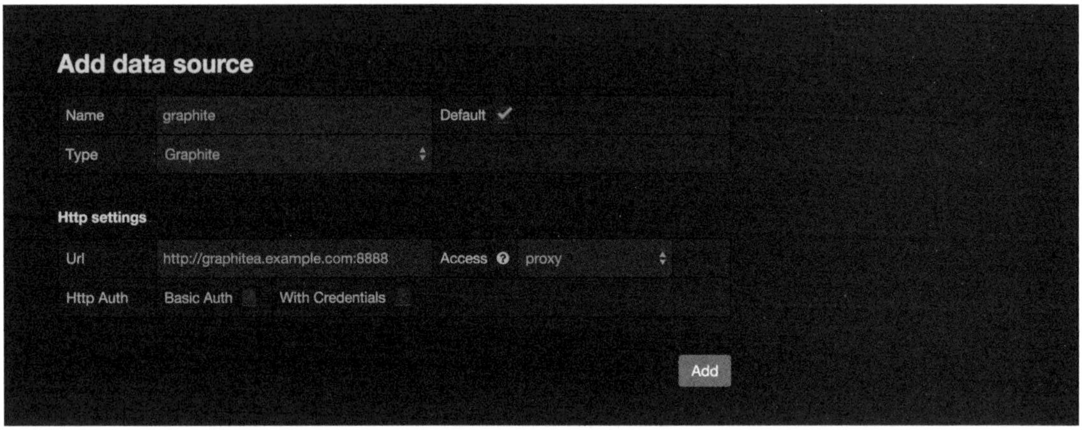

图 4-11   添加 Grafana 数据源

接着，单击 Add 按钮添加并保存新的数据源，现在可以在屏幕上看到数据源显示了出来。单击 Test Connection 按钮，测试新连接是否正常。图 4-12 展示了测试结果。

Test results

Success
Data source is working

图 4-12   测试 Grafana 连接

最后单击 Dashboards，返回主控制台视图。

由于 Graphite 中还没有任何数据，因此现在创建图表有点困难。接下来连接 Riemann 和 Graphite，让数据流动起来，然后再回到 Grafana 中创建一些初始图表。

4.7 为 Graphite 配置 Riemann

现在我们已经安装并配置好了 Graphite，可以开始从 Riemann 向它发送指标事件。为此，我们要向 Riemann 添加 Graphite 输出。Riemann 有一个原生插件，该插件向 Graphite 发送事件。我们把这个插件作为配置代码段添加到 /etc/riemann/examplecom/etc 目录下，这样做可以使配置更整洁。

创建一个文件来保存新的 Graphite 插件代码段，如代码清单 4-63 所示。

代码清单 4-63 创建 Riemann Graphite 代码段文件

```
$ sudo touch /etc/riemann/examplecom/etc/graphite.clj
```

现在来填充这个文件，如代码清单 4-64 所示。

代码清单 4-64 graphite.clj 文件

```
(ns examplecom.etc.graphite
  (:require [riemann.graphite :refer :all]
            [riemann.config :refer :all]))

(defn add-environment-to-graphite [event] (str "productiona.hosts.",
  (riemann.graphite/graphite-path-percentiles event)))

(def graph (async-queue! :graphite {:queue-size 1000}
              (graphite {:host "graphitea" :path add-environment-to
                -graphite}))))
```

首先，创建名字空间 examplecom.etc.graphite。然后，用 require 引入 Riemann 的 Graphite 库：riemann.graphite。同时，引入 riemann.config，使 async-queue! 在此名字空间中可用。

可以看到，Riemann 中添加了新函数 add-environment-to-graphite，以及名为 graph 的变量。

函数 add-environment-to-graphite 为所有发送到 Graphite 的指标添加一个前缀，Graphite 的指标路径格式通常以代码清单 4-65 中的形式出现。

代码清单 4-65 Graphite 指标路径格式

```
prefix.hostname.service.type.of.metric
```

函数 add-environment-to-graphite 在 riemanna.example.com 主机上对此路径添加字符串前缀 productiona.hosts.。这将产生一个新的 Graphite 指标路径，如代码清单 4-66 所示。

代码清单 4-66 新的 Graphite 指标路径格式

```
productiona.hosts.hostname.service.type.of.metric
```

这将主机或服务运行的环境添加到指标中，同时也可以作为 Graphite 中那些指标的名字空间。在 riemannb.example.com 上，我们将添加 productionb.hosts.。

提示：使用配置管理工具可以将 Riemann Graphite 的配置模块化，从而根据正在运行的 Riemann 主机选择正确的环境，这可以避免对值进行硬编码。如果不希望为值加上前缀，可以删除此函数和:path 选项。

代码清单 4-67　add-environment-to-graphite 函数

```
(defn add-environment-to-graphite [event] (str "productiona.hosts.",
(riemann.graphite/graphite-path-percentiles event)))
```

代码清单 4-67 展示了 add-environment-to-graphite 函数，分解这个函数便可理解其运作方式。首先，我们已将这个函数命名为 add-environment-to-graphite，并且正在传入参数 event。该参数是 Riemann 对正在处理的事件的简写，在本例中就是正在发送给 Graphite 的事件。

然后，把 productiona.hosts.字符串与 Riemann Graphite 插件的现有路径构造函数 riemann.graphite/graphite-path-percentiles 组合起来。该函数通过在服务名后加上反向的完全限定域名，将所有空格转换为点，从而为每个指标创建 Graphite 路径。该函数还将去除小数点，如将 0.95 转换为 95。

提示：可以在 Riemann Graphite 文档中找到 Riemann Graphite 插件的路径构建方法。

再来看看 graph 变量是如何组合的，如代码清单 4-68 所示。

代码清单 4-68　graph 变量

```
def graph (async-queue! :graphite {:queue-size 1000}
          (graphite {:host "graphitea" :path add-environment-to-graphite})))
```

graph 变量定义了与 Graphite 服务器的连接。我们再次使用了在第 3 章看到过的 async-queue! 流，它会创建一个异步线程池队列。本例使用 async-queue!流确保 Graphite 服务器的任何问题都不会阻塞 Riemann 的正常处理流程。我们调用了 graphite 队列并把队列长度设置为 1000。

我们在异步队列中指定了 graphite 插件并对其进行了配置，我们使用:host 参数指定了 Graphite 服务器的主机名。这里，在 riemanna 上指定了 graphitea，在 riemannb 上指定了 graphiteb，在 riemannmc 上指定了 graphitemc。

注意：默认情况下，Graphite 插件使用 TCP 发送事件，你也可以使用 UDP。不过，强烈建议避免使用 UDP，这是因为对指标来说，UDP 并不是安全的协议，它并不能保证送达指标事件。

我们还指定了 :path 参数来告诉 Graphite 插件如何构造指标名称，本例通过调用刚创建的 add-environment-to-graphite 函数来实现。

注意：这里的前提是已经配置了 DNS 或将各种 Graphite 服务器添加到了 /etc/hosts 中，或者为 Riemann 提供了解析主机名的其他方法。

现在我们已经添加了 Graphite 插件，再回到 /etc/riemann/riemann.config 配置文件，在流中用 graph 变量将事件发送给 Graphite，如代码清单 4-69 所示。

代码清单 4-69　riemanna 的 Riemann Graphite 配置

```
(require '[examplecom.etc.graphite :refer :all])

...

(let [index (index)
      downstream (batch 100 1/10
        (async-queue! :agg {:queue-size     1000
                            :core-pool-size 4
                            :max-pool-size  32}
          (forward
            (riemann.client/tcp-client :host "riemannmc")))))]
  (streams
    (default :ttl 60
      index

      #(info %)

      (where (service #"^riemann.*")
        graph

        downstream))))
```

首先，用 require 引入 examplecom.etc.graphite 函数。然后，在流中使用 graph 变量将事件发送给 Graphite。在初始配置中，对于向下游 riemannmc 服务器发送事件的 where 流，我们在其中添加了 graph 变量。

这将接受所有的 Riemann 事件，并将它们作为指标发送给 Graphite。下面重新启动或重新加载 Riemann，开始将事件发送给 Graphite，如代码清单 4-70 所示。

代码清单 4-70　重新加载 Riemann 以启用 Graphite

```
$ sudo service riemann reload
```

在 /var/log/riemann/riemann.log 日志文件中，应该可以看到指向 Graphite 服务器的一个连接，如代码清单 4-71 所示。

代码清单 4-71 将 Riemann 连接到 Graphite

```
... clojure-agent-send-off-pool-3 - riemann.graphite - Connecting to {:port 2003,
    :host graphitea}
... clojure-agent-send-off-pool-1 - riemann.graphite - Connected
```

在 graphitea 服务器上，应该可以看到 /var/log/carbon/creates.log 日志文件中开始生成 Riemann 指标，如代码清单 4-72 所示。

代码清单 4-72 在 graphitea 上创建的指标

```
14/02/2015 15:28:21 :: new metric productiona.hosts.riemanna. riemann.
    streams.latency.95 matched schema default
14/02/2015 15:28:21 :: new metric productiona.hosts.riemanna.
    riemann.streams.latency.95 matched aggregation schema default
14/02/2015 15:28:21 :: creating database file /var/lib/graphite/
    whisper/productiona/hosts/riemanna/riemann/streams/latency/95.
    wsp (archive=[(10, 360), (60, 10080), (900, 2880), (3600,
    17520)] xff=None agg=None)
```

可以看到，传入的指标与之前配置的 default 留存模式一致，代码清单 4-73 中是每个指标的形式。

代码清单 4-73 指标名称格式

```
productiona.hosts.host.service.type.of.metric
```

就特定的指标而言，其形式如代码清单 4-74 所示。

代码清单 4-74 streams latency 路径

```
productiona.hosts.riemanna.riemann.streams.latency.95
```

Graphite 把这叫作指标路径。指标路径就像一棵具有很多分支的树，每个分支由一个周期分隔，如代码清单 4-75 所示。

代码清单 4-75 指标路径树

```
productiona.
  hosts.
    riemanna.
      riemann.
        streams.
          latency.
            95
```

此外，每个指标都会创建一个 Whisper 文件，如代码清单 4-76 所示。

代码清单 4-76 Riemann Whisper 文件

```
/var/lib/graphite/whisper/productiona/hosts/riemanna/riemann/streams/latency/95.wsp
```

可以查看/var/lib/graphite/whisper/目录，在 productiona/hosts/riemanna 目录下能够看到所有的 Riemann 指标，在 carbon 目录下可以看到所有的 Carbon 指标。

在初始化之后，我们看到/var/log/carbon/updates.log 日志文件中出现了所有数据点，如代码清单 4-77 所示。

代码清单 4-77 updates.log 日志文件中的 Graphite 数据点

```
14/02/2015 15:29:22 :: wrote 1 datapoints for productiona.hosts.
   riemanna.riemann.streams.latency.0 in 0.00030 seconds
14/02/2015 15:29:22 :: wrote 1 datapoints for productiona.hosts.
   riemanna.riemann.streams.latency.5 in 0.00030 seconds
```

提示：这些日志将每天自动滚动。

4.8 Grafana 简介

我们已经在 Grafana 中获得了一些数据，现在来看看如何创建第一个图表。回到 Grafana 控制台并登录（默认的用户名和密码都是 admin），如图 4-13 所示。

图 4-13 再次使用 Grafana 控制台

首先要新建一个看板，单击 Home 按钮打开菜单，然后单击+New 按钮新建看板。

创建名为 New dashboard 的新看板。你将在看板旁边看到一个菜单，如图 4-14 所示。

图 4-14 Grafana 看板菜单

单击齿轮按钮，打开 Settings 菜单，在此菜单中单击 Settings 链接打开其子菜单，在其中命名和配置新看板，如图 4-15 所示。

图 4-15　Grafana 设置菜单

在标题框中，将这个看板命名为 Riemann。更新此字段，然后单击 Dashboard 菜单中的 Save 按钮保存新看板。

每个看板由多行组成，每行由一个或多个面板组成，这就形成了一个网格样式的看板。在每一行中，面板可以由文本、单个指标、图表甚至其他看板组成。图 4-16 展示了 Riemann 看板。

图 4-16　Riemann 看板

每个新看板都带有自动创建的一行。可以单击菜单上的绿条打开 Row 菜单来编辑该行，菜单中的一些选项可以控制行的位置、高度、内容。先单击 Add Panel 链接，再单击 Graph 链接，添加第一个图表，如图 4-17 所示。

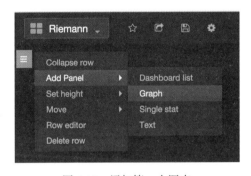

图 4-17　添加第一个图表

默认情况下，新图表将占满一整行，标题为 Panel Title，内容为空（因为还没有指定任何要绘制的数据），如图 4-18 所示。

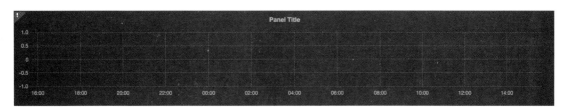

图 4-18　空的 Panel Title 图表

单击标题 Panel Title 可以编辑图表。当编辑菜单弹出时，单击 edit 打开图表编辑控件，如图 4-19 所示。

图 4-19　图表编辑控件

在控件顶部有一个菜单栏。第一个配置项 General 控制图表的基本配置和名称，现在单击它。把图表的标题编辑为 Riemann Rate。在这里可以设置图表面板占用的行数和高度，还可以用一个链接来丰富图表，通过这个链接可以跳转到另一个看板，甚至跳转到像另一个服务或视图那样的目的地。

其他配置项如下。

❑ Metrics：图表要显示的指标数据。

❑ Axes & Grid：图表的坐标轴和网格的显示、内容、图例。

❑ Display Styles：图表的外观和风格。

❑ Time range：时间跨度和偏移量。

提示：可以随时使用 Back to dashboard 链接返回到看板页面。如果你试图在不保存更改的情况下退出，系统将提示你放弃更改或保存更改。

可以在 Metrics 菜单中将指标和数据添加到图表中。我们将构建一个图表,显示通过 riemanna 服务器的事件流入率。为此需要选择指标,有两种选择指标的方法。

❑ 通过 select metric 框选择指标。
❑ 通过 edit 菜单创建指标。

第一种方法是单击 select metric 框。这将通过 Grafana 触发对 Graphite-API 和 Graphite 数据的查询,接着返回一个指标列表,列表中将显示按指标路径分解的单个指标。我们看到 Graphite 使用路径样式的格式来构造指标,例如代码清单 4-78 中的 Riemann rate 指标的路径。

代码清单 4-78   Riemann rate 路径

```
productiona.hosts.riemanna.riemann.streams.rate
```

这与 graphitea 主机上的一个文件相关联,文件路径如下。

/var/lib/graphite/whisper/productiona/hosts/riemanna/riemann/streams/rate.wsp

Grafana 将返回 select metric 框下路径中每个指标的第一个元素,如代码清单 4-79 所示。

代码清单 4-79   指标路径的第一个元素

```
*
productiona
carbon
```

这表明,Graphite 服务器正在存储一系列以 productiona 开始的指标,以及一些以 carbon 开始的指标。这些指标由 Carbon 自动创建,用以跟踪 Carbon 守护进程的性能。通配符*表示所有指标,当我们想选择所有主机或所有环境时,它非常有用。如果我们选择通配符*,Grafana 将同时匹配 productiona 和 carbon。

接下来选择我们想要的 path 元素(或*)。在本例中,我们希望选择 productiona,它是我们正在管理的环境,由代码清单 4-67 中定义的 add-environment-to-graphite 函数所创建。

图 4-20   选择指标

可以看到,它选择了第一个元素并生成了一个新的 select metric 框,如图 4-20 所示。如果单击该框,将看到路径中的下一个元素,以此类推,直到深入到我们想绘制的指标。当到达最后一个元素时,指标将被选中并绘制出来。

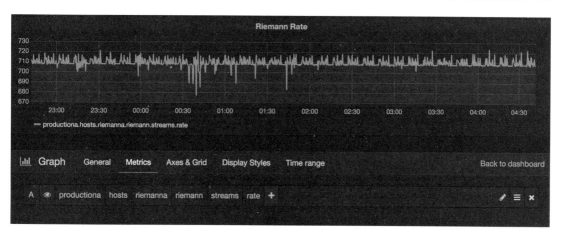

图 4-21　我们绘制的 Riemann rate 指标

图 4-21 展示了我们绘制的 `productiona.hosts.riemanna.riemann.streams.rate` 指标图表。

此外，可以通过单击下拉图标并选择 Switch editor mode 直接添加指标，如图 4-22 所示。

图 4-22　指标下拉菜单

单击此图标，会出现一个空的查询框。将指标及其完整路径添加到该框中，然后单击框以外的地方就可以指定该指标。图 4-23 展示了如何通过编辑框指定指标。

图 4-23　通过编辑框来指定绘制的 Riemann rate 指标

如果单击 Back to dashboard，然后单击看板顶部菜单中的保存图标，就可以把新图表保存到看板，如图 4-24 所示。

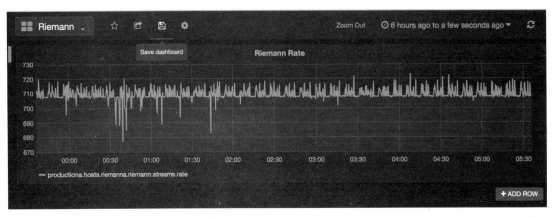

图 4-24　我们的图表和看板

本节只是对 Grafana 的简介，后文将更多地介绍如何创建图表和看板。

Grafana 的一些更有用的功能同样值得探索，包括以下几个方面。

- □ 以模板和变化驱动的图表和看板。
- □ 脚本化的图表和看板。
- □ 共享图表和看板。
- □ 看板播放列表。

4.9　Graphite 和 Carbon 冗余

如果想在指标存储中提供更多的冗余，可以通过利用 carbon-relay 守护进程，调整现有的配置，将指标发送到两台主机。通过这种方法，我们将添加一台独立的 carbon-relay 主机和另外的 Graphite 服务器，该服务器与刚才创建的主机相同。这个独立的 carbon-relay 守护进程将向两台主机发送每个指标的副本。图 4-25 展示了 Graphite 的冗余架构。

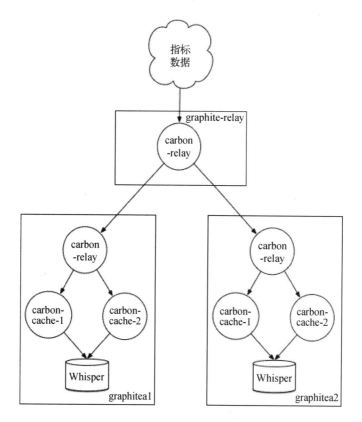

图 4-25　Graphite 的冗余架构

　　下面更详细地分析这个过程。首先，把现有的主机 graphitea 重命名为 graphitea1，这样便可以知道 Graphite 服务器不止一台。

　　然后，配置两台新主机。第一台是 graphitea1 主机的副本，名为 graphitea2，IP 地址为 10.0.0.211。我们将使用本章前面的说明在 graphitea2 主机上安装并配置 Graphite 和 Carbon。

　　第二台主机名为 graphite-relay。按照之前的说明安装 Graphite 和 Carbon，但由于这台主机不涉及运行任何缓存或 Web 客户端，因此过程会稍作精简。

　　例如，在 Ubuntu 上只需要安装以下软件包，如代码清单 4-80 所示。

代码清单 4-80　在 graphite-relay 主机上安装 Graphite 包

```
$ sudo apt-get update
$ sudo apt-get -y install graphite-carbon
```

　　之所以如此，是因为我们只需要 Carbon 守护进程，更确切地说，只需要 carbon-relay 守护进程，而不需要一整套 Graphite 和 Carbon 组件。

如果只运行 carbon-relay 守护进程，那么 carbon.conf 也可以精简。接下来看看/etc/carbon/
carbon.conf，如代码清单 4-81 所示。

代码清单 4-81 仅安装 carbon-relay 的主机

```
[relay]
USER = _graphite
LINE_RECEIVER_INTERFACE = 0.0.0.0
LINE_RECEIVER_PORT = 2003
PICKLE_RECEIVER_INTERFACE = 0.0.0.0
PICKLE_RECEIVER_PORT = 2004
RELAY_METHOD = consistent-hashing
REPLICATION_FACTOR = 2
DESTINATIONS = 10.0.0.210:2004, 10.0.0.211:2004
```

可以看到 carbon-relay 守护进程的配置类似于 graphite1 主机和 graphite2 主机上的 carbon-
relay 守护进程的配置，不过有几个重要的区别。我们已经将 LINE_RECEIVER_INTERFACE 接
口绑定到所有接口，还可以将它绑定到某个特定的实例。更重要的是，graphite-relay 主机将写
入两个目的地：原有主机 graphite1（IP 地址为 10.0.0.210），以及新主机 graphite2（IP 地址为
10.0.0.211）。两者都使用 Pickle 接收端口，不再写入任何本地的 carbon-cache 实例。

可以看到，我们再次将 RELAY_METHOD 指定为一致性散列，它创建了一个潜在目的地的散列
环，并向它们发送指标。这确保指标是均衡的，但是它不能确保指标在两台目标主机之间复制。
为此，我们将 REPLICATION_FACTOR 选项调整为 2，这个选项告诉 Carbon 要分发的指标副本数
量。在本例中，我们需要 2 个副本，每个目的地一个副本，从而更有效地监控指标。

然后，配置 carbon-relay 的服务管理，并确保守护进程正常运行。

在 Riemann 上，我们将在/etc/riemann/examplecom/etc/graphite.clj 文件中更新 graph 变量，来
指向新的 graphite-relay 主机，如代码清单 4-82 所示。

代码清单 4-82 更新后的 graph 变量

```
(def graph (graphite {:host "graphite-relay" :path add-environment-to-graphite}))
```

在重新启动 Riemann 时，它将向 graphite-relay 主机写入指标。graphite-relay 主机把每个指标
的副本写入 graphite1 主机和 graphite2 主机，这样很快就能看到两台主机上是否存在一组相同
的 Whisper 文件。

注意：没有看到也不必担心，graphite1 主机和 graphite2 主机可能会需要一些时间来显示所有
指标。

这种方法的适用范围有一些需要注意的地方。carbon-relay 主机是故障单点，如果这台主机
停止工作，那么指标就不会到达 Graphite（在当前的架构中，Riemann 也是如此）。如果希望消除

故障单点，可以使用 HAProxy 之类的工具缓解这个问题。Jason Dixon 提供了这种配置的一个示例，在 GitHub 上也能找到另一个 HAProxy 配置示例。

此外，如果 graphitea1 主机或 graphitea2 主机在停机后恢复，那么对停机的主机来说，其指标上将有一个缺口。一些有用的工具可以管理 Carbon 集群，包括 Carbonate，它可以管理、均衡、重新同步和重新分布指标，并完成其他单调的集群管理任务。这可以帮助你从此问题或类似的问题中恢复。

提示：应该在恢复 Graphite 主机时备份指标数据。

同样重要的是，这只是搭建 Graphite 集群和 Carbon 集群的一种方法。还有各种各样的其他方法，它们的适用范围各不相同。

4.10　时间和时区

对于 Riemann 和 Graphite 服务器，我们最后需要关心的问题是时间。可以想象，任何事件系统都严重依赖时间的正确性和一致性。主机之间的时钟偏差将造成关联性、索引、匹配事件等一系列问题。

下面将安装一个网络时间协议（Network Time Protocol，NTP）客户端，并使用它来设置所有主机的准确时间。我们还将把主机设置为 UTC 时区，从而确保 Riemann 主机和 Graphite 主机处于同一个时区。

可以通过软件包手动安装 NTP 客户端或使用配置管理工具来管理主机上的时间。接下来对这两种选择逐一展开介绍。

4.10.1　手动管理时间

可以安装 NTP 包，并在 Ubuntu 和 Red Hat 上手动设置时区。

1. 在 Ubuntu 上设置时区

使用 dpkg-reconfigure 命令来设置时区，如代码清单 4-83 所示。

代码清单 4-83　在 Ubuntu 上设置时区

```
$ sudo dpkg-reconfigure tzdata
```

此时会出现一个配置页面（如图 4-26 所示），选择 None of the above，然后按下回车键。

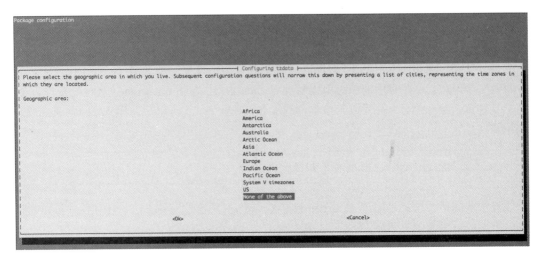

图 4-26　在 Ubuntu 上设置时区

然后，在如图 4-27 所示的页面中选择 UTC 并再次按下回车键。

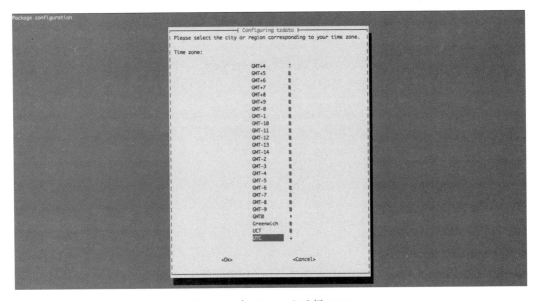

图 4-27　在 Ubuntu 上选择 UTC

这将选择 Etc/UTC 时区并将主机时间设置为 UTC 时间，如代码清单 4-84 所示。

代码清单 4-84　Ubuntu 上的时区配置输出

```
Current default time zone: 'Etc/UTC'
Local time is now:      Mon Feb 16 23:18:09 UTC 2015.
Universal Time is now:  Mon Feb 16 23:18:09 UTC 2015.
```

提示：在 Ubuntu 14.04 上，还有一个 `timedatectl` 命令。它的用法是 `timedatectl set-timezone Etc/UTC`。

2. 在 Ubuntu 上安装 NTP

接下来在 Ubuntu 上安装 NTP 客户端和支持包，如代码清单 4-85 所示。

代码清单 4-85　在 Ubuntu 上安装 NTP

```
$ sudo apt-get -y install ntp
```

然后进行初始时间同步，如代码清单 4-86 所示。

代码清单 4-86　Ubuntu 上的初始时间同步

```
$ sudo ntpdate -s ntp.ubuntu.com
```

NTP 守护进程将在程序包安装过程中自动启动。

3. 在 Red Hat 上设置时区

在 Red Hat 上，我们使用新的 `timedatectl` 命令来设置时区，这是 Red Hat 7 及其之后的版本中新加入的命令。

提示：关于如何在早期版本的 Red Hat 上设置时区，可以参考 ThorneLabs 的文章 "RHEL 6 Manually Change Time Zone"。

`timedatectl` 命令可以与 `set-timezone` 选项一起使用来指定时区，我们将它设为 Etc/UTC，也就是 UTC 时间，如代码清单 4-87 所示。

代码清单 4-87　在 Red Hat 上执行 `timedatectl` 命令

```
$ sudo timedatectl set-timezone Etc/UTC
```

我们不会看到该命令的任何输出，但是可以通过执行 `timedatectl` 命令来检查它是否正常工作，如代码清单 4-88 所示。

代码清单 4-88　检查 Red Hat 的时区

```
       Local time: Mon 2015-02-16 23:28:47 UTC
   Universal time: Mon 2015-02-16 23:28:47 UTC
         RTC time: Mon 2015-02-16 23:28:47
        Timezone: Etc/UTC (UTC, +0000)
      NTP enabled: no
 NTP synchronized: no
  RTC in local TZ: no
       DST active: n/a
```

4. 在 Red Hat 上安装 NTP

首先，在 Red Hat 上安装 NTP 客户端和支持包，如代码清单 4-89 所示。

代码清单 4-89   在 Red Hat 上安装 NTP

```
$ sudo yum -y install ntp ntpdate ntp-doc
```

然后，启用 NTP 服务，如代码清单 4-90 所示。

代码清单 4-90   在 Red Hat 上启用 NTP 服务

```
$ sudo systemctl enable ntpd.service
```

同时，同步初始时间，如代码清单 4-91 所示。

代码清单 4-91   在 Red Hat 上同步初始时间

```
$ sudo ntpdate pool.ntp.org
16 Feb 23:26:47 ntpdate[31954]: step time server 199.102.46.73 offset 0.910678 sec
```

接着，启动 NTP 服务，如代码清单 4-92 所示。

代码清单 4-92   在 Red Hat 上启动 NTP 服务

```
$ sudo service ntpd start
```

最后，通过再次执行 timedatectl 命令确保 NTP 服务器一切正常，这次使用 set-ntp 标志启用 NTP，如代码清单 4-93 所示。

代码清单 4-93   使用 timedatectl 启用 NTP

```
$ sudo timedatectl set-ntp true
```

如果再次执行 timedatectl 命令，应该可以看到 NTP 已启用并正常工作，如代码清单 4-94 所示。

代码清单 4-94   使用 timedatectl 检查 NTP 是否启用

```
$ sudo timedatectl
      Local time: Mon 2015-02-16 23:30:31 UTC
  Universal time: Mon 2015-02-16 23:30:31 UTC
        RTC time: Mon 2015-02-16 23:30:31
        Timezone: Etc/UTC (UTC, +0000)
     NTP enabled: yes
NTP synchronized: yes
 RTC in local TZ: no
      DST active: n/a
```

4.10.2 通过配置管理工具管理时间

可以用来管理主机时间的配置管理工具有很多，举例如下。

❑ NTP 操作指南：https://supermarket.chef.io/cookbooks/ntp
❑ NTP 的 Puppet 模块：https://forge.puppetlabs.com/puppetlabs/ntp

---

提示：建议使用配置管理工具管理所有主机上的时间，而不是手动管理时间。

4.10.3　检查时间状态

使用 ntpq 命令或 NTP 查询程序检查 NTP 服务的状态，如代码清单 4-95 所示。

代码清单 4-95　检查 NTP 服务的状态

```
$ sudo ntpq -p
```

这里将生成一个列表，显示已连接到多台 NTP 主机。该列表包含一个 when 列，该列以秒为单位告诉我们从上次同步到现在的时间。

注意：也可以通过 Riemann 或使用 NTPd 插件采集的信息来报告 NTP 的统计状况。

4.11　Graphite 和 Grafana 的替代工具

Graphite 有许多替代工具，包括商业工具和开源工具。如果本书介绍的工具不适合你，可以尝试使用下面这些工具，这不是一个权威列表，只是提供了一些有趣的工具用于参考。

4.11.1　商业工具

市面上存在许多商业的 SaaS 产品，包括但不限于下列产品。

❑ Circonus
❑ Geckoboard
❑ Leftronic
❑ Librato
❑ New Relic
❑ SignalFx

注意：在上述 SaaS 工具中，一些不仅可以用于指标，还具有监控、应用程序性能管理、告警等功能。

4.11.2　开源工具

一些开源产品具有数据采集和存储功能，但 D3 等其他产品只提供可视化功能，并且需要与适当的数据采集机制结合使用。

1. 存储

- ❏ Druid：分布式实时分析数据存储库。
- ❏ OpenTSDB：使用 Hadoop 和 HBase 的分布式指标存储库。

2. 可视化和分析

- ❏ D3：用于数据可视化的 JavaScript 库。
- ❏ Graphene：Graphite 的数据看板。
- ❏ Rickshaw：用于数据可视化的 JavaScript 库。
- ❏ Tessera：Graphite 看板。
- ❏ Facette：用 Go 编写的多数据源看板。
- ❏ Dusk：面向使用 D3 的 Graphite 的热点检测看板。
- ❏ Graph Explorer：Vimeo 团队编写的 Graphite 看板。
- ❏ Giraffe：Graphite 看板。

还有一个很好的工具列表，其中所列工具集成了 Graphite 或与之相关，参见 "Tools That Work With Graphite" 一文。

4.12　Whisper 的替代工具

解决 Whisper 性能问题的一种方法是完全替换 Whisper，有两个替代方案。

- ❏ InfluxDB
- ❏ Cyanite

本书不会就其中任何一个展开介绍，但是你有必要知道它们。

4.12.1　InfluxDB

应该首选 InfluxDB，它是用 Go 编写的时间序列数据库。InfluxDB 为提取 Graphite 指标提供了一些简单的技术支持，同时它提供的集群系统使其更具弹性，并且与 Graphite Web、Grafana 之类的 Web 界面有一定的集成。InfluxDB 是相对较新的工具，其功能开发尚不完善，目前可能还没有达到成熟的生产级别。

注意：还有一个可用的插件，即 Riemann-to-InfluxDB。

4.12.2　Cyanite

另一个选择是通过集成 Cyanite 来使用 Cassandra 数据库。Cyanite 用 Clojure 编写，拥有一个 Carbon 守护进程，可以通过该守护进程将指标数据发送到 Cassandra 集群。然而，鉴于 Cassandra 的复杂性，这注定不是简单的替代方案。

4.13　小结

本章介绍了如何安装、配置、运行 Graphite 和 Grafana。我们在 Riemann 中采集了事件，并将这些事件以指标的形式发送给 Graphite，还创建了 Grafana 看板，并在该看板中添加了图表。

本章介绍了如何通过配置 NTP 来管理 Riemann 主机和 Graphite 主机上的时间，以及如何使用 NTP 确保事件时间戳在 Riemann 和 Graphite 之间保持一致。为了解决一致性问题，还将所有主机的时间设置为 UTC 时间。

接下来，我们将为监控框架添加更多组件：主机级指标、日志记录、更好的通知，还将看到如何使用该框架监控主机和应用程序的一系列组件。我们将从正在监控的组件中向 Riemann 发送指标和事件，将它们存储在 Graphite 中，并在 Grafana 中绘制图表。第 5 章将介绍如何采集和绘制基于主机的指标数据。

第5章

监控主机

在第 3 章和第 4 章中，我们安装并配置了 Riemann 和 Graphite，了解了 Riemann 如何管理和索引事件，学习了如何集成多个环境中的 Riemann 服务器，看到了如何将事件从 Riemann 发送到 Graphite，并且在 Grafana 中绘制它们。

在本章中，我们将通过采集基于主机的数据并将其发送给 Riemann，为监控框架添砖加瓦，如图 5-1 所示。基于主机的监控提供有关主机及其性能的基本信息，可以采集这些数据并将其与第 9 章中的应用程序数据相结合。

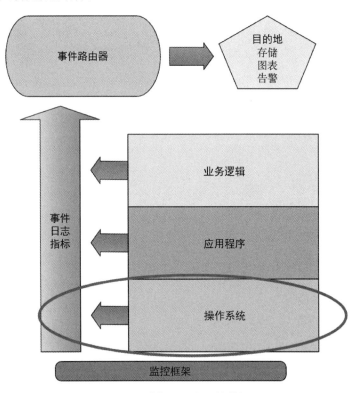

图 5-1　采集基于主机的数据

注意：我们还将学习容器监控，第 7 章重点介绍 Docker 容器。

监控主机的目标如下。

- ❑ 提供一种可扩展且高性能的解决方案。数据采集过程是轻量级的，不会干扰主机和应用程序的实际运行（参见第 2 章中的观察者效应）。
- ❑ 可以快速发送数据，避免让重要信息排队。
- ❑ 具有灵活的监控接口，对于各种数据采集可以"开箱即用"，但也可以支持采集对于所在环境不太常见或独特的自定义数据。
- ❑ 适应推式架构。

为了满足上述需求，我们将使用一个名为 collectd 的工具。

5.1　collectd 简介

collectd 守护进程充当监控采集代理的角色，它执行本地监控并将数据发送给 Riemann。collectd 在主机上运行，并选择性地监控和采集来自各种组件的数据。

之所以选择 collectd，是因为它具有高性能和高可靠性。collectd 守护进程已经存在了约 10 年，为了完善性能，其使用 C 语言编写，并且经过了充分的测试和广泛的使用。它是开源工具，采用 MIT 许可证和 GPLv2 许可证。

警告：本书内容基于 collectd 5.5 或更高版本，早期版本也可以使用本书中的配置，但某些组件的表现可能与书中描述的不完全相同。

该守护进程采用模块化设计，包括中央内核和集成插件系统。collectd 的内核很小，它为采集到的数据提供基本的过滤和路由。数据的采集、存储、传输由独立启用的插件负责处理。

collectd 使用"读插件"来采集数据。"读插件"可以采集 CPU 性能、内存或特定应用程序的指标等信息，然后将这些数据传递到 collectd 的内核中。

然后，数据可以被过滤或被路由到"写插件"中。"写插件"可以把数据存储在本地，例如写入文件，或通过网络将数据发送给其他服务。在本书的示例中，可以将数据发送给 Riemann。

collectd 附带了大量的默认插件，也有社区贡献和开发的各种插件（你也可以做出自己的贡献）。collectd 还支持运行你自己编写的插件。图 5-2 展示了 collectd 的架构。

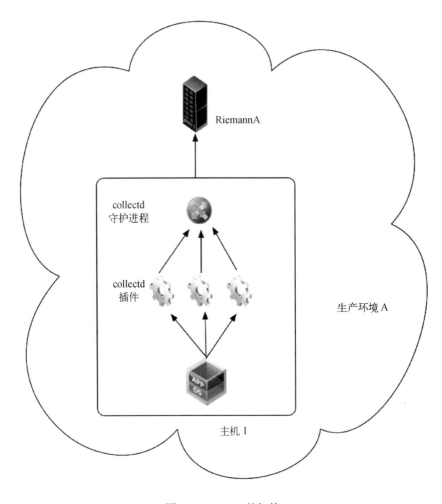

图 5-2   collectd 的架构

collectd 通过 "读插件" 来连接应用程序和服务。这些 "读插件" 将事件发送给 "写插件"，再由 "写插件" 将事件发送给 Riemann。

本章重点介绍如何使用 collectd 进行基于主机的监控，我们将使用它采集服务和应用程序的数据。通过使用 collectd，我们可以在本地主机上运行单个代理，并使用它将数据发送给 Riemann 事件路由器。

5.2   应该监控哪些主机组件

在开始安装和配置 collectd 之前，需要了解希望在主机上采集哪些内容。我们将重点采集体现主机核心性能的基础数据，在所有主机上配置通用的数据监控采集方式，并且为特殊情况添加额外的监控。例如，在所有主机上安装基础监控，但在数据库服务器或应用程序服务器上添加一些指定监控。

基础监控包括如下方面。

❑ CPU：展示主机运行的工作负载。

❑ 内存：展示主机可用及已用的内存大小。

❑ 系统负载：主机利用率的概况，表示运行队列在 1 分钟、5 分钟、15 分钟内的可运行任务的平均数。

❑ 页交换：展示主机可用及已用的 swap 大小。

❑ 进程数：监控特定的进程和进程数，并识别"僵尸"进程。

❑ 磁盘：展示文件系统可用及已用的磁盘空间。

❑ 网络：展示接口和网络的基础性能，包括错误和流量。

上述基础数据有助于发现主机性能问题，也可以为应用程序的故障诊断提供足够的补充数据。

一些人可能会问："之前不是说应该关注应用程序和业务的事件及指标吗？"我们确实会关注应用程序和业务的事件及指标，但这些并不是全部。当出现故障或需要进一步诊断性能问题时，我们通常需要深入研究更细粒度的数据，此时采集的数据将补充应用程序和业务的事件及指标，并可以帮助诊断和识别导致应用程序故障的系统级问题。

注意：本书未直接涉及监控 Windows 系统和非主机设备，如网络设备、存储设备、数据中心设备等。本章稍后将讨论关于这些方面的一些选择。

5.3 安装 collectd

我们将在每台主机上安装并配置 collectd，然后采集指标并将其发送给 Riemann。同时，我们将在 Ubuntu 和 Red Hat 上完成安装过程，并提供适当的配置管理资源来进行自动化安装。

注意：我想在此指出很重要的一点（略显学究气），那就是轮询与推的区别。从技术上讲，像 collectd 这样的客户端就是对本地主机进行轮询，但它只是在本地进行轮询，然后将事件推向 Riemann。从可扩展性的角度来说，这种本地轮询与集中式调度和轮询不同，例如从监控服务器来轮询多台主机和服务。

5.3.1 在 Ubuntu 上安装 collectd

我们将使用 `apt-get` 命令通过 collectd 项目的 Landscape 存储库安装 collectd 5.5。

首先将 collectd 存储库配置添加到主机，如代码清单 5-1 所示。

代码清单 5-1   添加 collectd 存储库配置

```
$ sudo sudo add-apt-repository ppa:collectd/collectd-5.5
```

然后更新并安装 collectd，如代码清单 5-2 所示。

代码清单 5-2   在 Ubuntu 上安装 collectd

```
$ sudo apt-get update
$ sudo apt-get -y install collectd
```

现在安装了 collectd 守护进程及其关联的依赖项，接下来通过运行 collectd 二进制文件来测试它是否已安装成功并正常工作，如代码清单 5-3 所示。

代码清单 5-3   在 Ubuntu 上测试 collectd

```
$ collectd -h
Usage: collectd [OPTIONS]

...
```

可以在 collectd 后加上 -h 参数，输出所有参数及命令行帮助信息。

5.3.2   在 Red Hat 上安装 collectd

我们将使用 EPEL 存储库在 Red Hat 上安装 collectd。

现在添加 EPEL 存储库，如代码清单 5-4 所示。

代码清单 5-4   为 Riemann 添加 EPEL 存储库

```
$ sudo yum install -y epel-release
```

使用 yum 命令来安装 collectd 包，接下来安装 write_riemann 插件，它将把事件发送给 Riemann。还要安装所需的 protobuf-c 包，如代码清单 5-5 所示。

代码清单 5-5   在 Red Hat 上安装 collectd

```
$ sudo yum install collectd protobuf-c collectd-write_riemann
```

提示：在较新的 Red Hat 系列版本中，yum 命令已被 dnf 命令所取代，其他语法没有改变。

现在已经安装了 collectd 守护进程及其关联的依赖项，下面通过运行 collectd 二进制文件来测试它是否已安装成功，如代码清单 5-6 所示。

代码清单 5-6　在 Red Hat 上测试 collectd

```
$ collectd -h
Usage: collectd [OPTIONS]
...
```

可以在 `collectd` 后加上 `-h` 参数，输出所有参数及命令行帮助信息。

5.3.3　通过配置管理工具安装 collectd

可以通过以下配置管理工具在主机上安装 collectd。

- ❏ Chef
- ❏ Puppet
- ❏ Ansible
- ❏ Docker
- ❏ Vagrant 镜像

提示：建议使用配置管理工具来安装和管理主机上的 collectd，而不是手动操作。

5.4　配置 collectd

安装完 collectd 之后，需要对其进行配置。我们将启用一些插件来采集数据，然后配置另一个插件将事件发送给 Riemann。collectd 基于以下配置文件实现配置。

- ❏ Ubuntu 上的/etc/collectd/collectd.conf
- ❏ Red Hat 上的/etc/collectd.conf

Ubuntu 和 Red Hat 上的 collectd 包都会安装一个默认配置文件。我们不会使用该文件，而是自己创建配置文件。collectd 配置有 3 大关注点。

- ❏ 守护进程的全局设置
- ❏ 插件加载
- ❏ 插件配置

下面来看看初始的配置文件，如代码清单 5-7 所示。

代码清单 5-7　collectd 的初始配置

```
# Global settings
Interval 2
CheckThresholds true
WriteQueueLimitHigh 5000
WriteQueueLimitLow 5000
```

```
# Plugin loading
LoadPlugin logfile
LoadPlugin threshold

# Plugin Configuration
<Plugin "logfile">
  LogLevel "info"
  File "/var/log/collectd.log"
  Timestamp true
</Plugin>

Include "/etc/collectd.d/*.conf"
```

提示：collectd 配置文件可以转换为配置管理模板。实际上，许多配置管理工具的 collectd 模块包含用于配置 collectd 的模板。

需要在 collectd 配置文件中设置两个全局配置项。第一个配置项 Interval（时间间隔）设置 collectd 守护进程的检测间隔，这是 collectd 采集数据的解析度，默认为 10 秒。我们把解析度细化到 2 秒。这个间隔应该匹配或略大于在 Graphite 中设置的最低保留期，从而确保两者正确同步。注意，在第 4 章中，我们安装了 Graphite 并在/etc/carbon/storage-schemas.conf 配置文件中配置了其留存模式。再来看一下这个模式，如代码清单 5-8 所示。

提示：可以将 Interval 设置为 1 秒，但是在 Riemann 中，1 秒的解析度有时意味着会生成重复的指标，这时 Riemann 将时间四舍五入到较近的某 1 秒。

代码清单 5-8　Graphite 留存模式

```
[default]
pattern = .*
retentions = 1s:24h, 10s:7d, 1m:30d, 10m:2y
```

可以看到，留存模式中最短的解析度是 1 秒。collectd 的 Interval 应该不低于这个解析度。

警告：正如第 4 章所述，如果更改数据采集的解析度，那么很难将之后采集的数据与先前解析度下采集的数据进行比较。

第二个全局配置项 CheckThresholds 可以设置为 true 或 false，它控制如何为采集到的数据设置状态。collectd 守护进程可以检查采集到的数据是否超过阈值，并将超过阈值的数据标记为警告状态或失败状态。我们虽然现在不会设置任何特定的阈值，但是仍要开启这个功能，因为它创建了一个默认状态，即把 Riemann 事件中的:state 字段设置为 ok（随后在 Riemann 中会用到它）。

WriteQueueLimitHigh 和 WriteQueueLimitLow 用来控制"写插件"的队列长度。当"写插件"很慢时,比如网络超时,这可以保护我们不受内存问题的影响。可以使用 WriteQueueLimitHigh 和 WriteQueueLimitLow 分别设置上限和下限,这两个配置项各用一个数字表示,即队列中指标的数量。如果指标数量大于 WriteQueueLimitHigh 的值,则丢弃所有新到来的指标。如果指标数量小于 WriteQueueLimitLow 的值,则所有新指标都会排队。

如果当前队列中的指标数量介于两个阈值之间,指标也可能会被丢弃,其概率与队列中的指标数量成正比。这有点不可控,所以我们将两个配置项都设置为 5000,这就相当于设置了一个绝对阈值。如果队列中的指标数量超过 5000,则丢弃新传入的指标,这样做可以保护运行 collectd 的主机免受内存问题的困扰。

接下来为 collectd 启用一些插件。使用 LoadPlugin 命令来加载插件,如代码清单 5-9 所示。

代码清单 5-9　加载 collectd 插件

```
LoadPlugin logfile

<Plugin "logfile">
  LogLevel "info"
  File "/var/log/collectd.log"
  Timestamp true
</Plugin>

LoadPlugin threshold
```

第一个插件 logfile 告诉 collectd 将其输出结果记录到日志文件中。

接着,在<Plugin>块中配置插件。每个<Plugin>块指定其所配置的插件,这里是<Plugin "logfile">,它还包括该插件的一系列配置项。本例指定了 LogLevel,该配置项设置 collectd 记录日志的详细程度。这里选择了中档级别 info,它记录一些操作和错误信息,但跳过大量的调试输出。我们还指定了 File 配置项,告诉 collectd 记录日志信息的位置,即/var/log/collectd.log。

提示:还可以使用 log_logstash 插件,以 Logstash 的 JSON 格式记录日志。参见第 8 章,以了解有关日志和 Logstash 的更多信息。

最后,将 Timestamp 设置为 true。这样一来,collectd 生成的所有日志将会添加时间戳。

提示:我们在 collectd.conf 文件中提前设置了 logfile 插件及其配置信息,如果 collectd 出现问题,日志文件很可能会捕捉到它。

还需要加载 threshold 插件,它与全局配置项 CheckThresholds 相关联。这个插件支持 collectd 的阈值检查逻辑,我们将使用它来识别主机在什么时候出了问题。

下面设置 Include 配置项, 它指定了一个目录来保存额外的 collectd 配置信息。该目录下的所有以.conf 结尾的文件都会添加到 collectd 配置中, 我们将使用此功能来更好地管理配置。通过在 Include 目录下放置代码片段, 可以使用配置管理工具轻松地管理 collectd, 如 Puppet、Chef、Ansible。

之所以 Include 配置项位于配置文件的末尾, 是因为 collectd 以自顶向下的顺序加载配置项, 我们希望外部文件最后加载。

接下来为希望包含的文件创建目录 (一些 Linux 发行版中已经存在该目录), 如代码清单 5-10 所示。

代码清单 5-10   创建/etc/collectd.d 目录

```
$ sudo mkdir /etc/collectd.d
```

提示: 可以在 collectd wiki 中找到其他全局配置项的列表。

5.4.1   加载和配置 collectd 插件来进行监控

现在加载并配置以下插件来采集数据。

- ❏ cpu 插件: 采集 CPU 在不同状态下花费的时间。
- ❏ memory 插件: 采集物理内存利用率。
- ❏ df 插件: 采集文件系统的使用信息, 其命名原因是它返回的数据与 df 命令类似。
- ❏ swap 插件: 采集当前写入 swap 的内存量。
- ❏ interface 插件: 采集网络接口的统计数据。
- ❏ protocols 插件: 记录关于网络协议性能和主机数据的信息, 包括 TCP、UDP、ICMP 的流量等。
- ❏ load 插件: 采集系统负载信息。
- ❏ processes 插件: 采集进程数, 按运行、睡眠或 "僵尸" 等状态来分组。

这些插件提供了大多数 Linux 主机的基本状态数据。我们将在单独的文件中配置每个插件, 并将它们放置到/etc/collectd.d/目录下, 该目录已被指定作为 Include 配置项的值。这种隔离策略有助于单独管理每个插件, 并使用配置管理工具 (如 Puppet、Chef 或 Ansible) 进行管理。

下面将配置每个插件。

1. cpu 插件

首先配置 cpu 插件, 它在主机上采集 CPU 的性能指标。默认情况下, cpu 插件以 Jiffies (自主机启动以来的时钟周期数) 的形式发出 CPU 指标。我们还会发送一些更有用的信息, 比如百分比。

首先，创建一个文件来保存插件配置，如代码清单 5-11 所示。将它放置到/etc/collectd.d 目录下（作为配置文件 collectd.conf 中的 Include 配置项的值），collectd 将自动加载此文件。

代码清单 5-11　创建/etc/collectd.d/cpu.conf 文件

```
$ sudo touch /etc/collectd.d/cpu.conf
```

然后，用我们自己的配置来填充这个文件，如代码清单 5-12 所示。

代码清单 5-12　配置 cpu 插件

```
LoadPlugin cpu
<Plugin cpu>
  ValuesPercentage true
  ReportByCpu false
</Plugin>
```

我们使用 LoadPlugin 命令来加载插件，然后在一个<Plugin>块中配置插件。我们指定了两个配置项：第一个是设置为 true 的 ValuesPercentage，它能够告诉 collectd 将所有 CPU 指标以百分比形式发送；第二个是设置为 false 的 ReportByCpu，它能将主机上的所有 CPU 内核聚合到一个指标中，这种方式很简单，因此颇受欢迎。如果你希望主机报告每个 CPU 内核的性能，可以将其更改为 true。

2. memory 插件

接下来配置 memory 插件。这个插件采集主机上已用的和空闲的内存大小。默认情况下，memory 插件返回的内存指标以字节为单位。不过，由于我们不知道特定主机总的内存大小，因此这样的形式通常没有帮助。如果以百分比的形式返回值，那么可以更容易地使用此指标来判断是否需要对主机采取措施。因此，要对内存指标同样做百分比转换。

首先，创建一个文件来保存 memory 插件的配置，如代码清单 5-13 所示。

代码清单 5-13　创建/etc/collectd.d/memory.conf 文件

```
$ sudo touch /etc/collectd.d/memory.conf
```

然后，用我们自己的配置来填充这个文件，如代码清单 5-14 所示。

代码清单 5-14　配置 memory 插件

```
LoadPlugin memory
<Plugin memory>
  ValuesPercentage true
</Plugin>
```

首先加载插件，然后添加一个<Plugin>块来配置它。将 ValuesPercentage 配置项设置为 true，指定 memory 插件同样以百分比的形式发出指标。

提示：memory 插件将同时在另一个指标中继续以字节为单位发出指标。如有必要，仍然可以使用这些指标。

3. df 插件

df 插件在挂载点和设备上采集磁盘空间指标，包括已用空间，默认以字节为单位输出（与 memory 插件一样）。下面将其配置改为以百分比的形式输出指标，这样做更有助于找出挂载或设备的磁盘空间问题。

首先，创建一个配置文件，如代码清单 5-15 所示。

代码清单 5-15　创建/etc/collectd.d/df.conf 文件

```
$ sudo touch /etc/collectd.d/df.conf
```

然后，使用我们自己的配置填充此文件，如代码清单 5-16 所示。

代码清单 5-16　配置 df 插件

```
LoadPlugin df
<Plugin df>
  MountPoint "/"
  ValuesPercentage true
</Plugin>
```

首先加载插件，然后对其进行配置。ValuesPercentage 配置项同样指定了 df 插件以百分比的形式发出指标。另外，通过 MountPoint 配置项指定希望监控的挂载点。通过该配置项，可以指定在哪些挂载点上采集磁盘空间指标，本例只指定了/（root）挂载点。如果需要，也可以在配置中添加额外的挂载点。举例来说，监控一个名为/data 的挂载点，需要添加代码清单 5-17 中的内容。

代码清单 5-17　为 df 插件配置另一个挂载点

```
LoadPlugin df
<Plugin df>
  MountPoint "/"
  MountPoint "/data"
  ValuesPercentage true
</Plugin>
```

可以使用 Dev 配置项指定设备，如代码清单 5-18 所示。

代码清单 5-18　配置 df 插件来监控设备

```
LoadPlugin df
<Plugin df>
  MountPoint "/"
  Dev "/dev/hda1"
  ValuesPercentage true
</Plugin>
```

还可以监控主机上所有的文件系统和挂载点，如代码清单 5-19 所示。

代码清单 5-19　配置 df 插件来监控所有内容

```
<Plugin df>
  IgnoreSelected true
  ValuesPercentage true
</Plugin>
```

当 `IgnoreSelected` 配置项设置为 `true` 时，df 插件将忽略已配置的挂载点或设备，转而监控所有挂载点和设备。

4. swap 插件

下面配置 swap 插件，它采集主机上的内存交换状态指标。与前面介绍的其他插件一样，它返回的指标值以字节为单位。我们仍然希望指标能够以百分比的形式输出，这样理解起来更容易。

首先，创建一个文件来保存 swap 配置，如代码清单 5-20 所示。

代码清单 5-20　创建 /etc/collectd.d/swap.conf 文件

```
$ sudo touch /etc/collectd.d/swap.conf
```

然后，使用我们自己的配置填充此文件，如代码清单 5-21 所示。

代码清单 5-21　配置 swap 插件

```
LoadPlugin swap
<Plugin swap>
  ValuesPercentage true
</Plugin>
```

我们只指定了 `ValuesPercentage` 配置项，并将其设置为 `true`，这意味着 swap 插件将以百分比的形式发出指标。

5. interface 插件

现在来配置 interface 插件，如代码清单 5-22 所示。它采集网络接口及其性能的数据。

代码清单 5-22　创建 /etc/collectd.d/interface.conf 文件

```
$ sudo touch /etc/collectd.d/interface.conf
```

默认情况下，我们不会额外配置 interface 插件，下面仅加载它，如代码清单 5-23 所示。

代码清单 5-23　加载 interface 插件

```
LoadPlugin interface
```

如果没有额外配置，interface 插件将默认采集主机上所有接口的指标。如果希望仅采集一个或某几个接口的指标，则可以通过 Interface 配置项来指定，如代码清单 5-24 所示。

代码清单 5-24   将 interface 插件配置为仅监控一个接口

```
<Plugin interface>
  Interface "eth0"
</Plugin>
```

有时，我们可能希望在监控时忽略某些接口，例如 loopback 接口，如代码清单 5-25 所示。

代码清单 5-25   忽略接口

```
<Plugin "interface">
  Interface "lo"
  IgnoreSelected true
</Plugin>
```

这里，我们在 Interface 配置项中指定了 loopback 接口 lo，同时添加了 IgnoreSelected 配置项并将其设置为 true。如此一来，interface 插件将监控除 lo 接口之外的其他所有接口。

6. protocols 插件

与 interface 插件类似，protocols 插件也采集有关主机网络性能的数据，如代码清单 5-26 所示。具体来说，它采集在主机上运行的网络协议及其性能的数据。

代码清单 5-26   创建/etc/collectd.d/protocols.conf 文件

```
$ sudo touch /etc/collectd.d/protocols.conf
```

默认情况下，我们不会额外配置 protocols 插件，下面仅加载它，如代码清单 5-27 所示。

代码清单 5-27   加载 protocols 插件

```
LoadPlugin protocols
```

7. load 插件

只需加载 load 插件，无须在其中添加任何配置。这个插件采集主机上的负载指标。

现在为 load 插件创建配置文件，如代码清单 5-28 所示。

代码清单 5-28   创建/etc/collectd.d/load.conf 文件

```
$ sudo touch /etc/collectd.d/load.conf
```

然后，加载 load 插件，如代码清单 5-29 所示。

代码清单 5-29   加载 load 插件

```
LoadPlugin load
```

8. processes 插件

最后配置 processes 插件。它广泛地监控主机进程,例如活动进程和"僵尸"进程的数量,也可以监控单个进程,以获得更多细节。下面创建一个文件来保存 processes 插件的配置,如代码清单 5-30 所示。

代码清单 5-30   创建 processes.conf 文件

```
$ sudo vi /etc/collectd.d/processes.conf
```

我们将专注于监控 collectd 进程,并为受监控的进程设置默认阈值。processes 插件有助于了解特定进程的性能,我们将使用它来确认特定的进程正在运行,例如 collectd 进程,如代码清单 5-31 所示。

代码清单 5-31   processes.conf 文件

```
LoadPlugin processes
<Plugin "processes">
    Process "collectd"
</Plugin>

<Plugin "threshold">
  <Plugin "processes">
    <Type "ps_count">
      DataSource "processes"
      FailureMin 1
    </Type>
  </Plugin>
</Plugin>
```

有时可能希望对进程(或其他插件)的监控间隔能够比全局默认值(2 秒)更长一些。此时,可以通过在加载插件时设置新的时间间隔来覆盖全局的 Interval。为此,我们将 LoadPlugin 命令转换成一个块,如代码清单 5-32 所示。

代码清单 5-32   覆盖全局时间间隔

```
<LoadPlugin processes>
  Interval 10
</LoadPlugin>
```

提示:可以在 collectd 配置文档中的 LoadPlugin 配置部分看到每个插件的其他配置项。

在新的 <LoadPlugin> 块中,我们指定了新的 Interval,它的采集周期为 10 秒。

继续在 <Plugin> 块中配置 processes 插件。它有两个配置项:Process 和 ProcessMatch。Process 根据名称匹配特定的进程,例如这里定义的 collectd 进程。ProcessMatch 通过正则表达式匹配一个或多个进程。每个正则表达式都绑定到一个标签上,如代码清单 5-33 所示。

代码清单 5-33 ProcessMatch 配置项

```
ProcessMatch label regex
```

来看看 ProcessMatch 的实际应用,如代码清单 5-34 所示。

代码清单 5-34 使用 ProcessMatch 配置项

```
<Plugin "processes">
  ProcessMatch "carbon-cache" "python.+carbon-cache"
  ProcessMatch "carbon-relay" "python.+carbon-relay"
</Plugin>
```

这个示例将匹配第 4 章配置的所有 carbon-cache 守护进程和 carbon-relay 守护进程,并用相应的标签表示。例如,正则表达式 python.+carbon-cache 将匹配在主机上运行的所有 carbon-cache 守护进程,并将它们分组到 carbon-cache 标签下。

对于在主机 riemanna、riemannb、riemannmc 上运行的 Riemann 服务器,如果希望对其进行监控,那么需要配置以下 ProcessMatch 正则表达式,如代码清单 5-35 所示。

代码清单 5-35 针对 Riemann 使用 ProcessMatch 配置项

```
<Plugin "processes">
  ProcessMatch "riemann" "\briemann.jar:\sriemann.bin\b"
</Plugin>
```

如果在某台 Riemann 主机上执行 ps 命令,检查监控\briemann.jar:\sriemann.bin\b 是否可以发现 Riemann 进程,将看到代码清单 5-36 中的结果。

代码清单 5-36 利用 ps 命令检查 Riemann

```
$ ps aux | grep '\briemann.jar:\sriemann.bin\b'
riemann  14998 33.8 28.4 6854420 2329212 ?    Sl    Apr21 5330:50
  java -Xmx4096m -Xms4096m -XX:NewRatio=1 -XX:PermSize=128m -XX:
MaxPermSize=256m -server -XX:+ResizeTLAB -XX:+
UseConcMarkSweepGC -XX:+CMSConcurrentMTEnabled -XX:+
CMSClassUnloadingEnabled -XX:+UseParNewGC -XX:-
OmitStackTraceInFastThrow -cp /usr/share/riemann/riemann.jar:
riemann.bin start /etc/riemann/riemann.config
```

可以看到,grep 命令匹配了\briemann.jar:\sriemann.bin\b,因此 collectd 将能够监控 Riemann 服务器进程。

processes 插件对特定进程的监控,为我们提供了以下方面的详细信息。

❑ 驻留段大小,即进程使用的物理内存量。
❑ 进程消耗的 CPU 用户和系统时间。
❑ 使用的线程数。
❑ 主要页面错误和次要页面错误的数量。

❑ 某标签下正在运行的进程的数量。

接下来看看如何使用这些数据配置进程阈值。

9. processes 插件和阈值

某标签下的进程数对于判断进程是否失败非常有用。我们将使用它来监控进程，从而确定进程正常运行。这就引出了 processes.conf 文件中的第二部分配置，如代码清单 5-37 所示。

代码清单 5-37　进程阈值

```
...
<Plugin "threshold">
  <Plugin "processes">
      <Type "ps_count">
        DataSource "processes"
        FailureMin 1
      </Type>
  </Plugin>
</Plugin>
```

这个新的<Plugin>块配置了 threshold 插件，我们把它加载为全局配置的一部分。可以为需要的每个插件指定一个或多个阈值，如果阈值被突破，那么 collectd 将生成失败事件。假设目前正在监控 RSyslog 守护进程，而 collectd 检测不到该守护进程，此时将收到代码清单 5-38 中的通知。

代码清单 5-38　collectd 通知

```
[2016-01-07 04:51:15] Notification: severity = FAILURE, host = graphitea, plugin = processes,
plugin_instance = rsyslogd, type = ps_count, message = Host graphitea, plugin processes
(instance rsyslogd) type ps_count: Data source "processes" is currently 0.000000.
That is below the failure threshold of 1.000000.
```

即将用于向 Riemann 发送事件的插件也知道这些阈值，并会将它们发送给 Riemann。在那里，我们可以使用这些阈值来检测已经失败的服务。

要配置阈值，必须使用一个新的<Plugin>块定义 threshold 将应用于哪些 collectd 插件。在本例中，我们为 processes 插件定义阈值。然后，需要向 threshold 插件指明，由该插件生成的哪个指标使用这个阈值。对于 processes 插件，这个指标是 ps_count，它表示正在运行的进程的数量。我们在<Type>块中定义了所需的指标。

<Type>块指定了两个配置项：DataSource 和 FailureMin。DataSource 是我们正在采集的数据类型。每个 collectd 指标可以由多种类型的数据组成，为了跟踪这些数据类型，collectd 守护进程有一个中央注册表，其中包含它所知道的所有数据类型，被称为类型数据库，位于 collectd 安装时创建的 types.db 数据库文件中。在大多数 Linux 发行版中，此文件位于/usr/share/collectd/目录下。如果在 types.db 文件中查找 ps_count 指标，将看到代码清单 5-39 中的结果。

代码清单 5-39 ps_count 指标

```
ps_count       processes:GAUGE:0:1000000, threads:GAUGE:0:1000000
```

注意，ps_count 指标由两个均为计量类型的数据源组成（有关计量的信息，参见第 2 章）。

❏ processes（进程数）：范围从 0 到 1 000 000。
❏ threads（线程数）：范围从 0 到 1 000 000。

这意味着 ps_count 既可以用来跟踪进程的数量，也可以用来跟踪线程的数量。本例关注正在运行的进程的数量。

第二个配置项 FailureMin 本身就是阈值，它指定触发失败事件的最小进程数。我们已指定其为 1，所以，如果有一个进程正在运行，collectd 会很高兴；相反，如果进程数小于 1，则会触发失败事件并将其发送给 Riemann。

threshold 插件支持以下类型的阈值。

❏ FailureMin：如果指标值低于最小值，则触发失败事件。
❏ WarningMin：如果指标值低于最小值，则触发警告事件。
❏ FailureMax：如果指标值超过最大值，则进程失败。
❏ WarningMax：如果指标值超过最大值，则发出警告。

如果将失败阈值和警告阈值结合起来，可以创建双重事件通知，如代码清单 5-40 所示。

代码清单 5-40 指定失败阈值和警告阈值

```
FailureMin 1
WarningMin 3
```

如果指标值小于 1，就触发失败事件。如果指标值小于 3，则触发警告事件。利用这个方法，可以针对不同的阈值错误，做出不同的响应。例如，警告事件可能不值得立即采取行动，但失败事件则需要立即采取行动。

如果阈值被突破后又被纠正了，collectd 将触发"一切正常"事件，以告知我们事情已经恢复正常。这种事件也将被发送给 Riemann，可以据此来自动处理事故或生成通知。

我们刚刚定义的是 processes 插件的全局阈值。这意味着使用 processes 插件观察的所有进程都应该至少有一个正在运行的进程。目前，我们只管理一个 collectd 进程，如果进程数跌至 0，很可能意味着 collectd 已经失败了。但是，如果我们要监控其他进程（后文会涉及），一旦进程数小于 1，collectd 将触发事件。

有时，一个服务需要多个进程才能正常工作。为了解决这个问题，可以为特定的进程定义阈值。假设正常维持一个特定服务需要运行两个或两个以上的进程，如代码清单 5-41 所示。

代码清单 5-41 匹配多个阈值

```
<Plugin "processes">
  ProcessMatch "carbon-cache" "python.+carbon-cache"
  ProcessMatch "carbon-relay" "python.+carbon-relay"
</Plugin>

<Plugin "threshold">
  <Plugin "processes">
    Instance "carbon-cache"
      <Type "ps_count">
        DataSource "processes"
        WarningMin 2
        FailureMin 1
      </Type>
    Instance "carbon-relay"
      <Type "ps_count">
        DataSource "processes"
        FailureMin 1
      </Type>
  </Plugin>
</Plugin>
```

注意：本书的示例代码包含 Graphite 和 Riemann 的 collectd 进程监控配置。

下面是 carbon-cache 和 carbon-relay 的匹配配置。这里应该有两个 carbon-cache 守护进程，因此我们配置了 threshold 插件来检查。我们添加了新命令 Instance，该命令已设置为 ProcessMatch 标签 carbon-cache。Instance 命令告诉 threshold 插件，专门监控 carbon-cache 守护进程。

我们还设置了阈值 WarningMin 和 FailureMin。如果 carbon-cache 守护进程的数量小于 2，则会触发警告事件；如果小于 1，则会触发失败事件。

提示：threshold 插件可以设置许多其他有用的配置项，可以在 collectd wiki 的阈值配置页面阅读相关信息。

如果在一台 Graphite 主机上停止 carbon-cache 守护进程，将会在/var/log/collection.log 日志文件中看到代码清单 5-42 中的事件。

代码清单 5-42 carbon-cache 采集失败事件

```
[2015-12-25 00:09:08] Notification: severity = FAILURE, host = graphitea, plugin = processes,
plugin_instance = carbon-cache, type = ps_count, message = Host graphitea, plugin processes
(instance carbon-cache) type ps_count: Data source "processes" is currently 0.000000. That is
below the failure threshold of 2.000000.
```

然后，可以使用 Riemann 中的这个事件触发一个通知，显示哪里出现了问题。我们将在本章后面看到如何实现这一点。不过，这需要先将指标数据发送给 write_riemann 插件，该插件负责向 Riemann 发送数据。

注意：我们还为 carbon-relay 守护进程添加了类似的配置。

---

10. 写入 Riemann

接下来，需要配置 write_riemann 插件。这个插件将把指标数据写入 Riemann。下面在 /etc/collectd.d/目录下创建 write_riemann.conf 配置文件，如代码清单 5-43 所示。

代码清单 5-43　创建 write_riemann.conf 配置文件

```
$ sudo touch /etc/collectd.d/write_riemann.conf
```

然后，加载并配置插件，如代码清单 5-44 所示。

代码清单 5-44　加载并配置 write_riemann 插件

```
LoadPlugin write_riemann
<Plugin "write_riemann">
    <Node "riemanna">
        Host "riemanna.example.com"
        Port "5555"
        Protocol TCP
        CheckThresholds true
        StoreRates false
        TTLFactor 30.0
    </Node>
        Tag "collectd"
</Plugin>
```

首先，使用 LoadPlugin 命令加载 write_riemann 插件。然后，在<Plugin>块中指定<Node>块。每个<Node>块都有名称，并且指定与 Riemann 实例的连接。每个节点的名称必须唯一，这里指定了唯一的节点 riemanna。

每个连接配置都包含配置项 Host、Port、Protocol。本例使用生产环境 A 的主机，并连接到该环境中相应的 Riemann 服务器 riemanna.example.com。我们使用的是默认端口 5555 和 TCP，为了确保 collectd 事件能抵达 Riemann，需要确保在主机和 Riemann 服务器上打开端口 5555。我们将使用 TCP 而不是 UDP 来保证更可靠的传输。

注意：不要使用 UDP 向 Riemann 发送事件。UDP 不保证能正确送达数据包，通过 UDP 发送事件将丢失数据。

通过配置 CheckThresholds，所有通过前面启用的 threshold 插件设置的阈值都可由 Riemann 使用。

将 `StoreRates` 设置为 `false` 后，插件不会将任何计数值转换为速率。它的默认值是 `true`，也就是将所有计数值转换为速率，而不是增加的整数。由于将要大量使用计数值（参见第 9 章），因此我们希望得到计数值，而不是速率。

`<Node>` 块中的最后一个配置项是 `TTLFactor`，它能够对发送到 Riemann 的事件设置默认 TTL。`TTLFactor` 是 TTL 计算中的一个因子：

$$Interval \times TTLFactor = EventTTL$$

这里使用之前设置的 `Interval`（在本例中是 2）乘以 `TTLFactor`，得到 Riemann 事件中 `:ttl` 字段的值，该值将在事件发送到 Riemann 时进行设置。计算结果如下：

$$2 \times 30.0 = 60.0$$

这将 `:ttl` 字段的值设置为 60 秒，与第 3 章中使用 `default` 函数设置的默认 TTL 相匹配。这意味着如果在 Riemann 中索引 collectd 事件，那么 collectd 事件将有 60 秒的生存时间。

若向两个 Riemann 实例发送指标，需要添加第二个 `<Node>` 块，如代码清单 5-45 所示。

代码清单 5-45 配置第二个 `<Node>` 块

```
<Plugin "write_riemann">
    <Node "riemanna">
        Host "riemanna.example.com"
        Port "5555"
        Protocol TCP
        CheckThresholds true
        TTLFactor 30.0
    </Node>
    <Node "riemannb">
        Host "riemannb.example.com"
        Port "5555"
        Protocol TCP
        CheckThresholds true
        TTLFactor 30.0
    </Node>
    Tag "collectd"
</Plugin>
```

可以看到，我们为 riemannb.example.com 服务器添加了第二个 `<Node>` 块。这使我们能够将数据发送到多台 Riemann 主机，从而实现冗余。

如果需要扩展 Riemann 的部署，也可以用这种方法来进行**分片**（sharding）和**分区**（partitioning）。主机可以按类别分别指向特定的 Riemann 服务器，例如可以创建 riemanna1 或 riemanna2 等服务器。配置管理工具易于实现 collectd（或其他采集器）使用特定的 Riemann 服务器。

最后，我们还指定了 `Tag` 配置项。它将字符串添加到 Riemann 事件的 `:tag` 字段中，可以通过多个 `Tag` 来指定多个标记。

注意：可以在 collectd wiki 中找到 write_riemann 的完整文档。

5.4.2   最后的准备

我们已经有了基本的 collectd 配置，可以继续向其他主机添加此配置。安装和管理这些配置的最佳方法是使用配置管理工具，如 Puppet、Chef 或 Ansible。对于刚刚创建的 collectd 配置文件和每个插件的配置文件，大多数配置管理工具的模板引擎可以对它们进行管理，这样既实现了集中管理，也使跨主机更新更为容易。

5.4.3   启用和运行 collectd

我们已经配置了 collectd 守护进程，可以让它在系统启动时启用并运行。在 Ubuntu 上启用并启动 collectd，如代码清单 5-46 所示。

代码清单 5-46   在 Ubuntu 上启用和启动 collectd

```
$ sudo update-rc.d collectd defaults
$ sudo service collectd start
```

在 Red Hat 上启用并启动 collectd，如代码清单 5-47 所示。

代码清单 5-47   在 Red Hat 上启用和启动 collectd

```
$ sudo systemctl enable collectd
$ sudo service collectd start
```

在/var/log/collectd.log 日志文件中查看 collectd 是否正在运行，如代码清单 5-48 所示。

代码清单 5-48   collectd 日志文件

```
[2015-08-18 20:46:01] Initialization complete, entering read-loop
```

5.5   collectd 事件

一旦 collectd 守护进程配置完毕并开始运行，事件就应该开始流向 Riemann。接下来登录 riemanna.example.com 并查看/var/log/riemann/riemann.log 日志文件，看看其中的一些事件。请记住，当前 Riemann 实例的配置是将所有事件输出到一个日志文件中，如代码清单 5-49 所示。

代码清单 5-49   目前的 riemann.config

```
(streams
  (default :ttl 60
    ; Index all events immediately.
    Index
```

```
; Send all events to the log file.
#(info %)

(where (service #"^riemann.*")
  graph

  downstream)))))
```

　　#(info %)函数将所有传入的事件发送到日志文件中。现在查看日志文件,看看 collectd 通过插件生成的事件,如代码清单 5-50 所示。

代码清单 5-50　Riemann 的 collectd 事件

```
{:host tornado-web1, :service df-root/df_complex-free, :state ok,
 :description nil, :metric 2.7197804544E10, :tags [collectd],
 :time 1425240301, :ttl 60.0, :ds_index 0, :ds_name value,
 :ds_type gauge, :type_instance free, :type df_complex,
 :plugin_instance root, :plugin df}
{:host tornado-web1, :service load/load/shortterm, :state ok,
 :description nil, :metric 0.05, :tags [collectd], :time 1425240301,
 :ttl 60.0, :ds_index 0, :ds_name shortterm, :ds_type gauge,
 :type load, :plugin load}
{:host tornado-web1, :service memory/memory-used, :state ok,
 :description nil, :metric 4.5678592E7, :tags [collectd], :time 1425240301,
 :ttl 60.0, :ds_index 0, :ds_name value, :ds_type gauge,
 :type_instance used, :type memory, :plugin memory}
```

　　来看看这个事件中的一些字段,如表 5-1 所示。

表 5-1　collectd 事件的部分字段

字　　段	描　　述
:host	主机名,例如 tornado-web1
:service	服务或指标
:state	描述状态的字符串,例如 ok、warning、critical
:time	事件发生的时间,以 Unix 历元秒为单位
:tags	write_riemann 插件中 Tag 字段的标签
:metric	collectd 指标的值
:ttl	通过 Interval 和 TTLFactor 计算出的值
:type	数据的类型,例如 CPU 数据
:type_instance	数据的子类型,例如 CPU 空闲时间
:plugin	生成事件的 collectd 插件
:ds_name	types.db 文件中指定的数据源名称
:ds_type	数据源的类型,例如计量

collectd 守护进程创建了一些包含 :host 字段的事件，其中包含正在监控的主机名。本例中的 3 个事件都来自主机 tornado-web1。还有一个 :service 字段，其中包含 collectd 发送的每个指标名称。

重要的是，当我们向 Graphite 发送指标时，它会通过组合这两个字段来生成最终的指标名称。:host tornado-web1 和 :service memory/memory-used 组合起来就变成了 Graphite 中的 tornado-web1.memory.memory-used。同理，:host tornado-web1 和 :service load/load/shortterm 组合起来将变成 tornado-web1.load.load.shortterm。

collectd 事件也有一个 :state 字段，该字段的值由 threshold 插件启用的阈值检测来控制。如果没有为 collectd 指标设置或触发任何特定阈值，则 :state 字段值将默认为 ok。

第 3 章多次提到 :ttl 字段，它为索引中的 Riemann 事件设置了生存时间。在本例中，:ttl 是 60 秒，通过 collectd 配置中的 Interval 和 TTLFactor 的乘积来控制。

:description 字段为空，但可以从 :type、:type_instance、:plugin 等字段中获得一些描述性信息，这些字段分别表明指标的类型、更细粒度的实例类型以及采集该字段的插件名称。例如，我们有一个事件由 memory 插件生成，其 :type 字段是 memory，:type_instance 字段是 used。将它们结合起来看，就能了解采集到的数据。

还可以使用 :ds_name 字段，它是数据源的短名称。接下来是 :ds_type 字段，它指定数据源类型，表明该数据源为何种类型的数据，在本例中是 gauge 类型。collectd 守护进程有 4 种数据源类型。

- ❑ gauge（计量值）：简单的数值，通常用于可以增加或减少的值。
- ❑ derive（推导值）：经过推导得出的值，其有意义的前提是值的所有变化值得关注。
- ❑ counter（计数值）：类似于推导值，但如果后面的值小于前一个值，就说明 collectd 假定计数器已经溢出了。
- ❑ absolute（绝对值）：适用于在读取时重置的计数器。本章不涉及此类数据源。

提示：可以在 collectd wiki 中找到更多关于 collectd 数据源的详细信息，并在 /usr/share/collectd/ 目录下的 types.db 文件中找到默认数据源类型的完整列表。

最后，:metric 字段和 :time 字段分别保存实际的指标值和采集时间。

5.6　将 collectd 事件发送到 Graphite

我们有了从 collectd 到 Riemann 的事件流，接下来把它们进一步传递到 Graphite 上，从而绘制它们。我们将使用 tagged 流来选择 collectd 事件，tagged 流选择带有特定标签的所有事件，collectd 事件通过 write_riemann 配置中的 Tag 获得标签 collectd。可以匹配这个标签，然后使用在第 4 章中创建的 `graph` 变量将事件发送给 Graphite。

看一下代码清单 5-51 中的新事件流。

代码清单 5-51　向 Graphite 发送 collectd 指标

```
...

    (tagged "collectd"
      graph)

...
```

`tagged` 流抓取所有含 `collectd` 标签的事件。然后，添加在第 4 章中创建的 `graph` 变量，接着所有这些事件都将被发送到 Graphite。

5.7　重构 collectd 指标名称

下面查看陆续送达 Graphite 的指标的状态。如果查看 graphitea.example.com 主机上的/var/log/carbon/creates.log 日志文件，应该会发现指标正在不断更新，如代码清单 5-52 所示。

代码清单 5-52　Graphite 中的 collectd 指标

```
...
productiona.hosts.tornado-web1.interface-eth0/if_packets/rx
productiona.hosts.tornado-web1.interface-eth0/if_errors/rx
productiona.hosts.tornado-web1.cpu-percent/cpu-steal
productiona.hosts.tornado-web1.df-root/df_complex-used
productiona.hosts.tornado-web1.interface-lo/if_packets/rx
productiona.hosts.tornado-web1.processes/ps_state-paging
productiona.hosts.tornado-web1.processes/ps_state-zombies
productiona.hosts.tornado-api1.df-dev/df_complex-used
productiona.hosts.tornado-api1.df-run-shm/df_complex-reserved
productiona.hosts.tornado-api1.df-dev/df_complex-reserved
productiona.hosts.tornado-api1.interface-eth0/if_octets/rx
productiona.hosts.tornado-api1.df-run-lock/df_complex-reserved
productiona.hosts.tornado-api1.interface-lo/if_octets/rx
productiona.hosts.tornado-api1.df-run-lock/df_complex-free
productiona.hosts.tornado-api1.df-run/df_complex-reserved
productiona.hosts.tornado-api1.processes/ps_state-blocked
...
```

由于之前在第 4 章中添加了配置，productiona.hosts 已被添加到指标名中。还可以看到主机名，各个插件正是在这些主机上采集指标的，在本例中是 tornado-web1。每个指标名都是由 collectd 插件的相关数据拼接起来的，包括插件名、插件实例和类型等，如代码清单 5-53 所示。

代码清单 5-53　进程指标

```
productiona.hosts.tornado-api1.processes/ps_state-blocked
```

这个指标组合了插件名 processes、进程状态 ps_state，以及类型 block。

可以看到，许多指标的命名模式相当复杂。为了更易于使用，可以尝试简化这些命名模式（非强制），这样做可以更快、更容易地绘制图表。如果不需要重构，可以忽略本节内容。

指标名称可以进行如下调整。

❑ 在 collectd 守护进程中使用链式构造（Chains）。
❑ 使用 Carbon Aggregation 守护进程重写 Carbon 的内部规则。
❑ 重写 Riemann 中的指标事件。

下面将使用最后一个选项 Riemann，它是很好的指标聚集中心。这里引用 collectd 和 Riemann 社区的知名成员 Pierre-Yves Ritschard 编写的一小段代码，这段代码接受所有传入的 collectd 指标并重写其 :service 字段，使其更易于理解。

首先，创建一个文件，保存 Riemann 服务器上的新代码，如代码清单 5-54 所示。

代码清单 5-54   创建服务重写规则

```
$ sudo touch /etc/riemann/examplecom/etc/collectd.clj
```

这里创建了/etc/riemann/examplecom/etc/collectd.clj。然后，用 Pierre-Yves Ritschard 的那段代码进行填充，如代码清单 5-55 所示。

代码清单 5-55   在 Riemann 内部重写 :service 字段

```
(ns examplecom.etc.collectd
  (:require [clojure.tools.logging :refer :all]
            [riemann.streams :refer :all]
            [clojure.string :as str]))

(def default-services
  [{:service #"^load/load/(.*)$" :rewrite "load $1"}
   {:service #"^cpu/percent-(.*)$" :rewrite "cpu $1"}
...
   {:service #"^interface-(.*)/if_(errors|packets|octets)/(tx|rx)
     $" :rewrite "nic $1 $3 $2"}])

(defn rewrite-service-with
  [rules]
  (let [matcher (fn [s1 s2] (if (string? s1) (= s1 s2) (re-find s1 s2)))]
    (fn [{:keys [service] :as event}]
      (or
       (first
        (for [{:keys [rewrite] :as rule} rules
              :when (matcher (:service rule) service)]
          (assoc event :service
                 (if (string? (:service rule))
                   rewrite
                   (str/replace service (:service rule) rewrite)))))))
```

```
    event))))

(def rewrite-service
  (rewrite-service-with default-services))
```

这看起来很复杂，实际上并非如此。首先，我们定义了名字空间 examplecom.etc.collectd。然后，用到了 3 个库。最先使用的是 clojure.string 中的字符串函数。当需要这个名字空间时，我们使用了新指令 :as。该指令为名字空间创建了别名 str。这样一来，就可以通过别名引用库中的函数，如 str/replace。第 3 章提到的引用来自其他名字空间且不必完全限定的名称，在这里同样适用。当需要列明完全限定名时，:as 指令可以实现更为简短的名称。

我们还需要 clojure.tools.logging 名字空间，它提供了一些日志记录函数，例如本书前面使用的 info 函数。最后，需要 riemann.streams 名字空间，它提供了一些 Riemann 流，例如 where 流。

接下来，使用 def 语句创建 default-services 变量。这是一系列正则表达式映射，每一行都重写一个特定的 :service 字段，如代码清单 5-56 所示。

代码清单 5-56　服务重写

```
{:service #"^cpu/percent-(.*)$" :rewrite "cpu $1"}
```

首先，指定要匹配的 :service 字段的正则表达式。这里是 #"^cpu/percent-(.*)$"，它将获取所有的 collectd CPU 指标，本例捕获指标名字空间的最后一部分。在下一个元素 :rewrite 中，指定指标最终的预览效果，这里是 cpu $1，其中 $1 是在初始正则表达式中捕获的输出。最终结果到底如何呈现？其中一个 CPU 指标的 :service 字段是 cpu-percent/cpu-steal，正则表达式将匹配当前指标名称的 steal 部分，并将服务重写为 cpu steal。Graphite 的指标名将空格视为点，因此当它到达 Graphite 时，会被转换为完整路径：productiona.hosts.tornado-web1.cpu.steal。

这段代码中的规则仅适用于本章中采集的基本指标数据。你可以随时添加新规则，处理要采集的其他指标。

接下来，处理名为 rewrite-service-with 的新函数，其中包含具体负责重写的代码。它接受规则列表，校验传入的事件，获取所有符合全部规则且带有 :service 字段的事件，并且使用 Clojure 字符串函数 replace 重写 :service 字段。这里的逻辑较为复杂，但通常无须对其进行更改，此处不做过多说明。

最后，获得名为 rewrite-service 的变量。它用来实际运行 rewrite-service-with 函数并将 default-services 变量的规则传入其中。

下面在/etc/riemann/riemann.config 中重写原来的 tagged 过滤器，使其能够通过重写函数发送事件。代码清单 5-57 显示的是之前的代码段。

代码清单 5-57 之前的代码

```
(tagged "collectd"
  graph)
```

按照代码清单 5-58 将其替换。

代码清单 5-58 更新后的代码

```
(require '[examplecom.etc.collectd :refer :all])

...

(tagged "collectd"
  (smap rewrite-service graph))
```

用 require 加载 examplecom.etc.collectd 名字空间中的函数。这里仍使用相同的 tagged 过滤器来获取所有带有 collectd 标记的事件，但会将它们传入新的名为 smap 的流。smap 流是一个流映射，对于事件转换非常有用。在本例中，smap 流的功能是将所有传入的事件发送到 rewrite-service 变量中进行处理，然后将它们发送到 graph 变量中。

这将重写指标，如代码清单 5-59 和代码清单 5-60 所示。

代码清单 5-59 原始指标

```
productiona.hosts.tornado-web1.load/load/shortterm
```

代码清单 5-60 重写的指标

```
productiona.hosts.tornado-web1.load.shortterm
```

提示：当遇到空格或斜线时，Graphite 会将它们转换为句点。

这样，整个指标更易于解析和使用，这在开始构建图表和数据看板时尤为明显。

5.8 小结

在本章中，我们了解了如何跨主机采集基础数据，包括 CPU、内存、磁盘的数据。为此，我们安装并配置了 collectd，使用 collectd 的各种插件来采集主机上的各种数据，并将它们发往 Riemann 进行处理和检查，同时将它们转发到 Graphite 中进行长期保存。

第 6 章将研究如何使用 Riemann、Graphite 和 Grafana 中的 collectd 指标。

在 Riemann 中使用 collectd 事件

6

第 5 章介绍了在 collectd 中设置监控和事件，并将这些事件发送到 Riemann。本章将介绍如何使用这些事件进行监控，接下来会看到几个使用 collectd 事件创建的检测示例。

- ❏ 检测 collectd 或其他正在运行的进程。
- ❏ 复制针对 CPU、内存和磁盘的传统监控检测，帮助传统的监控模型平滑过渡。
- ❏ 学习如何用更复杂的逻辑创建更好的检测。
- ❏ 创建以主机为中心的 Grafana 看板，将 collectd 指标显示为图表。

注意： 本章从第 2 章介绍的统计技术出发。与之前一样，本章不对统计学知识展开讨论，但书中会谈到，对于特定类型的指标，何种情况下使用何种类型的分析才是最佳选择。如果需要系统学习统计学知识（确实需要），推荐阅读其他优秀书目。

6.1 检测正在运行的进程

现在创建第一个检测，确保进程正在运行。第 5 章配置了 processes 插件，主要用来监控 collectd 进程，另外演示了如何监控 Riemann 和 Graphite 的 Carbon 守护进程。

processes 插件为其监控的进程生成一系列指标，包括用来计算正在运行的同名进程数量的 ps_count 指标。在配置 processes 插件时，我们为其指标配置了一个阈值：任何被监控的进程都需要运行至少 1 个进程实例。这个阈值被突破时会发送通知，我们利用此通知来监控主机上正在运行的进程。

但是如果 collectd 运行失败了，用什么来发送通知呢？还能继续收到 collectd 的通知吗？这是潜在的问题，可以通过指标和是否有指标流入来判断进程的可用性。

为此，下面添加 3 个流。

- ❏ tagged 流的封装，用于匹配 collectd 事件。

❑ 匹配阈值通知的流。
❑ 匹配过期事件的流。

提示：可以在第 3 章和 Riemann 网站上了解更多关于事件过滤的内容。

当系统不再发送进程和指标时，这种方法能够捕获各种类型的进程失败以及在 Riemann 索引中消失的指标，如代码清单 6-1 所示。

代码清单 6-1　检测 collectd 已关闭或已过期

```
...

(tagged "collectd"
  (tagged "notification"
    (by [:host :service]
      (changed :state {:init "ok"}
        (adjust [:service clojure.string/replace #"^processes-(.*)\/ps_count$" "$1"]
          (email "james@example.com"))))))

(where (and (expired? event)
            (service #"^processes-.+\/ps_count\/processes"))
  (adjust [:service clojure.string/replace #"^processes-(.*)\/
    ps_count\/processes$" "$1"]
    (email "james@example.com"))))


...
```

可以看到，这里使用 `tagged` 流来匹配 `:tag` 字段中所有带有 `collectd` 标签的事件。这既封装了其他流，也将所需处理的事件范围缩小到来自 collectd 的那些事件。

然后，创建第 2 个 `tagged` 流，匹配带有 `notification` 标签的事件。这些都是阈值通知，当到达 Riemann 时，其状态如代码清单 6-2 所示。

代码清单 6-2　collectd 通知事件

```
{:host graphitea, :service processes-rsyslogd/ps_count, :state critical, :description Host
  graphitea, plugin processes (instance rsyslogd) type ps_count: Data source "processes"
  is currently 0.000000. That is below the failure threshold of 1.000000., :metric 0.0,
  :tags [notification collectd], :time 1451577254, :ttl 60, :DataSource processes,
  :type ps_count, :plugin_instance rsyslogd, :plugin processes}
```

可以看到，它们被标记为 `notification`，当报告异常情况时，它们的 `:state` 字段被设置为 `critical`，并且带有一个有用的描述。

然后，使用 `by` 流按字段拆分事件。这代表每当遇到唯一的字段时就创建新的子流，这里在 `:host` 字段和 `:service` 字段上进行拆分。对于所有添加 `by` 流的主机和服务，`by` 流将为其创建（不会重复创建）子流。当要运行特定流的多个副本时，这一点非常有用。就像这里所做的那样,这样便可以独立地跟踪每台主机和每个服务。否则,比如当 servicea 报告 ok 但 serviceb 报告 critical 时,也会触发通知。

接下来,利用 Riemann 内置的变化检测功能。变化检测的工作原理是识别事件何时发生了变化,一般使用 changed 变量来执行实际的检测。我们已经指定在 :state 字段上进行检测,同时为它设置了参数 {:init "ok"}。这个参数控制检测的基础状态,并假设 :state 字段在事件中的默认初始值为 ok,这也可以避免误报情况。当 Riemann 第一次启动时,如果没有先前状态的历史数据,就会产生误报。

提示:如果担心一些服务状态急速变化的峰值或者抖动触发大量报警,则需要考虑使用 stable 函数。只有当事件稳定地处于某个状态时,stable 才尝试发出通知。

Riemann 还提供了一个简洁的快捷方式 changed-state,这个快捷方式通过将事件分解为不同的流来构建 changed 变量,避免了指定 by 流。

下面对示例做一些更改来应用新变量,如代码清单 6-3 所示。

代码清单 6-3　检测已更改的状态

```
(tagged "notification"
  (changed-state {:init "ok"}
    (adjust [:service clojure.string/replace #"^processes-(.*)
      \/ps_count$" "$1"]
      (email "james@example.com"))))
```

现在不再需要指定 by 流,或检测变化的某个字段,changed-state 变量默认使用 :state 字段。如果 processes 插件检测到受监控的进程中有任何故障,它将生成 :state 字段为 critical 的事件,并触发变化检测和通知。

Riemann 状态检测还有另一个优点,即它是双向的,例如当一个事件恢复正常时,Riemann 也会检测到这种状态的变化。如果事件的 :state 字段是 critical,但到达该主机和服务的新事件的 :state 字段是 ok,那么 Riemann 将触发一个状态变化。这代表主机或服务已经恢复,可以使用此方法把已触发的通知标记为已解决。

提示:第 10 章将更为深入地探讨状态检测。

接着,调整 :service 字段的内容,更直观地了解哪些服务受到了影响。因为唯一的阈值是由 processes 插件触发的,所以这里可以指定 :service 字段的内容,如代码清单 6-4 所示。

代码清单 6-4　调整 :service 字段

```
(adjust [:service clojure.string/replace #"^processes-(.*)\/ps_count$" "$1"]
```

为此，需要使用 Riemann 的 `adjust` 函数和 `clojure.string` 的 `replace` 函数来提取受监控的进程名称。它可以通过正则表达式来匹配和捕获进程，并用捕获组来替换`:service` 字段的内容。

这将更改 ps_count 指标中的`:service` 字段，例如，对 rsyslogd 服务来说，其`:service` 字段将从 `processes-rsyslogd/ps_count` 改为 `rsyslogd`。

最后，所有匹配到的事件都将通过电子邮件发送到 james@example.com，告知是否有进程失败。

第 3 个 where 流检测 collectd 无法识别进程失败的情况，例如，collectd 进程本身已失败，如代码清单 6-5 所示。

代码清单 6-5　查找过期的 ps_count 事件

```
(where (and (expired? event)
        (service #"^processes-.+\/ps_count\/processes"))
  (adjust [:service clojure.string/replace #"^processes-(.*)\/
    ps_count\/processes$" "$1"]
    (email "james@example.com")))))
```

`where` 流匹配两个条件。第一个条件使用 expired?变量检测事件是否为过期索引，这将匹配所有`:state` 字段是 expired 的事件。第二个条件是`:service` 字段上的正则表达式，用于识别 ps_count/processes 指标。这将判断索引中 ps_count/processes 指标是否消失，可以据此推断出进程不再上报指标。

注意，这与通知检测是不同的服务，这是 collectd 的一个特性。在通知事件中，`:service` 字段被截断为：

```
processes-rsyslogd/ps_count
```

但是指标本身叫作：

```
processes-rsyslogd/ps_count/processes
```

因此，和前面检测中所做的一样，我们使用完整的指标名称来检测过期事件，同时调整`:service` 字段，使通知更加合理。然后，将更新后的事件传递给 email 变量，将电子邮件发送到 james@example.com。

下面在 Riemann 配置上下文中看一下这两个检测，如代码清单 6-6 所示。

代码清单 6-6　为 Riemann 配置增加 collectd 监控

```
...

(streams
  (default :ttl 60
    (where (not (tagged "notification"))
```

```
      index)

  (tagged "collectd"
    (tagged "notification"
      (changed-state {:init "ok"}
        (adjust [:service clojure.string/replace #"^processes
          -(.*)\/ps_count$" "$1"]
          (email "james@example.com"))))

  (where (and (expired? event)
            (service #"^processes-.+\/ps_count\/processes")
              )
      (adjust [:service clojure.string/replace #"^processes-
        (.*)\/ps_count\/processes$" "$1"]
          (email "james@example.com"))))

  ...
```

　　这里可以看到当前完整的 Riemann 配置，注意，文件中已添加了新的流。这两种检测的组合可以捕获大多数失败的情况，并构成本书整体框架中执行的所有进程监控的核心。

　　我们还做了另一项更改，就是将最初的 index 变量封装到 where 流中。因为通知为单例模式，所以这个 where 流匹配带有 notification 标签的事件，并且不对它们进行索引。另外，它们不是常态，只是临时事件，不像索引中其他事件那样表示"整个环境"，所以无须在索引中跟踪其状态。

提示：我们将发送到 james@example.com 的电子邮件通知作为存根。显然，这些通知不够复杂，缺少很多有用的上下文，也不具有可伸缩性。第 10 章将改进这些通知，并为通知指定一些新的目的地。

6.2　其他行动和改进

　　可以使用 collectd 通知和阈值进行更多操作。我们可以在 collectd 中设置更多阈值，消费 Riemann 中生成的事件。然而，在 Riemann 中配置管理阈值和检测的涉及范围以及实用性通常超出了 collectd 的阈值处理能力。因此，它们仅适用于 processes 插件，并不会涉及其他通知事件。

　　当然，可以针对 Riemann 采取其他操作并改进通知。第 10 章将研究默认通知，比如当前定义的 email 变量，并通过添加上下文来让这些通知更有用。同时，可以跟踪通知并测定异常率，帮助定位极易发生问题的主机和服务，第 10 章同样会讨论这个问题。

　　还可以基于 collectd 通知触发操作。例如，可以尝试重启已停止的服务，重新部署代码，以及触发运行配置管理。这些操作可以通过 Clojure 的 sh、类似 Conch 的库，或者 MCollective、Fabric、Ansible 之类的工具来实现。

6.3　重复一些传统监控

现在看一下如何重复一些典型的主机监控检测，这些检测方式在过去较为常见。这不是危言耸听，只是想说明，改变监控方式通常是一种进化，而不是革命。虽然本书不会涉及所有这些示例，但是会展示如何过渡到新的监控框架，同时避免进行全面的切换。

下面以一些针对 CPU、内存和磁盘的基础监控为例进行说明。先来看一下使用 collectd CPU 指标中的 `cpu/percent-user` 对 CPU 进行的监控，如代码清单 6-7 所示。

代码清单 6-7　cpu/percent-user 指标

```
{:host tornado-web1, :service cpu/percent-user, :state ok, :description nil,
  :metric 98.981873111782477, :tags [collectd], :time 1452374243, :ttl 60.0, :ds_index 0,
  :ds_name value, :ds_type gauge, :type_instance user, :type percent, :plugin cpu}
```

这个指标跟踪主机上用户进程消耗的 CPU 百分比，由本章前面配置的 cpu 插件生成。来看一下这个检测的代码，如代码清单 6-8 所示。

代码清单 6-8　基础的 CPU 监控

```
(where (and (service "cpu/percent-user") (>= metric 80.0))
  (email "james@example.com")
)
```

这里有一个 where 流，它根据两个标准进行选择：第一，`:service` 字段的值为 cpu/percent-user；第二，`:metric` 字段大于或等于 80.0（80%）。

如果两个条件都匹配，则发送电子邮件到 james@example.com。可以使用 memory/percent-used 指标对内存监控进行类似的匹配，指标由 memory 插件提供，显示主机上使用的内存百分比，如代码清单 6-9 所示。

代码清单 6-9　基础的内存监控

```
(where (and (service "memory/percent-used") (>= metric 80.0))
  (email "james@example.com")
)
```

如果 memory/percent-used 指标超过 80.0（80%），那么发送电子邮件。

最后，通过查看所有正在监控的文件系统，使用 df 插件的指标对磁盘监控执行相同的检测，df 插件可以为所有需要监控的文件系统生成存储使用率的指标。我们使用正则表达式来匹配所有文件系统或某个特定的文件系统。

看一下如何使用正则表达式。以 df 插件的 `df-*filesystem*/percent_bytes-used` 指标为例进行说明，如代码清单 6-10 所示。

代码清单 6-10　df插件的 `percent_bytes-used` 指标

```
{:host tornado-web1, :service df-root/percent_bytes-used, :ttl 60, :time 359630164907/250,
  :metric 96.41158294677734, :description nil, :state ok, :tags [collectd]}
```

这是监控 root 文件系统使用率的 df 插件指标。现在创建一个检测来匹配指标，如代码清单 6-11 所示。

代码清单 6-11　基础的磁盘监控

```
(where (and (service #"^df-(.*)/percent_bytes-used") (>= metric 90.0))
  (email "james@example.com")
)
```

我们使用正则表达式指定了匹配 `:service` 字段的 `where` 流，来获取所有受监控的文件系统，这里获取示例指标监控下的 root 文件系统。这一步已经完成了，因此，如果被监控的文件系统使用率超过 `90.0`（90%），那么将生成一封电子邮件。

但是，正如第 2 章提到的，这些阈值随意且不固定。达到这些随意定义的静态阈值，究竟说明是偶然现象还是持续的性能问题？这时就要用到 Riemann 了。借助 Clojure 的强大功能，我们可以创建更好、更复杂的监控检测。

6.4　通过更智能的数据进行更好的监控

我们将通过以下两种机制更好地利用指标数据。

❑ 更细的数据粒度
❑ 更复杂的检测函数

首先，在合理范围内选择较细粒度采集观察结果，通常为一两秒，这样我们能够在较长的时间段内（而非单一时间点）进行数据检测。例如，不是所有事件到达 Riemann 后，都要检测其指标值是否达到阈值，而是先采集一段时间内的指标值，再执行适当的计算，用更智能的方式组合它们，然后再对其进行检测。

其次，Riemann 提供了一组功能强大的函数，可以用来替换随意指定的阈值。其中包括一些方法，比如第 2 章讨论的用于汇总指标数据的百分位数。

6.4.1　构建基于中位数的检测

接下来使用 Riemann 的一些功能重新检测 CPU 百分比。我们不再检测某个时间点的单一指标，而是检测某段时间内的指标，获取该时间段内的所有指标后，从中计算出更好的指标。先从指标数据中计算中位数，即第 50 百分位数。与平均值相比，中位数更易于处理异常值和值簇。一簇高值或几个异常值可以显著影响平均值。在这些情况下，中位数能够提供更有代表性的数据趋势样本。因此这里选择中位数，这是了解如何使用 Riemann 创建检测的第一步，如代码清单 6-12 所示。

代码清单 6-12　在 10 秒时间窗口内的 CPU 监控中位数

```
(where (service "cpu/percent-user")
  (by :host
    (fixed-time-window 10
      (smap folds/median
        (where (> metric 80.0)
          (email "james@example.com"))))))
```

在新的检测中，where 流匹配 :service 字段为 cpu/percent-user 的指标。然后，使用 by 流按字段拆分事件，每当遇到唯一的字段时就创建新的子流。这里在 :host 字段上进行拆分。

匹配服务的事件会通过 by 流进行复制，然后发送到新的 fixed-time-window 流，这个新流会记录最后 *n* 秒时间窗口内的事件，这里是 10 秒。在每个时间段结束时，向所有子流发送该时间窗口内的事件向量（vector）。

提示：除了 fixed-time-window 外，Riemann 还有一些其他相关且有用的流，包括 moving-event-window（最后几个事件的滑动窗口）、moving-time-window（时间滑动窗口）以及 fixed-event-window（针对固定窗口的事件提供类似的功能），可以在 Riemann 流 API 文档中阅读更多信息。

在本书示例中，事件向量被发送到 folds/median 子流中，Riemann 运用 fold 函数对事件集合进行归纳。可以多次执行 fold 操作，包括求平均值、求中位数、求最大值以及计数等。

针对在 10 秒时间窗口内的事件，folds/median 流将其指标值转换为中位数。然后，将带有中位数指标的新事件传递到另一个 where 流，这个 where 流就是新阈值。如果计算出的中位数超过 80.0（80%），则会将通知以电子邮件形式发送到 james@example.com。

6.4.2　使用百分位数进行基于主机的检测

如果数据不呈正态分布，该怎么办呢？第 2 章提到，百分位数可以很好地解决使用这类数据进行监控的问题。更为方便的是，Riemann 可以计算指标窗口的百分位数。下面来更新代码，从而发出多个百分位数：第 50 百分位数（中位数）、第 95 百分位数以及第 99 百分位数。同时，输出最大值，来覆盖所有异常值，如代码清单 6-13 所示。

代码清单 6-13　在 10 秒时间窗口内的 CPU 监控百分位数

```
(where (service "cpu/percent-user")
  (by :host
    (percentiles 10 [0.5 0.95 0.99 1]
      (smap rewrite-service graph)

      (where (and (service "cpu/percent-user 0.99") (> metric 80.0))
        (email "james@example.com")))))
```

这里再次使用了 where 流和 by 流来观察想要的指标，并按 :host 字段拆分流。

然后，使用新的名为 percentiles 的流来计算百分位数，并为计算出的每个百分位数发出新事件。在检测中，percentiles 流为指定时间段内（这里是 10 秒）预期测量的每个百分位数创建新事件。我们把这些百分位数指定为一个向量：[0.5 0.95 0.99 1]。这将为第 50 百分位数、第 95 百分位数、第 99 百分位数以及最大值创建新事件。每个新事件的:service 字段后缀都是特定的百分比，如代码清单 6-14 所示。

代码清单 6-14　百分位事件

```
{:host graphitea, :service cpu/percent-user 0.5, :state ok, :description nil,
  :metric 32.48730964467005, :tags [collectd], :time 1440989473, :ttl 60.0, :ds_index 0,
  :ds_name value, :ds_type gauge, :type_instance user, :type percent, :plugin cpu}
{:host graphitea, :service cpu/percent-user 0.95, :state ok, :description nil,
  :metric 35.025380710659896, :tags [collectd], :time 1440989474, :ttl 60.0, :ds_index 0,
  :ds_name value, :ds_type gauge, :type_instance user, :type percent, :plugin cpu}
{:host graphitea, :service cpu/percent-user 0.99, :state ok, :description nil,
  :metric 33.015781291354883, :tags [collectd], :time 1440989474, :ttl 60.0, :ds_index 0,
  :ds_name value, :ds_type gauge, :type_instance user, :type percent, :plugin cpu}
{:host graphitea, :service cpu/percent-user 1, :state ok, :description nil,
  :metric 38.5050505050505, :tags [collectd], :time 1440989475, :ttl 60.0, :ds_index 0,
  :ds_name value, :ds_type gauge, :type_instance user, :type percent, :plugin cpu}
```

可以看到，这里创建了 4 个新事件，每个事件都有新的:service 字段。例如，cpu/percent-user 0.99 用于计算第 99 百分位事件。计算出的百分比值放在:metric 字段中，在样本事件中，99%的值小于 33.015781291354883（约 33%）。

在代码的最后，新指标将发送到 Graphite 来绘图，通过 smap 到 rewrite-service 函数，接着到 graph 变量。另外，我们创建了一个监控检测来选择第 99 百分位数，如果主机 CPU 使用率指标超过 80.0（80%），则发送通知邮件。

这意味着目前已完成以下操作。

❑ 拥有以百分位数和最大值来度量的新 CPU 指标，可以用来为每台主机绘制图表。针对预期使用的任何其他指标，可以使用相同的方法。
❑ 如果主机上第 99 百分位的用户 CPU 超过特定事件窗口的阈值，则发出通知邮件。

相比预置的阈值，这里提供的监控检测更佳，而且可以得到能够进行图形化和可视化的新指标！

6.4.3　对检测进行抽象

随着事件和检测越来越多，Riemann 配置变得非常复杂和庞大，这些正在构建的检测具有非常相似的结构。我们可以通过自定义检测函数来对监控进行抽象，从而降低这种潜在的复杂性。

1. 阈值检测

现在看一个示例。首先，在/etc/riemann/examplecom/etc/目录下，创建一个文件来保存自定义函数（在该目录下能够确保函数会随着 Riemann 启动而自动加载），如代码清单 6-15 所示。

代码清单 6-15 创建一个文件来保存自定义检测函数

```
$ sudo touch /etc/riemann/examplecom/etc/checks.clj
```

其次，创建一个自定义函数来重复阈值检测，如代码清单 6-16 所示。

代码清单 6-16 第一个自定义检测函数

```
(ns examplecom.etc.checks
  (:require [clojure.tools.logging :refer :all]
            [riemann.streams :refer :all]))

(defn set_state [warning critical]
  (fn [event]
    (assoc event :state
      (condp < (:metric event)
               critical "critical"
               warning "warning"
               "ok"))))

(defn check_threshold [srv window func warning critical & children]
  (where (service srv)
    (fixed-time-window window
      (smap func
        (where (< warning metric)
          (smap (set_state warning critical)
            (fn [event]
              (call-rescue event children)))))))))
```

这里首先创建了一个新的名字空间 examplecom.etc.checks，用 require 命令引入两个 Riemann 库：包含 info 函数和相关日志操作的 clojure.tools.logging 库，以及包含 Riemann 流函数的 riemann.streams 库。

然后定义了两个新函数：set_state 和 check_threshold。set_state 函数可以根据不同的阈值来设置事件的:state 字段，我们可以借此创建两层通知，例如警告事件和致命事件。它接受两个参数：warning 阈值和 critical 阈值。在 set_state 函数内，可以通过 assoc 函数处理每个传入的事件。当 assoc 函数处理 map 时，它返回可能重新映射字段的新 map。本例在事件 map 中的:state 字段上应用 condp 条件语句，该条件语句有以下 3 条基于:metric 字段值的子句。

❑ 如果:metric 字段的值超过 critical 阈值，则将事件的:state 字段设置为 critical。

❑ 如果:metric 字段的值介于 warning 阈值和 critical 阈值之间，则将事件的:state 字段设置为 warning。

❑ 如果:metric 字段的值同时低于两个阈值，那么将事件的:state 字段设置为 ok，这是默认值。

第二个函数 check_threshold 是抽象的检测函数，需要 6 个参数。

- srv：预期检测的服务。
- window：预期监控的时间窗口。
- func：预期使用的 fold 函数。
- warning 和 critical：预期检测的警告阈值和致命阈值。
- children：一个可选参数（由&符号表示），代表可能传递给函数的所有子流，例如通过电子邮件发送事件通知。

函数内使用 srv 参数传入的值来匹配特定的指标。然后，使用 window 参数指定事件的时间窗口，将事件向量传递到 smap 流，同时将指定的 fold 函数（例如 folds 或 median）应用到事件中。

接着，where 流将结果事件指标与 warning 阈值进行匹配。如果匹配，则将其传递给 set_state 函数，该函数根据突破阈值（warning 和 critical）的情况来设置:state。

最后经由 fn 定义了一个函数，用于接收最终事件，并使用 call-rescue 函数将其传递给所有已定义的子流，例如传递至 Graphite 或触发某个通知。这样一来，可以知道 Riemann 事件通过流传播，并且流可以有一个或多个子流，如代码清单 6-17 所示。

代码清单 6-17　子流示例

```
(where (service "cpu/percent-used")
  #(info %))
```

这里的#(info %)是 where 流的子流。本例中，如果函数定义了任何子流，那么就将所有匹配到的事件传递给它们。call-rescue 用一个事件依次调用所有子流，它可以挽救任何错误并记录失败日志。

看一下接下来的示例，如代码清单 6-18 所示。

代码清单 6-18　使用 check_threshold 函数

```
(by :host
  (check_threshold "cpu/percent-user" 10 folds/median 80.0 90.0
    (email "james@example.com"))
  (check_threshold "memory/percent-used" 10 folds/median 80.0 90.0
    (email "james@example.com")))

...
```

这里再次使用 by 流按:host 字段拆分事件，然后指定了 check_threshold 函数并传入参数，包括 cpu/percent-user 服务、10 秒时间窗口、folds/median 函数、警告阈值 80.0（80%），以及致命阈值 90.0（90%）。同时，指定了一个子流（email "james@example.com"）。如果事件突破阈值，便向 james@example.com 发送一封电子邮件。这是为 memory/percent-used 指标

创建的第二个阈值检测，另外，可以针对其他所有预期监控指标添加更多的检测。

2. 百分位数检测

我们也为百分位数检测创建了类似的抽象。将以下代码添加到/etc/riemann/examplecom/etc/checks.clj 文件中，如代码清单 6-19 所示。

代码清单 6-19 在 10 秒时间窗口内的百分位 CPU 监控

```
(defn check_percentiles [srv window & children]
  (where (service srv)
    (percentiles window [0.5 0.95 0.99 1]
      (fn [event]
        (call-rescue event children)))))
```

我们定义了一个新的自定义函数 check_percentiles，它有 3 个参数。

❑ srv 参数传入预期监控的服务名。
❑ window 参数指定采集事件的时间窗口。
❑ children 参数处理所有可能希望传递事件的子流。

使用 where 流和 srv 参数来匹配我们想要的事件，并将它们传递给 percentiles 函数，window 参数提供用于采集事件的时间窗口。然后,将这些事件的向量传递给 percentiles 函数，默认生成第 50 百分位数、第 95 百分位数、第 99 百分位数以及最大值。这将为我们想计算的每一个百分位数生成一个新事件。接着，再次调用 call-rescue 函数来将事件传递给所有子流。

下面看一下如何使用新的 check_percentiles 函数，如代码清单 6-20 所示。

代码清单 6-20 使用 check_percentiles 函数

```
(by :host
  (check_percentiles "cpu/percent-user" 10
    (smap rewrite-service graph)

    (where (and (service "cpu/percent-user 0.99") (> metric 80.0))
      (email "james@example.com"))))
```

我们再次按:host 拆分流，然后调用 check_percentiles 函数，选择 cpu/percent-user 服务,时间窗口是 10 秒。接着在这个函数中传递两个子流:第一个子流是(smap rewrite-service graph)，用于将新事件发送到 Graphite；第二个子流是 where 流，它筛选所有新创建的第 99 百分位事件，这些事件的指标值大于 80.0。一旦匹配到任何事件，便会发送电子邮件通知。

提示:可以让这些检测动态地从服务发现工具中（如 Zookeeper）拉取阈值或时间窗口，从而更智能地进行这些检测。这避免了将这些值硬编码到代码中，并可以按不同主机或服务进行选择，例如将所有数据库主机的阈值设为 80%，而将应用服务器设为 90%。2015 年，我写过名为"Connecting Riemann and Zookeeper"的博文，其中谈到了如何用 Zookeeper 实现这个功能。

6.4.4 对检测进行组织

现在看一下如何组织一系列检测，比如对 CPU、内存和磁盘的监控检测。我们将把多个 check_percentiles 函数捆绑到一个 tagged 流中，如代码清单 6-21 所示。

代码清单 6-21　一组监控检测

```
(tagged "collectd"
  (by :host
    (check_percentiles "cpu/percent-user" 10
      (smap rewrite-service graph))
    (check_percentiles "memory/percent-used" 10
      (smap rewrite-service graph))
    (check_percentiles #"^df-(.*)/percent_bytes-used" 10
      (smap rewrite-service graph)))))
```

首先指定一个 tagged 流，它只选择带有 collectd 标签的事件，这个标签由 write_riemann 插件配置的 Tag 指令添加。然后，使用 by 流按:host 字段拆分事件。每个 check_percentiles 函数将匹配一个不同指标的:service 字段。

❏ cpu/percent-user
❏ memory/percent-used
❏ #"^df-(.*)/percent_bytes-used

每次检测将采集 10 秒时间窗口内的事件，并从中计算百分位数和最大值。这些计算出的新事件将传递给所有被定义的子流。

本例中，每个检测只定义了一个子流(smap rewrite-service graph)，来将事件发送到 Graphite。这些函数将从事件中生成 4 个指标，例如，对于 graphitea 主机上的 memory/percent-used 事件，其指标如下所示。

❏ productiona.hosts.graphitea.memory.used.5
❏ productiona.hosts.graphitea.memory.used.95
❏ productiona.hosts.graphitea.memory.used.99
❏ productiona.hosts.graphitea.memory.used.1

再加上原始百分比。

❏ productiona.hosts.graphitea.memory.used

我们也可以使用这些指标中的任何一个作为阈值，或者在 Grafana 中将它们可视化。

6.5　使用 Grafana 绘制 collectd 指标

collectd 事件和检测的输出结果正在流向 Graphite，现在可以使用它们在 Grafana 中构建一个新的看板。首先，创建一些 CPU 和内存图表，然后，探究一些其他可以使用的指标。通过创建这些示例图表，可以增进对指标和 Grafana 的了解。可以根据自身需求来创建环境所需的示例图表。

6.5.1　创建主机看板

首先，创建一个新的 Grafana 看板并登录。比如在 graphitea 主机上打开 http://graphitea.example.com:3000。

现在可以使用用户名和密码（默认为 admin/admin）登录 Grafana。

接下来，单击 Home 按钮打开看板列表，如图 6-1 所示。

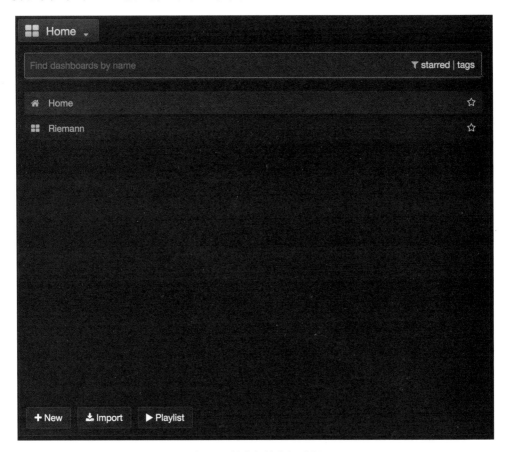

图 6-1　创建新的主机看板

单击+New 按钮创建新看板。新看板打开后，单击齿轮按钮并选择 Settings 来为看板命名，如图 6-2 所示。

图 6-2　命名新的主机看板

通过更新 Title 框为新看板命名，这里使用的名称是 Hosts。然后关闭 Settings 框并单击 Save 按钮保存看板。

6.5.2　创建第一个主机图表

下面单击图标栏，选择 Add Panel 和 Graph，创建第一个图表，如图 6-3 所示。

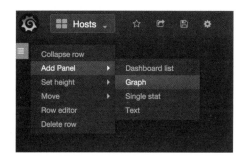

图 6-3　创建第一个主机图表

单击 Panel Title 链接打开编辑框，然后单击 Edit 开始构建图表。

单击 General 选项卡，在 Title 框中为图表添加标题。这里命名为 CPU Usage，如图 6-4 所示。

图 6-4　把图表命名为 CPU Usage

接下来要创建的第一个图表监控所有主机上的 CPU，并将其用图表的形式显示出来。与选择单个特定指标来构建此图表不同，这里构建的算法使用多个指标来显示所有主机的 CPU 使用情况。我们将把 user 和 system 的 CPU 使用指标相加，然后针对每台主机显示其指标相加后的结果。这样就有了每台主机的综合使用值。

方便起见，选择 Metrics 选项卡，单击下拉图标，选择 Switch editor mode 来定义图表，然后在输入框中添加以下内容，如代码清单 6-22 所示。

代码清单 6-22　定义 CPU 使用情况的图表

```
groupByNode(productiona.hosts.*.cpu.{user,system},2,'sumSeries')
```

第 4 章在谈到 Grafana 时，使用单个指标定义了一个图表。这个示例展示了如何使用函数生成图表，这是 Grafana 的高级用法。函数用于对指标进行转换、组合和执行计算，Graphite 函数的大致定义如代码清单 6-23 所示。

代码清单 6-23　Graphite 函数

```
function(series_list_of_metrics,parameter_foo,parameter_bar)
```

本例使用一个名为 groupByNode（依据节点分组）的函数，其参数是 Graphite 中的 series list（系列列表）。series list 本质上是指标或一系列指标的名称，我们不只是选择单个指标，而是选择一系列指标，如代码清单 6-24 所示。

代码清单 6-24　Graphite 中的 series list

```
productiona.hosts.*.cpu.{user,system}
```

我们有两种方式选择指标。

❑ 通过通配符*。
❑ 通过一组花括号{}中的路径名。

通配符匹配指标名称中的主机部分，选择记录此指标的所有主机。花括号将 user 和 system 包含起来，选择所有具有这两个名称的指标。

将指标的 series list 作为回调传递给函数，函数有两个参数。

❑ 用来分组的元素标识符，这里是 2。
❑ 要在 series list 上执行的操作，这里是 sumSeries。

第一个参数 2 是指标用来进行节点分组的公共元素，也是指标名称中从 0 开始计数的索引值。在我们的指标中，参数 2 与主机名 productiona.hosts.*中的通配符*相匹配，如代码清单 6-25 所示。

代码清单 6-25　从 0 开始索引的指标名称

```
productiona . hosts . *
       0         1      2
```

这意味着 groupByNode 函数要根据指标中的主机名进行分组，回调函数将变为代码清单 6-26 中的情况。

代码清单 6-26　groupByNode 回调

```
sumSeries(productiona.hosts.riemanna.cpu.{user,system})
sumSeries(productiona.hosts.graphitea.cpu.{user,system})
sumSeries(productiona.hosts.tornado-web1.cpu.{user,system})
```

第二个参数 sumSeries 指 sumSeries 函数，它对指标求和并返回结果。这里得到的结果如代码清单 6-27 所示。

代码清单 6-27　sumSeries 函数输出

```
productiona.hosts.riemanna.cpu.user+system
productiona.hosts.graphitea.cpu.user+system
...
```

sumSeries 函数把 productiona.hosts.riemanna.cpu.user 和 productiona.hosts.riemanna.cpu.system 的值相加，得到一个单独的指标，然后按主机分组，显示 user 指标和 system 指标组合起来的 CPU 使用情况。

创建了函数和 series list 后，单击输入框之外的区域，Grafana 就会应用指定的定义，然后我们就可以看到关于 CPU 使用情况的图表了，如图 6-5 所示。

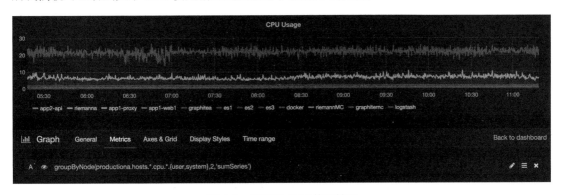

图 6-5　最终的 CPU 使用情况

先单击 Back to dashboard，然后单击 Save dashboard 图标，就可以把图表保存到看板上。

然后，可以使用时间序列解析度控件来指定感兴趣的时间段，并用 Auto-Refresh 控件来配置图形数据自动刷新的频率，如图 6-6 所示。

> Zoom Out   ⏱ 6 hours ago to a few seconds ago refreshed every 1m ▼

图 6-6   时间序列解析度控件

6.5.3   创建内存图表

现在使用 productiona.hosts.*.memory.used 指标，通过同样的方法，创建另一个图表，从而显示内存使用量。因为它是一个用百分比表示的完整指标，所以无须对任何数据求和。但是，可以通过 aliasByNode 函数，将 Grafana 设为使用指标路径上的一个元素而不是整个指标路径来命名所有将要绘制的指标。本例使用被监控主机的主机名为每个指标命名。

单击图标栏，选择 Add Panel 和 Graph，创建内存图表。再次单击 Panel Title 链接，弹出编辑框，然后单击 Edit 开始构建图表。单击 General 选项卡并在 Title 框中为图表添加标题，这里将图表命名为 Memory Usage。

接着选择 Metrics 选项卡，单击下拉图标，选择 Switch editor mode 来指定图表的定义，在输入框中添加代码清单 6-28 中的内容。

代码清单 6-28   内存使用情况图表的定义

```
aliasByNode(productiona.hosts.*.memory.used,2)
```

这里使用了 productiona.hosts.*.memory.used 指标。注意 productiona.hosts.元素后面的通配符，这表示选择发送此指标的所有主机，然后将指标封装在 aliasByNode 函数中。这里的指定参数，即 2，是所有指标的名称，在指标名称中，从 0 开始数起，2 代表第 3 个字段，也就是主机名的通配符。因此，如果接收名为 productiona.hosts.riemanna.memory.used 的指标，这个图表会把此指标称为 riemanna。

单击 Back to dashboard 保存指标输入框中的内容，然后单击 Save dashboard 保存新的内存图表，如图 6-7 所示。

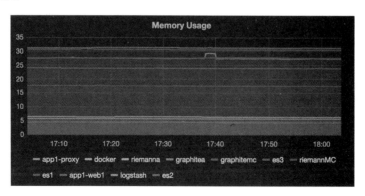

图 6-7   内存使用情况图表

6.5.4 单个主机图表

我们还将为单台主机创建一个以主机为中心的图表，例如，使用前面创建的 CPU 百分位数指标，为 graphitea 主机构建一个 CPU 使用率图表。首先创建一个新的图表，并将其命名为 graphitea-CPU，如图 6-8 所示。

图 6-8　graphitea-CPU 图表

然后，在 Metrics 选项卡中配置一个指标名称。我们将在指标路径中使用通配符*为单台主机选择多个指标，并且再次使用 aliasByNode 函数来更新指标的图例。不过，我们没有选择单一路径条目作为别名，而是选择了两个元素：主机名 graphitea 和每个指标的特定百分位数值。这里是 aliasByNode(productiona.hosts.graphitea.cpu.percent-user.*,2,5)，如图 6-9 所示。

图 6-9　单台主机 Metrics 选项卡

这将把指标图例转换为 graphitea.5、graphitea.95、graphitea.99，等等。

保存最终的图表，可以看到 CPU 性能以中位数、第 95 百分位数、第 99 百分位数以及最大值来表示，如图 6-10 所示。

图 6-10　单台主机 CPU 图表

6.5.5　其他图表

除了上述指标，还可以选择其他指标来创建图表。表 6-1 列出了一些指标及其公式。

表 6-1　指标公式集

指　标	公　式
Disk used on the / (root) partition	aliasByNode(productiona.hosts.*.df.root.percent_bytes.used,2)
Load average	aliasByNode(productiona.hosts.*.load.shortterm,2)
Zombie processes	aliasByNode(productiona.hosts.*.processes.zombies,2)

这些指标公式集将生成一个看板，该看板显示环境中基于主机的指标（例如 CPU、内存和磁盘）在高级模式下的当前状态，如图 6-11 所示。

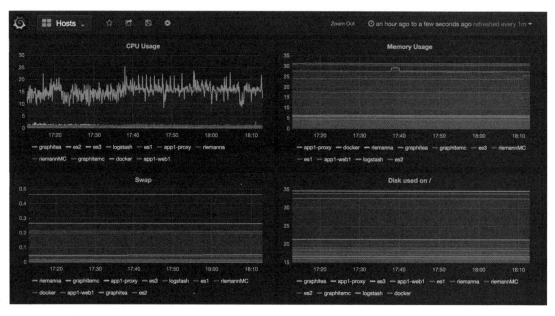

图 6-11　主机看板

6.6　网络、设备和 Microsoft Windows 监控

本书没有详细探讨对网络设备、数据中心设备或 Microsoft Windows 的监控，但是，本书中的所有解决方案并非与这些方面的监控互斥，也就是说，许多解决方案也能够支持这些监控。

可以使用 collectd 远程监控网络设备，比如使用 ping、curl 或 SNMP 等插件来监控无法运行 collectd 代理的设备。

许多设备支持通过 API 进行采集，例如监控 NetApp 设备的 NetApp 插件。第 7 章和第 9 章会介绍更多从端点或通过 API 抓取数据的示例。

此外，第 8 章将讨论日志，其中大多数类型的设备会生成和输出 Syslog 风格的日志。可以将它们配置为输出到日志环境，从而补充现有的监控。

最后，对于 Microsoft Windows，有几个代理可以实现与 collectd 兼容，比如 CollectM 和 SSC Serv。

6.7　collectd 的替代工具

collectd 有很多商业和开源的替代工具，本节列出了一小部分有趣的工具（当然，其他选择亦可），如果不喜欢使用 collectd，可以考虑使用这些工具。

6.7.1　商业工具

- New Relic：商业的应用程序性能管理工具，还包括对主机、服务和可用性监控的一些支持。
- Circonus：商业的 SaaS 监控解决方案。
- DataDog：用于监控和指标数据的 SaaS 控制台和采集中心。
- Librato：SaaS 控制台和采集中心，主要关注指标数据。

注意：其中一些 SaaS 工具不仅用于采集，还可以提供应用程序监控、应用程序性能管理和通知。

6.7.2　开源工具

- Square 的 Cube 和 Cubism：Cube 可以采集时间序列事件，Cubism 是基于 D3 的工具，可以将采集到的指标可视化。
- Ganglia：专注于集群和网格的监控工具。
- Munin：非常受欢迎的指标和监控工具，基于 RRDTool。
- StatsD：网络守护进程工具，监听通过网络发送的统计信息，并将聚合后的信息发送到一个或多个可插拔的后端服务，包括 Graphite。第 9 章会涉及更多关于 StatsD 的内容。
- Diamond：开源指标采集器，最初由 Brightcove 编写，现由更广泛的社区群体维护。
- Fullerite：Yelp 工程团队编写的指标采集器，它是用 Go 编写的开源软件工具，为大规模指标采集而设计。
- PCP 和 Vector：这个组合提供了高解析度指标，适用于诊断主机性能。Netflix 也使用这个组合。
- sumd：轻量级 Python 采集器，可以在本地运行进程，例如 Nagios 插件，并将结果发送到 Riemann。

提示：这些工具和第 3 章以及第 4 章提到的采集工具和图形工具有一些重叠。

6.8　小结

通过 Riemann 的配置，可以看到如何使用数据来监控主机及其组件，以及如何针对特定的事件或阈值发出通知。同时，可以了解如何在 Grafana 中创建以主机为中心的看板以及相关图表。

下一章将讨论另一种类型的主机：容器。

## 第 7 章

容器——另一种类型的主机

随着容器虚拟化的兴起，了解如何监控容器上的指标很重要。容器是一种操作系统层面的虚拟化形式，Docker 是最典型的代表。它们使用名字空间和 cgroups 等内核特性来创建小型和轻量级的计算实例，而不是像传统虚拟机那样运行一个完整的 Hypervisor[①]。

> **注意**：本章将重点介绍监控 Docker 容器。当然还有其他一些新兴的容器平台，但这些尚未得到普及。

监控轻量级并且快速变化的容器并非易事，本章将对监控过程中的难点进行说明，并讨论如何利用 Docker 的 API 监控指标。我们将以第 5 章为基础，使用 collectd 插件从 API 中查询统计信息，并返回 Docker 守护进程上运行的每个容器的系统指标，如 CPU 和内存。第 8 章将研究如何将 Docker 容器的日志集中输出到监控环境中。

> **注意**：必须预先在主机上安装并运行 Docker。对于如何安装和管理 Docker，此处不作说明，若有兴趣，可以浏览 *The Docker Book*，了解具体的知识。

7.1 容器监控面临的挑战

之前已经讨论了以主机为中心的监控如何随着基础设施的快速变化而发生改变，比如云计算和虚拟化主机的使用。这通常意味着主机的生命周期比过去短得多，同时，容器的设计具有轻量化和短生命周期的特点，这进一步加剧了问题的复杂性。此外，由于容器非常轻量化，因此常要确保系统资源集中地执行其目标用途，而不是被监控开销所消耗。图 7-1 阐明了计算架构发生的演变。

---

① Hypervisor 是一种运行在物理机和操作系统之间的中间软件层，可允许多个操作系统和应用程序共享硬件。

——译者注

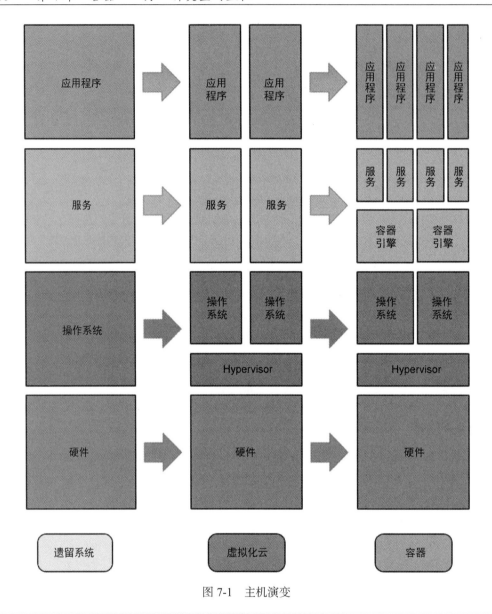

图 7-1   主机演变

最左边的一列是遗留系统，通常在一系列单独的物理主机上运行。这种主机运作周期很长，因此易于监控，即监控一段时间内跟踪到的一组指标。这是大约 15 ~ 20 年前的典型主机架构。

中间一列展示了由虚拟化（主要是 VMWare 推动的）和云（主要是 Amazon Web Services）引入的主机架构变迁。这里有多个虚拟化或云实例在同一台硬件主机顶端运行。相应地，随着主机数量和所创建的指标数量的增加，运维和监控的复杂度也随之增加。此外，这些实例的生命周期往往比单台物理主机的生命周期短。此模型大约 10 年前开始出现。

最右边的一列表示以容器为中心的主机架构。这里有一台运行虚拟环境的硬件主机（或云实例），在其之上运行一个容器服务。这种架构中的运维复杂度很高，应用程序架构可能需要了解多个容器、实例和主机之间的关联。此外，容器的生命周期可能以秒或分钟为单位。这样一来，用于单台主机或实例的传统监控技术不再适用。

从监控的角度来看，这个新的主机模型有 3 个主要问题。

❑ 汇合[①]与动态
❑ 性能
❑ 指标数量

首先来看一下汇合与动态。较短的生命周期意味着在监控配置中会出现很多问题，主机出现和消失的时间间隔很短。有时，主机从出现到消失的整个过程非常快，甚至不被监控环境感知。许多监控环境在主机或服务安装完成之后才进行配置，可以通过手动配置，也可以通过配置管理工具（如 Puppet 或 Chef）进行配置。无论哪种情况，在对主机进行状态检查和采集性能数据方面，从主机或服务启动到监控生效之间都存在一定的延迟。对于容器，这种延迟可能意味着主机或服务的生命周期比汇合监控配置所需时间还要短。

下面将采用推式架构作为主要策略来解决汇合中的难题。这种架构可以进行预配置，一旦主机或服务出现，就可以立即发出事件和指标，不用等待它们被发现或配置后再进行监控。如果容器发生了问题，或者其中的服务、应用程序出现了故障，我们就可以得到一条记录，并且可以进行通知。这里将使用第 5 章中创建的 collectd 基础设施和日志来采集相关数据。（更多关于日志设置的信息参见第 8 章。）

提示：监控系统至少应该与基础设施一样动态，这是一条黄金法则。

其次，出于性能原因，最好确保所有在主机上进行的监控都尽可能降低影响，这通常意味着避免使用在容器中安装代理或运行其他进程等方法。接下来重点讨论尽可能经济的方法，比如重点关注从 docker 守护进程和 API 层（而不是直接从容器中）提取监控信息。

最后一个问题有关基于容器的模型生成的指标数量。指标数量的典型计算方法是：

$$物理机 \times 虚拟机 \times 服务 \times 应用程序 = 指标$$

[①] 这里的汇合问题是指监控启动的过程需要一定时间，且容器生命周期较短，两者不一定能汇合。——译者注

相比之下，容器的指标数量计算方法如下：

物理机 × 虚拟机 × 容器 × 服务 × 应用程序 = 指标

可以看到，添加容器层向生成的指标数量增加了一个重要的乘数。对于传入的指标数量，我们能且只能尽量优化 Graphite 环境配置。但是，我们可以考虑指标的保留和存储策略，特别是由短期容器生成的指标。本章后面部分将讨论为 Docker 指标设置不同的留存模式，并清理最近未更新的指标。

7.2　监控 Docker 容器

我们将使用现有的 collectd 基础设施来监控 Docker 和 Docker 容器。collectd 中目前没有针对 Docker 的默认插件，但是可以利用 collectd 的插件框架并引入一个开源插件来进行监控。

首先看一下 Docker 的监控能力，了解有哪些可用的功能，以及这个插件如何获取数据。就 Docker 而言，在主机上运行的一个守护进程负责创建和管理所有容器。用户通过名为 docker 的命令行工具或 API 与该守护进程交互，该 API 允许用户管理和查询来自 docker 守护进程的数据。下面看一下使用 docker 二进制文件和 API，可以从 Docker 容器中获得哪些数据。

docker 二进制文件可以显示正在运行的容器的性能统计信息，它有一个名为 stats 的子命令，该命令接受一个或多个容器的名称或 ID，返回一个关于容器资源信息的实时流，如代码清单 7-1 所示。

代码清单 7-1　docker 的 stats 命令

```
$ docker stats web_1 db_1
CONTAINER CPU % MEM USAGE / LIMIT  MEM % NET I/O
  BLOCK I/O
web_1     0.00% 26.6 MB / 1.042 GB  2.55% 3.48 kB / 1.084 kB 12.75 MB / 0 B
db_1      0.13% 13.46 MB / 1.042 GB  1.29% 1.732 kB / 2.922 kB 6.828 MB / 0 B
```

这里返回了 web_1 容器和 db_1 容器的统计信息，可以看到 CPU 和内存的使用情况，以及一些网络和阻塞 I/O 的使用数据。

还有一个叫作 stats 的 Docker API 端点（endpoint），它可以返回有关容器的更详细的数据。现在使用 curl 二进制文件来查询 Docker API，从而获得一些容器统计信息，如代码清单 7-2 所示。

代码清单 7-2　查询 Docker 的 stats API 端点

```
$ curl http://127.0.0.1:2375/containers/bb82f35bab39/stats?stream=false | python -mjson.tool
{
    "blkio_stats": {
        "io_merged_recursive": [],
        "io_queue_recursive": [],
        "io_service_bytes_recursive": [
            {
```

```
                    "major": 253,
                    "minor": 0,
                    "op": "Read",
                    "value": 28672
            },
            {
                    "major": 253,
                    "minor": 0,
                    "op": "Write",
                    "value": 0
            },
  ...
```

在这里，Docker API 返回了一组更完整的指标。我们通过 `curl` 调用了一个特定容器的 stats 端点，这里通过其容器 ID（bb82f35bab39）进行标识。下面将通过 Docker collectd 插件提取这些指标并将其发送到 Riemann。

7.2.1　Docker collectd 插件

现在使用专门用于采集 Docker 容器指标的 collectd 插件，把它安装在初始名为 docker1.example.com 的 Docker 主机上，按照第 5 章中的说明在该主机上安装和配置 collectd。

插件使用 Docker 的 stats API 来采集在 Docker 守护进程上运行的容器的统计信息。

每个容器将获得以下统计信息。

❑ 网络带宽
❑ 内存使用情况
❑ CPU 使用情况
❑ 阻塞 I/O

Docker collectd 插件是第三方插件，没有随 collectd 核心产品一起发布。collectd 的第三方插件可以用各种语言编写：既可以用 C 语言编写并由 collectd 直接运行，也可以用其他语言编写并使用辅助插件执行。

Exec 就是这样一个辅助插件，它执行脚本并将生成的所有内容返回给 STDOUT 和 collectd。另一个是 Python 插件，专用于执行基于 Python 的脚本，并将它们的输出返回给 collectd。在 Ubuntu 和 Red Hat 发行版上，安装 collectd 时会默认安装 Exec 插件和 Python 插件。

Exec 插件每次运行时都会启动一个新进程，这将消耗一定的资源，而且消耗量不容乐观。相比 Exec 插件，Python 插件较为优雅，它提供了一个解释器，由 collectd 守护进程运行，不会产生重复的外部进程。但相应地，Python 插件的开发难度比 Exec 插件更高。

提示：还有 Perl 插件和 Java 插件，它们分别为用 Perl 和 Java 编写的插件提供了类似的支持。

7.2.2   安装 Docker collectd 插件

在本例中，新的 Docker collectd 插件是用 Python 编写的。我们将展示如何进行手动安装，但是使用配置管理工具可以更好地管理整个过程。

下面在/usr/lib/collectd/目录下存储新插件和一些现有的 collectd 插件。

提示：在 Ubuntu、Debian 和大多数 Red Hat 系列版本中，如果已经安装了 collectd，那么就可以找到这个目录。

将包含插件最新版本的 Zip 压缩文件下载到此目录下，如代码清单 7-3 所示。

代码清单 7-3   下载 Docker collectd 插件

```
$ cd /usr/lib/collectd/
$ sudo wget https://github.com/turnbullpress/docker-collectd-plugin/archive/master.zip
```

然后解压它，如代码清单 7-4 所示。

提示：可能需要在主机上使用 unzip 命令，unzip 命令可以通过 unzip 包来安装。

代码清单 7-4   解压 master.zip 压缩文件

```
$ sudo unzip master.zip
Archive: master.zip
4f9dd778f30ba82cdcf27653d219dfde4232c925
   creating: docker-collectd-plugin-master/
 extracting: docker-collectd-plugin-master/.gitignore
   inflating: docker-collectd-plugin-master/LICENSE
...
```

现在重命名目录并清理 Zip 压缩文件，如代码清单 7-5 所示。

代码清单 7-5   重命名 Docker collectd 插件目录

```
$ sudo mv docker-collectd-plugin-master docker
$ sudo rm master.zip
```

这样 Docker collectd 插件将安装在/usr/lib/collectd/docker 目录下。

这个插件有一些 Python 依赖库，同样需要进行安装，可以通过 Python 的 pip 命令执行此操作，如代码清单 7-6 所示。如果主机上没有该命令，可以通过 Ubuntu 自带的 python-pip 包来安装。在 Red Hat 上安装 python-pip 包之前，需要启用 EPEL 库。

代码清单 7-6 通过 pip 安装 docker-collectd 依赖库

```
$ cd /usr/lib/collectd/docker
$ sudo pip install -r requirements.txt
```

这将安装一些额外的 Python 库，包括 Docker Python API 库，该库被插件用来连接 Docker API。

7.2.3 配置 Docker collectd 插件

已经安装的插件需要进行配置，接下来添加一个文件来保存配置，如代码清单 7-7 所示。

代码清单 7-7 创建 /etc/collectd.d/docker.conf 文件

```
$ sudo touch /etc/collectd.d/docker.conf
```

向文件中填充配置，如代码清单 7-8 所示。

代码清单 7-8 配置 Docker collectd 插件

```
TypesDB "/usr/lib/collectd/docker/dockerplugin.db"
LoadPlugin python

<Plugin python>
  ModulePath "/usr/lib/collectd/docker"
  Import "dockerplugin"

  <Module dockerplugin>
    BaseURL "unix://var/run/docker.sock"
    Timeout 3
  </Module>
</Plugin>

<Plugin "processes">
    Process "docker"
</Plugin>
```

这个 collectd 配置比之前看到的略微复杂。

第一个选项 TypesDB 扩展了 collectd 的基础指标列表。collectd 守护进程有一个类型数据库，通常位于 /usr/share/collectd/types.db，它通过名称和类型定义了 collectd 可以生成的所有指标。TypesDB 可以指定一个包含新指标的文件，这些新指标将添加到核心指标列表中。

collectd 中有一个设置需要注意，当在新的类型数据库中添加自定义指标时，需要显式地指定默认类型数据库。因此，运行 Docker 的主机需要在 /etc/collectd/collectd.conf 中添加相关内容，如代码清单 7-9 所示。

代码清单 7-9 添加 TypesDB 默认配置

```
TypesDB "/usr/share/collectd/types.db"
```

第二个选项 LoadPlugin 加载 Python 插件，该插件用于执行 Docker collectd 插件。

然后，使用<Plugin>块来为 collectd 指定 Docker collectd 插件的位置以及如何进行加载。我们指定插件的路径，并使用 Import 命令导入特定的插件文件 dockerplugin。这是一个 Python 文件名（省略了.py 扩展名），它包含了获取 Docker 容器指标的 Python 代码。

接着，在<Plugin>块内部指定一个<Module>块来配置 Docker collectd 插件。通过 BaseURL 选项来指定 docker 守护进程的套接字（socket）路径，默认情况下通常位于/var/run/docker.sock。我们指定 Timeout 选项来控制对 docker 守护进程的请求超时时间。

另外，processes 插件也添加了一些配置，从而启用对 docker 守护进程的监控，如代码清单 7-10 所示。

代码清单 7-10   监控 docker 守护进程

```
<Plugin "processes">
    Process "docker"
</Plugin>
```

这些配置以第 5 章的配置为基础，在 docker 守护进程停止运行时能够确保我们收到通知。

重新启动 collectd 来启用插件和进程监控，如代码清单 7-11 所示。

代码清单 7-11   重启 collectd 来启用 Docker 插件

```
$ sudo service collectd restart
```

可以在/var/log/collectd.log 文件中找到一些日志条目，它们反映了 Docker collectd 插件正在启动，如代码清单 7-12 所示。

代码清单 7-12   Docker collectd 插件日志输出

```
...
[2015-08-25 06:43:22] Collecting stats about Docker containers
  from unix://var/run/docker.sock (API version 1.20; timeout: 3s)
  .
[2015-08-25 06:43:22] Initialization complete, entering  read-loop
  .
...
```

现在可以通过插件从 Docker stats API 中采集事件，并将事件传递到 Riemann 进行处理。

7.3   使用 Riemann 处理 Docker collectd 的统计信息

Docker collectd 事件与其他 collectd 事件稍有不同，它们由主机上 docker 守护进程所运行的容器生成。下面创建一个新的 Docker 容器，并开始监控它，观察它如何工作。当然，前提是已经安装了 Docker。

启动一个新容器来运行 Redis 数据库。现在来启动容器，如代码清单 7-13 所示。

代码清单 7-13 启动 Redis 容器

```
$ docker run --name redis -d redis
Unable to find image 'redis:latest' locally
latest: Pulling from library/redis
...
Status: Downloaded newer image for redis:latest
341163d2a74f3c3c8c7719bc5e226554d684f1d82f181a6689d99dc257167960
```

可以看到，这里使用 -d 参数在守护态模式下启动了一个新容器。该容器的名称为 redis，使用 redis 镜像（启动时会自动下载此镜像）。然后使用此镜像运行一个容器，容器 ID 为：

341163d2a74f3c3c8c7719bc5e226554d684f1d82f181a6689d99dc257167960

下面是更多有关该容器的信息，如代码清单 7-14 所示。

代码清单 7-14 运行 docker ps

```
$ docker ps
CONTAINER ID IMAGE COMMAND              CREATED     STATUS     PORTS     NAMES
341163d2a74f redis "/entrypoint.sh redis" 2 mins ago Up 2 mins 6379/tcp redis
```

容器运行 Docker collectd 插件，该插件通过 Docker Unix 套接字查询 containers/341163d2a74f/stats 处的 Docker API 端点。接下来看一下 Docker collectd 插件中的一个事件，并了解它的含义。

在 riemann.config 中，可以使用一个 where 过滤流捕获 Docker collectd 事件，如代码清单 7-15 所示。

代码清单 7-15 用于 Docker collectd 事件的 where 过滤流

```
(where (= (:plugin event) "docker")
  #(info %))
```

这里选择了所有 :plugin 字段值为 docker 的事件，并告诉 Riemann 将它们传递到日志文件。如果重新加载或重新启动 Riemann，日志文件中将开始出现类似代码清单 7-16 中的事件。

代码清单 7-16 Docker collectd 的 Riemann 事件

```
{:host docker1, :service docker-redis/cpu.percent, :state ok, :description nil,
 :metric 0.06, :tags [collectd], :time 1440563513, :ttl 60.0, :ds_index 0,
 :ds_name value, :ds_type gauge, :type cpu.percent, :plugin_instance redis,
 :plugin docker}
```

可以看到，事件的 :host 字段被设置为 docker1，也就是运行 docker 守护进程的主机名。:service 字段的值为 docker-redis/cpu.percent，这个字段的前半部分（/ 前面的内容）是 docker- 加上容器名（本例中为 redis），后半部分是要发送的指标名称，这里是 cpu.percent（CPU 百分比）。这是由 Docker collectd 插件构建的。

注意：第 3 章定义了 `default` 函数来提供默认值为 60 秒的 TTL，这里的事件也采用同样的设置。

如果想对事件执行某些操作，上面的命名方式并不适用。比如将事件发送到 Graphite，所有指标路径都将使用 `:host` 和 `:service` 的组合来进行构建，每个 Docker 容器只能作为 docker1 主机下的子指标，而不是单独作为一台主机来出现。另外，`:service` 字段中的前缀也会使指标的解析变得混乱。

此外，如果想发送某个特定 Docker 容器的通知，只要保证正确设置 `:host` 字段和 `:service` 字段，就可以轻松完成，所以不需要为 Docker 容器开发自定义逻辑。

为了解决这些问题，并使每个 Docker 容器成为指标中的"一等公民"，需要使用容器名称和正在采集的指标名称来更新 `:host` 字段以及 `:service` 字段。

另外，把所有 Docker 容器移到其指定的指标名字空间。第 4 章为指标路径添加了 `productiona.hosts` 字符串前缀，同理，这里将所有 Docker 容器的前缀更新为 `productiona.docker`。

值得高兴的是，这非常简单：在事件的另外两个字段中可以看到主机和服务的信息，在 `:plugin_instance` 字段中看到容器名称，在 `:type` 字段中看到指标名称。我们只需要将这些字段的值应用到 `:host` 字段和 `:service` 字段。

为此，首先需要排除这些事件，防止它们与其他 collectd 事件绘制在一起，这样就不会出现重复绘制的事件。为了排除这些事件，接下来更新之前为 collectd 事件创建的 `where` 流，如代码清单 7-17 所示。

代码清单 7-17　更新后的 collectd Graphite where 流

```
(tagged "collectd"
  (where (not (= (:plugin event) "docker"))
    (smap rewrite-service graph))

  (where (= (:plugin event) "docker")
    (smap #(assoc % :host (:plugin_instance %)
                   :service (cond-> (str (:type %)) (:type_instance %)
                     (str "." (:type_instance%))))
      (smap rewrite-service graph)))
```

这里同样抓取所有带 collectd 标签的事件。现在，在原来的 `tagged` 流中，使用两个额外的 `where` 流来进一步选择事件。

第一个 `where` 流选择所有非 Docker 插件发出的事件，并传递给 `smap` 函数。然后，使用 `rewrite-service` 函数重写它们的指标路径，接着传递给 `graph` 变量并在 Graphite 中绘制图表。

第二个 `where` 流只选择 Docker 插件的事件，将所有事件的 `:plugin` 字段值设置为 `docker`。该流中再次使用了 `smap` 流。注意，`smap` 流是流映射，它接收多个事件，应用一个函数，并将它们进行传递。下面看一下所发生状况的更多细节，如代码清单 7-18 所示。

代码清单 7-18　Docker collectd 插件、`smap` 流和 `graph` 变量

```
(where (= (:plugin event) "docker")
  (smap #(assoc % :host (:plugin_instance %)
                 :service (cond-> (str (:type %)) (:type_instance %)
                 (str "." (:type_instance %))))
    (smap rewrite-service graph)))
```

`smap` 接收事件并将它们传递给 `assoc` 函数，`assoc` 函数重新映射事件中的某些字段。首先用 `:plugin_instance` 字段的值替换 `:host` 字段的值。这将 `:host` 字段的值 docker 替换为 redis，也就是容器名。

接下来，通过组合 `:type` 字段和 `:type_instance` 字段（可选）来替换 `:service` 字段的值。因为 collectd 插件破坏了 `:type` 字段和 `:type_instance` 字段之间的指标类型，所以必须采用组合的方式。但是一些指标并没有定义 `:type_instance` 字段，因此，要构建 `:service` 字段，需要指定 `:type` 字段和 `:type_instance` 字段（如果存在的话），并用 . 分隔。为此，我们需要使用 `cond->` 函数和 `str` 函数，`cond->` 函数接受一个表达式和一组测试对，`str` 函数返回一个字符串。然后测试 `:type` 字段和 `:type_instance` 字段是否都存在。如果两个字段都存在，就将它们组合成一个字符串，并用 . 分隔，否则，只使用默认的 `:type` 字段。

对于只有 `:type` 字段的事件，新事件将以如代码清单 7-19 所示的形式呈现。

代码清单 7-19　更新后的 Docker collectd Riemann 事件（仅有 `:type` 字段）

```
{:host redis, :service cpu.percent, :state ok, :description nil, :metric 0.06, :tags [collectd],
 :time 1440563513, :ttl 60.0, :ds_index 0, :ds_name value, :ds_type gauge, :type cpu.percent,
 :plugin_instance redis, :plugin docker}
```

可以看到 `:host` 字段现在被设置为 redis，而 `:service` 字段现在被设置为 cpu.percent，这将为 Riemann 和 Graphite 提供一个更简单和更明确的指标。

对于同时存在 `:type` 字段和 `:type_instance` 字段的事件，其呈现形式如代码清单 7-20 所示。

代码清单 7-20　更新后的 Docker collectd Riemann 事件（包括 `:type_instance` 字段）

```
{:host redis, :service memory.stats.total_pgpgout, :state ok, :description nil, :metric 2133.0,
 :tags [collectd], :time 1440563513, :ttl 60.0, :ds_index 0, :ds_name value, :ds_type gauge,
 :type_instance total_pgpgout, :type memory.stats, :plugin_instance redis, :plugin docker}
```

`smap` 流最后将事件传递到 `(smap rewrite-service graph)`，事件因此得以发送到 Graphite 并进行处理。这将为 docker 守护进程上运行的每个 Docker 容器在 Graphite 中创建一台新主机，并填充该主机的指标数据。

考虑到这一点，还须再做一个更改：更新指标名称的前缀。第 4 章对 `graph` 变量进行了配置，使用环境和指标类型来为指标名称添加前缀，在当前的示例中是 `productiona.hosts`。

这是通过向 graph 变量的 :path 选项中添加一个函数来实现的，重新观察下面文件中的代码：

/etc/riemann/examplecom/etc/graphite.clj

特别是 add-environment-to-graphite 函数。graph 变量如代码清单 7-21 所示。

代码清单 7-21   第 4 章中的 graph 变量

```
(defn add-environment-to-graphite [event] (str "productiona.hosts.",
  (riemann.graphite/graphite-path-percentiles event)))

(def graph (async-queue! :graphite {:queue-size 1000} (graphite {:host "graphitea"
  :path add-environment-to-graphite })))
```

可以看到 add-environment-to-graphite 函数将 productiona.hosts. 作为所有指标名称的前缀。更新一下这段代码，为所有的 Docker 容器指标添加新的前缀 productiona.docker.。这将可以通过指标名称将所有的 Docker 容器分组，如代码清单 7-22 所示。

代码清单 7-22   更新后的 graph 变量

```
(defn add-environment-to-graphite [event]
  (if (= (:plugin event) "docker")
    (str "productiona.docker.", (riemann.graphite/graphite-pathpercentiles event))
    (str "productiona.hosts.", (riemann.graphite/graphite-pathpercentiles event))))

(def graph (async-queue! :graphite {:queue-size 1000}
            (graphite {:host "graphitea" :path add-environmentto-graphite})))
```

我们已经更新了 add-environment-to-graphite 函数，添加了一条 if 条件语句。我们使用 Clojure 的 if 条件语句来检查事件的 :plugin 字段是否为 docker。如果检查结果为 true，则返回第一个结果，如果是 false，则返回下一个结果。在 add-environment-to-graphite 函数中，如果满足条件，那么指标名称的前缀将被设置为 productiona.docker.。如果不满足条件，则将指标名称设置为 productiona.hosts.，也就是之前的默认值。

现在，指标有了恰当的主机名、服务名和路径（例如 productiona.docker.redis.cpu.percent），然后将被发往 Graphite。

向 Docker 事件添加元数据

重写 :host 字段和 :service 字段在许多情况下对 Docker 容器很有帮助，但是它不适用多容器服务，该服务是常见的 Docker 使用场景。常见的 Docker 容器部署模型是将许多容器作为集群服务的一部分运行，例如 Web 服务器集群或缓存服务器集群。

为了解决这个问题，接下来向 Docker 容器中添加元数据，然后在 Riemann 中使用该元数据。向 Docker 容器或镜像中添加元数据的首选方法是通过标签。可以使用 Dockerfile 中的 LABEL 指令将 Docker 标签添加到 docker 守护进程或 Docker 镜像中，如代码清单 7-23 所示。

代码清单 7-23 Dockerfile 标签

```
...
LABEL com.example.version="2.7.3"
...
```

也可以在运行时使用 docker run 命令的 --label 参数来添加标签，如代码清单 7-24 所示。

代码清单 7-24 在运行时添加标签

```
$ sudo docker run --name daemon_dave --label com.example.application="tornado" -d run
```

Docker 建议使用反向域标记的名字空间来指定标签 key 值，如下所示：

```
com.example.label
```

这降低了名称冲突的风险，Docker 团队还列举了一些其他的有关标签 key 值的最佳实践。

- key 值应该只由小写字母或数字字符、点和连字符组成，例如 a~z、0~9、. 和 -。
- key 值应该以字母或数字字符开始和结束。
- key 值不能包含连续的点或连字符。

下面重新创建 redis 容器来添加标签，如代码清单 7-25 所示。

代码清单 7-25 重新创建 redis 容器

```
$ sudo docker run --name redis --label com.example.application="tornado" -d redis
```

这里创建了一个新的 redis 容器，标签为：

```
com.example.application ="tornado"
```

使用 docker inspect 命令检查容器并查看标签，如代码清单 7-26 所示。

代码清单 7-26 检查 redis 容器

```
$ sudo docker inspect -f "{{json.Config.Labels}}" redis
{"com.example.application":"tornado"}
```

使用 -f 参数检查 redis 容器，只选择容器配置中的 "{{json.Config.Labels}}" 部分。可以看到它返回了单个标签：

```
"com.example.application":"tornado"
```

collectd 插件会检测是否存在任何标签，并将它们添加到插件采集到的所有事件中。遗憾的是，collectd 的事件格式不易扩展，因此它将标签作为现有内容的后缀添加到 :plugin_instance 字段，类似这样：

```
:plugin_instance "redis[com.example.application=tornado]"
```

注意：比缺乏扩展性更糟糕的是，collectd 的现有字段限制为 64 个字符，这意味着所有标签中超过 64 个字符的部分将被截断。

Docker collectd 插件通过创建一个由逗号分隔的键–值对组成的格式化字典来实现这一操作，如代码清单 7-27 所示。

代码清单 7-27   Docker collectd 插件格式

```
def _d(d):
    """格式化一个键－值对字典，以逗号分隔，每一项的格式是"键=值"。"""
    return ','.join(['='.join(p) for p in d.items()])
```

注意：我已经在 Docker collectd 插件的一个分支中添加了这个功能，参见拉取请求页面：https://github.com/lebauce/docker-collectd-plugin/pull/24。

然后，将这些事件发送到 Riemann。下面需要更新 Docker 事件处理方法来提取这些数据，为此，我们将在现有的/etc/riemann/examplecom/etc/collectd.clj 文件顶部创建新函数。

从两个函数入手，从 :plugin_instance 字段中提取所有标签，并将它们转换为一个 map。第一个函数将执行标签提取，我们将其命名为 docker-attribute-map，如代码清单 7-28 所示。

代码清单 7-28   plugin-map 函数

```
(ns examplecom.etc.collectd
  (:require [clojure.tools.logging :refer :all]
            [riemann.streams :refer :all]
            [clojure.string :as str]
            [clojure.walk :as walk]))


(defn docker-attribute-map
  "Parses labels from collectd plugin_instance"
  [attributes]
  (let [instance (str/split (str/replace attributes #"^.*\[(.*)\]$" "$1") #",")]
    (walk/keywordize-keys (into {} (for [pair instance]
    (apply hash-map (str/split pair #"=")))))))
```

现在 collectd.clj 文件中已有的 :require 语句引入了 clojure.string 库、riemann.streams 库和 clojure.tools.logging 库。现在为 clojure.walk 库添加了另一条 require 语句，这个库包含一个名为 keywordize-keys 的函数，它将 map 的 key 值从字符串转换为关键字。我们很快将使用这个函数转换 Docker 标签 key 值。

接下来定义了 docker-attribute-map 函数。它接受一个名为 attributes 的参数，即 :plugin_instance 字段。然后，我们使用 let 语句启动函数，该语句创建了一个名为 instance

的新变量。该函数使用正则表达式来提取字段中包含的标签，它提取[]之间的内容，以逗号进行分隔。

下一行中使用这个名为 instance 的新变量来完成多个操作：循环遍历 instance 变量，提取所有键–值对，根据=进行分割，并将它们插入到一个 map 中。然后，使用 clojure.walk 的 keywordize-keys 函数封装最终结果，该函数把 key 值转换为关键字。我们最终得到了一个 map，如代码清单 7-29 所示。

代码清单 7-29 标签 map

```
{:com.example.application "tornado"}
```

下面在 docker-attribute-map 函数下面添加第二个函数，如代码清单 7-30 所示。我们将这个函数称为 docker-attributes。此函数用来检查事件是否包含任何属性，以及是否发送了将要映射的属性。这是因为，并非每个 Docker 事件都会添加属性，但我们只想处理添加了属性的事件。

代码清单 7-30 docker-attributes 函数

```
(defn docker-attributes
  [{:keys [plugin_instance] :as event}]
  (if-let [attributes (re-find #"^.*\[(.*\)]$" plugin_instance)]
    (merge event (docker-attribute-map attributes))
    event))
```

docker-attributes 函数接受:plugin_instance 字段的参数。这个参数使用了一个新的 Clojure 概念：解构（destructuring）。解构可以从数据结构中提取值并将其绑定到符号，无须显式遍历整个结构，通常用于 vector、map 和函数参数，这里同样适用。

参数包含关键字:keys，这是提取值的快捷方式，:as 关键字可以将该值赋给符号，如代码清单 7-31 所示。

代码清单 7-31 解构 key 值

```
[{:keys [plugin_instance] :as event}]
```

这里的 docker-attributes 函数将事件作为参数，从该事件中提取:plugin_instance 字段的内容，并将其分配到一个符号 event。

提示：前文提到过一种解构方法，即在 Clojure 函数中使用&来指定可选参数。

然后，使用 let 表达式的一个变体，也就是 if-let，该表达式是条件绑定语句，如代码清单 7-32 所示。

代码清单 7-32　if-let 条件绑定语句

```
(if-let [attributes (re-find #"^.*\[.*\]$" plugin_instance)] ...)
```

if-let 表达式检查:plugin_instance 字段在容器名称之后是否包含属性值，如下所示：

```
redis[com.example.application=tornado]
```

如果检查结果为 true，则使用检查中绑定的值来执行第一个条件。如果检查结果为 false，则执行 else 条件。这里的条件如代码清单 7-33 所示。

代码清单 7-33　if-let 条件

```
(merge event (docker-attribute-map attributes))
event))
```

关于字段是否包含属性值的检查，如果其结果为 true，则使用第一个条件。我们将现有事件与 docker-attribute-map 函数所创建的属性值 map 合并。这将从:plugin_instance 字段中提取属性值，并将其创建为事件中的新字段：

```
{:plugin_instance redis[com.example.application=tornado]}
```

将成为：

```
{:com.example.application tornado}
```

第二个条件是 else 条件，如果检查结果是 false，此条件将原封不动地返回现有的 event。

接着，添加第三个函数来重复解析现有的事件，以及重写:host 字段和:service 字段。我们将此函数命名为 docker-parse-service-host，并将其添加到 collectd.clj 文件的 docker-attribute-map 函数和 docker-attributes 函数下面，如代码清单 7-34 所示。

代码清单 7-34　docker-parse-service-host 函数

```
(defn parse-docker-service-host
  [{:keys [type type_instance plugin_instance] :as event}]
  (let [host (re-find #"^\w+\.?\w+\.?\w+" (:plugin_instance event))
        service (cond-> (str (:type event)) (:type_instance event)
          (str "." (:type_instance event)))]
    (assoc event :service service :host host)))
```

我们再次使用解构来提取:type 字段、:type_instance 字段和:plugin_instance 字段的值，并将它们赋给一个名为 event 的符号，然后使用 let 绑定一些变量。我们使用本章前面开发的代码重写:host 字段和:service 字段，接着使用 assoc 函数用新内容来更新字段。

为了使用这些函数，下面在 riemann.config 中更新解析 Docker 事件的代码，如代码清单 7-35 所示。

代码清单 7-35 处理 Docker 事件

```
(where (= (:plugin event) "docker")
  (smap (comp parse-docker-service-host docker-attributes rewrite-service) graph))
```

这里仍然使用 where 流选择 Docker 事件，然后将事件传递到 smap 中。我们使用了一个新函数 comp，它是 composition（组合）的缩写。comp 函数依次返回列表中的这些函数。因此，smap 通过 parse-docker-service-host 函数、docker-attributes 函数和 rewrite-service 函数发送事件，所有事件处理完毕后，将其发送到 graph 变量中，然后发送到 Graphite。

来看一个带有标签的 Docker 事件，如代码清单 7-36 所示。

代码清单 7-36 重写的二代 Docker 事件

```
{:host redis, :service memory.stats.hierarchical_memory_limit, :state ok, :description nil,
 :metric 1.8446744073709552E19, :tags [collectd], :time 1458310314, :ttl 60.0,
 :com.example. application tornado, :ds_index 0, :ds_name value, :ds_type gauge,
 :type_instance hierarchical_memory_limit, :type memory. stats,
 :plugin_instance redis[com.example.application=tornado],
  :plugin docker}
```

这里重写了 :host 字段和 :service 字段，指标更易于解析，同时可以看到从标签中解析了一个新字段 :com.example.application tornado。

现在可以在检测中使用该字段（或来自其他标签的字段）。例如，可以通过带有指定标签的容器将检测进行分组，也可以使用该标签或其他标签在 Graphite 中将来自特定应用程序的指标进行捆绑，这些可以通过进一步更新指标名称的重写逻辑来实现。再来看一下 /etc/riemann/examplecom/etc/graphite.clj 文件中的 add-environment-to-graphite 函数。

下面将对其进行更改，使用 com.example.application 字段的内容来生成指标名称，如代码清单 7-37 所示。

代码清单 7-37 更新后的 Graphite 指标名称重写逻辑

```
(defn add-environment-to-graphite [event]
  (condp = (:plugin event)
    "docker"
      (if (:com.example.application event)
        (str "productiona.docker.", (:com.example.application event), ".",
          (riemann.graphite/graphite-path-percentiles event))
        (str "productiona.docker.", (riemann.graphite/graphite-
          path-percentiles event)))
    (str "productiona.hosts.", (riemann.graphite/graphite-path-
      percentiles event)))))
```

更新后的 condp 条件语句包含深层的 if 条件语句，检测是否存在 :com.example.application 字段。如果存在，则将 Graphite 指标名称调整为：

```
productiona.docker.tornado.container.metric.name
```

这里假设:com.example.application 字段的值为 tornado。

如果停止或终止容器,数据将停止发送,但所有现有的数据仍将保留在 Graphite 中,下面介绍如何清理一些指标。

7.4   为 Docker 指标指定不同的解析度

我们知道,对于 Docker 指标,其数量越多保留时间越短,这通过为 Docker 指标特别配置 carbon 留存模式来实现。注意,在第 4 章中,我们在/etc/carbon/storage-schemas.conf 文件中定义了一个 default 模式,如代码清单 7-38 所示。

代码清单 7-38   现有的 carbon 留存模式

```
[carbon]
pattern = ^carbon\.
retentions = 60:90d

[default]
pattern = .*
retentions = 1s:24h, 10s:7d, 1m:30d, 10m:1y, 1h:2y
```

Docker 被特别指定了一个额外的模式。在 storage-schemas.conf 文件中,carbon 留存模式按自顶向下的顺序执行,使用第一个与指标相匹配的模式。接下来添加这个新模式,如代码清单 7-39 所示。

代码清单 7-39   Docker 事件的新留存模式

```
[carbon]
pattern = ^carbon\.
retentions = 60:90d

[docker]
pattern = ^production.\.docker\.
retentions = 1s:24h, 10s:7d, 1m:30d

[default]
pattern = .*
retentions = 1s:24h, 10s:7d, 1m:30d, 10m:1y, 1h:2y
```

我们在文件中插入了一个名为[docker]的新模式,新模式的 pattern 正则表达式是 ^production.\.docker\.,该正则表达式将所有传入的 Docker 指标与潜在的生产环境进行匹配,例如 productiona、productionb 等。与[default]模式相比,这里的保留期更短。我们以较高的分辨率保存 Docker 指标:24 小时内按每秒计,7 天内按每 10 秒计,30 天内按每分钟计,如此种种。除此之外,我们不保留任何指标,这意味着 Docker 指标文件应该更小。现在用 J. Javier Maestro 的 Whisper 计算器来计算,如代码清单 7-40 所示。

代码清单 7-40　计算新的 Docker 指标文件的大小

```
$ python ./whisper-calculator.py 1s:24h,10s:7d,1m:30d
1s:24h,10s:7d,1m:30d >> 2281012 bytes
```

可以看到每个 Docker 指标 Whisper 文件占用 2 281 012 字节，相对[default]模式节省了
1 261 452 字节。

启用新模式需要重新启动 carbon-cache 守护进程，同时还要删除所有现有的 Docker 指标
Whisper 文件。模式中的更改不会自动传播到 Whisper 文件。如果不想删除文件，也可以使用
Whisper 尺寸调整工具。

7.5　清理旧的 Graphite Docker 指标

目前管理 Graphite 指标文件的新技术尚未有成果。由于 Graphite 将指标存储在文件中，因此
对于管理过期或不再更新的指标，最快和最简单的方法就是管理这些文件。可以使用 find 命令
来实现这一点，如代码清单 7-41 所示。

代码清单 7-41　用于清理 Graphite 指标的 find 命令

```
$ find /var/lib/graphite/whisper -type f -mtime +10 -name \*.wsp -delete;
  find /var/lib/graphite/whisper -depth -type d -empty - delete
```

这里查找至少 10 天没有更新的所有 Whisper 文件，并将其删除。

第二个 find 命令删除所有剩余的空目录。如果希望将搜索条件限制为 Docker 文件，可以将
命令更新为针对特定路径，比如 productiona 环境中的所有 Docker 指标，如代码清单 7-42 所示。

代码清单 7-42　仅清除 Docker Graphite 指标的 find 命令

```
$ find /var/lib/graphite/whisper/productiona/docker -type f - mtime +10
  -name \*.wsp -delete; find /var/lib/graphite/whisper/productiona/docker
  -depth -type d -empty -delete
```

此命令将 find 搜索结果缩小到了子目录。

7.6　使用 Docker 指标进行监控

在容器指标流入 Riemann 后，可以使用它们进行监控。第 5 章和第 6 章中的许多检测同样适
用于 Docker，并且在不需要任何修改的情况下就可以拿过来使用。

首先，监控 docker 守护进程，也就是 Docker 本身。在本章的前面，我们启用了 processes
插件来监控 docker 守护进程。根据在第 6 章中设置的阈值配置，如果进程数量低于之前设置的
阈值 1，那么将触发一个通知。

其次，第 6 章构建的基于指标的检测也依然有效。下面来看一下如何针对 Docker 容器使用第 6 章中创建的 check_percentiles 函数来监控一些常规的容器指标，如代码清单 7-43 所示。

代码清单 7-43   在 Docker 中使用 check_percentiles 函数

```
(where (= (:plugin event) "docker")
  (smap #(assoc % :host (:plugin_instance %)
                  :service (cond-> (str (:type %)) (:type_instance %)
                             (str "." (:type_instance %))))
    (by :host
      (sdo
        (check_percentiles "cpu.percent" 10
          (smap rewrite-service graph)
          (where (and (service "cpu.percent 0.99") (> metric 80.0))
            (email "james@example.com")))
        (check_percentiles "memory.percent" 10
          (smap rewrite-service graph)
          (where (and (service "memory.percent 0.99") (> metric 80.0))
            (email "james@example.com")))))))))
```

这里使用 where 流从 collectd Docker 插件中选择所有事件，然后使用 smap 函数重写 :host 字段和 :service 字段，类似本章前面部分的操作。

使用 by 函数通过 :host 字段将事件拆分为针对每个容器的独立流。然后，将重写的事件传递给 sdo 流，sdo 流接收事件并将它们发送到下面的所有子流，这里是两个 check_percentiles 函数。我们特别查找了 cpu.percent 服务和 memory.percent 服务，并且指定了一个 10 秒的事件窗口。注意，check_percentiles 函数会对传入的事件运行 percentile 函数，并在指定的时间窗口内生成指标的中位数、第 95 百分位数、第 99 百分位数和最大值。

这个检测首先通过 smap 函数将新的百分位数指标发送给 Graphite，然后使用 where 流来匹配一个新的百分位事件，例如在 cpu.percent 0.99 上，匹配 :metric 值为 80.0（80%）的事件。一旦匹配到的事件超过了阈值，将发送电子邮件通知。

现在可以为 Docker 添加更多的检测，与此同时，要跟其他基于主机和服务的检测保持一致，从而将监控框架扩展到 Docker 容器。

7.7   其他容器监控工具

考虑到 Docker 出现时间尚短，与其相关的监控生态系统相对还不成熟。大多数较为重要的基于 SaaS 的监控工具，如 New Relic 和 DataDog，可以在不同程度上实现 Docker 集成。

目前可用的独立开源工具数量有限，但有一些初创项目值得关注。

❑ cAdvisor：谷歌开发的一个工具，用于分析运行容器的资源使用情况和性能特征，可以在 Docker 服务器上作为容器运行。

❑ Heapster：如果正在使用 Kubernetes，那么 Heapster 将对容器集群进行资源分析和监控，同时原生支持对 Riemann 输出。

❑ collectd cgroups：Docker 使用 cgroups（control groups）来分配 CPU 等资源。可以使用 collectd cgroups 插件来采集这些信息。

7.8　小结

本章讨论了 Docker 和监控容器。目前已经探讨了 Docker 如何通过其二进制文件和 API 生成统计信息，同时为 collectd 安装了一个插件来采集这些统计信息，将它们转换为指标，并发送到 Riemann。

在 Riemann 内部，我们对这些指标进行了一些处理，使它们更易于使用，然后将它们发送至 Graphite。另外，了解了如何对 Docker 容器使用典型的基于主机的检测来发现问题并发送通知。

下一章将沿着监控框架继续深入，即在环境中添加日志系统，也会涉及如何从 Docker 中收集日志。

7

第 8 章

日　　志

在第 5 ～ 7 章中，我们讨论了基于主机和容器的监控，本章将继续深入框架，添加日志系统。当主机、服务和应用程序生成关键指标和事件时，往往还会生成日志，这些日志可以提供关于主机、服务和应用程序的状态的有用信息。另外，在排查问题或事故时，这些日志对诊断非常有用。接下来将捕获这些日志，将它们进行集中存储，并使用它们来检测问题和帮助诊断，也可以从日志中生成指标和图表。

下面要建立一个日志管理平台来完善监控框架，采集一些日志并将其作为指标发送到 Riemann 和 Graphite，同时了解如何采集 Docker 容器中的日志。

在准备日志管理解决方案时，需要考虑以下内容。

❏ 实现轻量级日志采集。这意味着日志采集不会干扰主机和应用程序的正常运行（参见第 2 章讨论过的观察者效应），另外，应实现快速发送数据，避免重要信息排队。

❏ 构建可扩展的高性能平台。该平台能够处理大量的日志，并在合理的保留期内存储这些日志，从而发挥诊断作用。

❏ 能够解析和操作日志。不同格式的日志需要规范化的时间、日期、标签、主机以及其他相关信息。

❏ 可以与已构建的其他所有系统相集成，特别是将事件和指标传递到 Riemann，反之亦然。

为了解决这些需求，接下来将介绍 Elasticsearch-Logstash-Kibana，简称 ELK 技术栈。

8.1　ELK 技术栈入门

为什么选择介绍 ELK 技术栈？ELK 技术栈运行速度高，易于安装，支持模块化操作，处理方式灵活。它可以从多种来源采集日志，并可以对日志进行转换和规范。另外，它还配备了功能强大、可搜索的存储系统以及良好的可视化界面。ELK 技术栈由 3 个组件组成。

❏ Elasticsearch：文档搜索存储器。
❏ Logstash：日志路由和管理引擎。
❏ Kibana：基于 Web 的看板和可视化工具。

Logstash 为日志的采集、集中、解析、存储和搜索提供了一个集成框架。它是免费的开源软件（Apache 2.0 许可），由开发人员 Jordan Sissel 和 Elastic 团队开发，使用 JRuby 编写。它在 JVM（Java 虚拟机）中运行，具有高性能、可伸缩、易于安装且易于扩展等特点。

Logstash 有多种多样的输入机制，可以从 TCP/UDP、文件、Unix Syslog、Microsoft Windows EventLogs、STDIN 以及其他各种来源获取输入。因此在环境中，几乎所有的地方都可以提取发送到 Logstash 的日志。

当这些日志到达 Logstash 服务器时，那里有大量的过滤器可以用于修改、操作和转换这些事件。可以从日志中提取一些信息，从而为不同来源的日志提供上下文或对其进行规范化处理。

在输出数据时，Logstash 支持的目的地类型非常多样，包括 TCP/UDP、电子邮件、文件、HTTP、Nagios 以及各种各样的网络服务和在线服务（包括 Riemann）。不过最关键的是，Logstash 可以与搜索工具 Elasticsearch 集成。

Elasticsearch 是一个强大的文本索引和搜索工具。正如 Elastic 团队所言："Elasticsearch 是对'搜索很难'这一说法的回应。"Elasticsearch 易于安装，通过 HTTP 的 REST 服务提供 JSON 格式的搜索数据和索引数据，且易于伸缩和扩展。它基于 Apache 2.0 许可证发布，在 Apache 的 Lucene 项目上构建。

对 Elasticsearch 最贴切的比喻就是，它好比一本书的索引。你翻到书的最后面，查找一个单词，然后找到对应的页码。这意味着它不是直接搜索文本字符串，而是通过传入的文本创建索引，并对索引而不是内容执行搜索。结果就是速度非常快。

提示：想要浏览更多信息，请访问 Elasticsearch 官方网站。

8

ELK 技术栈的最后组成部分是 Kibana，它是一个附加于 Elasticsearch 的看板和可视化界面，主要用作 Logstash 事件的界面，但也可以查询存储在 Elasticsearch 中的所有数据。Kibana 可以创建图表和看板，基于 Apache 2.0 许可证发布。它带有专属 Web 服务器，可以在所有能够连接到 Elasticsearch 后端服务器的主机上运行。

接下来将安装、配置和部署每个组件，然后配置主机，把日志发送到 ELK 技术栈，并且把 ELK 技术栈中的一些事件和派生指标发送到 Riemann 中。

提示：如果你对 Logstash 和日志感兴趣，或者觉得本章缺乏足够详细的信息，可以阅读另一本关于该主题的书：*The Logstash Book*。

8.2　Logstash 架构

Logstash 用 JRuby 编写，在 JVM 中运行，通过基于消息的简单方式进行架构。Logstash 日志框架中有以下 4 个元素。

- 传输（shipping）：将日志从主机发送到 Logstash 服务器。
- 索引（indexing）：接收日志事件并对其进行索引。
- 存储（storage）：在 Elasticsearch 服务器中存储日志并使其可搜索。
- 可视化（visualization）：Kibana 可以构建图表和看板。

接下来安装每个组件，首先从索引组件和存储组件开始，然后将主机连接到 Logstash。我们将在所有环境中运行 Logstash 服务器和 Elasticsearch 集群，在 logstasha.example.com 主机上安装 Logstash，并创建一个具有 3 个节点的 Elasticsearch 集群来存储日志。这 3 个节点分别是 esa1.example.com、esa2.example.com 和 esa3.example.com。这将是生产环境 A 的 Logstash 环境，下面会在生产环境 B 和其他环境中重复这些步骤，如图 8-1 所示。

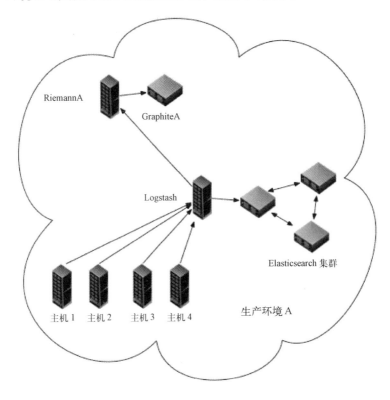

图 8-1　Logstash 架构

注意：这里还将使用第 5 章介绍过的步骤在每台主机上安装 collectd，从而实现对监控系统的监控。

8.3 安装 Logstash

在 logstasha.example.com 主机上安装 Logstash 之前，需要安装 Logstash 的依赖项。Logstash 有且只有一个依赖项，即 Java。下面来安装 Java。

8.3.1 在 Debian 和 Ubuntu 上安装 Java

通过 `apt-get` 命令安装 Java，如代码清单 8-1 所示。

代码清单 8-1 在 Debian 和 Ubuntu 上安装 Java

```
$ sudo apt-get -y install default-jre
```

8.3.2 在 Red Hat 上安装 Java

通过 `yum` 命令安装 Java，如代码清单 8-2 所示。

代码清单 8-2 在 Red Hat 上安装 Java

```
$ sudo yum install java-1.8.0-openjdk
```

提示：在较新的 Red Hat 及其系列版本中，`yum` 命令已被 `dnf` 命令所取代，其他语法保持不变。

8.3.3 测试 Java 是否安装成功

通过 java 二进制文件测试 Java 是否已经安装成功，如代码清单 8-3 所示。

代码清单 8-3 测试 Java 是否安装成功

```
$ java -version
java version "1.8.0_65"
Java(TM) SE Runtime Environment (build 1.8.0_65-b17)
Java HotSpot(TM) 64-Bit Server VM (build 25.65-b01, mixed mode)
```

Java 安装完成后，开始安装 Logstash 包。

8.3.4 在 Ubuntu 和 Debian 上安装 Logstash 包

在 Ubuntu 和 Debian 上安装 Logstash 包时，首先需要添加 Elastic.co 公钥，如代码清单 8-4 所示。

代码清单 8-4 在 Ubuntu 上获取 Logstash 公钥

```
$ wget -qO - https://packages.elastic.co/GPG-KEY-elasticsearch | sudo apt-key add -
```

　　然后添加以下 Apt 配置，以便找到 Logstash 存储库，如代码清单 8-5 所示。

代码清单 8-5　添加 Logstash 包

```
$ echo "deb http://packages.elastic.co/logstash/2.2/debian stable
  main" | sudo tee -a /etc/apt/sources.list.d/logstash.list
```

　　接着更新 Apt 并使用 `apt-get` 命令安装 Logstash 包，如代码清单 8-6 所示。

代码清单 8-6　更新 Apt 并安装 Logstash 包

```
$ sudo apt-get update
$ sudo apt-get install logstash
```

8.3.5　在 Red Hat 上安装 Logstash 包

　　在 Red Hat 系统上安装 Logstash 时，首先需要添加 Elastic.co 公钥，如代码清单 8-7 所示。

代码清单 8-7　在 Red Hat 上获取 Elastic.co 公钥

```
$ sudo rpm --import https://packages.elastic.co/GPG-KEY-elasticsearch
```

　　然后在/etc/yum.repos.d/目录下的 logstash.repo 文件中填充以下内容，如代码清单 8-8 所示。

代码清单 8-8　Logstash Yum 配置

```
[logstash-2.2]
name=Logstash repository for 2.2.x packages
baseurl=http://packages.elastic.co/logstash/2.2/centos
gpgcheck=1
gpgkey=http://packages.elastic.co/GPG-KEY-elasticsearch
enabled=1
```

　　现在使用 yum 命令安装 Logstash，如代码清单 8-9 所示。

代码清单 8-9　在 Red Hat 上安装 Logstash

```
$ sudo yum install logstash
```

8.3.6　通过配置管理工具安装 Logstash

　　还可以通过各种配置管理工具（如 Puppet 或 Chef），或者通过 Docker 或 Vagrant 来安装 Logstash。

- ❑ 这里可以找到有关 Logstash 的 Chef 操作指南：https://github.com/lusis/chef-logstash。
- ❑ 这里可以找到 Logstash 的 Puppet 模块：https://github.com/elastic/puppet-logstash。
- ❑ 这里可以找到 Logstash 的 Docker 镜像：https://hub.docker.com/_/logstash/。
- ❑ 这里可以找到 Logstash 的 Vagrant 配置：https://github.com/paulczar/vagrant-logstash。

8.3.7　测试 Logstash 是否已安装成功

Logstash 安装在/opt/logstash 目录下，其中包含/bin/logstash 二进制文件，即 Logstash 的执行文件。这个包还安装了基本的服务管理功能，包括 logstash 服务。现在测试 Logstash 是否已经安装，并正在通过/bin/logstash 二进制文件运行，如代码清单 8-10 所示。

代码清单 8-10　测试 Logstash 是否已经安装

```
$ /opt/logstash/bin/logstash --version
logstash 2.2.2
```

8.4　配置 Logstash

现在开始为 Logstash 添加一些基本配置。在/etc/logstash/conf.d/目录下创建 logstash.conf 文件来保存该配置，如代码清单 8-11 所示。

代码清单 8-11　创建 logstash.conf 文件

```
$ sudo vi /etc/logstash/conf.d/logstash.conf
```

接下来填充此文件，如代码清单 8-12 所示。

代码清单 8-12　logstash.conf 配置文件

```
input {
  stdin { }
}

output {
  stdout {
    codec => rubydebug
  }
}
```

logstash.conf 文件包含两种配置块，分别名为 input（输入）和 output（输出）。Logstash 的插件组件有 3 种配置块，除了上面的两种外，还有一种是 filter（过滤器）。每种类型配置 Logstash 服务器的不同部分。

- input：配置事件进入 Logstash 的方式。
- filter：配置 Logstash 中事件的操作方式。
- output：配置 Logstash 中事件的输出方式。

在 Logstash 中，事件通过 input 配置块进入系统，然后在 filter 配置块中被操作、修改或变更，最后通过 output 配置块离开 Logstash。

可以在每个组件的配置块中指定和配置插件。例如，上面的 input 配置块中定义了 stdin 插

件，可以支持来自 STDIN 的事件输入。output 配置块中定义了 stdout 插件，能够将事件输出到
STDOUT。我们为 stdout 插件添加了 codec 配置项，其值为 rubydebug。这表示以 JSON 格式输
出所有事件，样式为 Ruby 特有的调试输出（因此得名）。

现在通过命令行运行 Logstash 来对其进行测试，如代码清单 8-13 所示。

代码清单 8-13   通过命令行测试 Logstash

```
$ sudo /opt/logstash/bin/logstash -v -f /etc/logstash/conf.d/logstash.conf
Pipeline started {:level=>:info}
testing
{
    "message" => "testing",
    "@version" => "1",
    "@timestamp" => "2015-04-22T02:15:15.107Z",
    "host" => "logstasha"
}
```

我们运行了 logstash 二进制文件并传入了两个参数。-v 参数代表以详细模式（verbose）运
行 Logstash，-f 参数指明 Logstash 在何处加载配置文件。配置文件将 Logstash 配置为从 STDIN
接收输入，然后输出到 STDOUT。另外，命令行上键入了 testing，Logstash 将其处理为 Logstash
事件。

另一个关键的参数是--configtest，可以通过这个参数来测试 Logstash 配置的有效性，如代
码清单 8-14 所示。

代码清单 8-14   测试 Logstash 配置的有效性

```
$ sudo /opt/logstash/bin/logstash --configtest -f /etc/logstash/conf.d/logstash.conf
```

代码清单 8-15 显示了事件的最新格式。实际上，它在 Logstash 中以 JSON 格式表示。

代码清单 8-15   第一个 Logstash 事件

```
{
       "message" => "testing",
      "@version" => "1",
    "@timestamp" => "2015-04-22T02:15:15.107Z",
          "host" => "logstasha"
}
```

这个事件有一组字段和一种格式。Logstash 调用了格式的 codec（编解码器），另外，它还支
持多种 codec。

❏ plain：事件被记录为纯文本，所有解析都使用过滤插件来完成。
❏ json：假定事件为 JSON 格式，在这个前提下，Logstash 尝试将事件内容解析为字段。

因为 JSON 格式是处理 Logstash 事件最简单的方法，所以下面将重点关注 JSON 格式，并展
示其使用方法。JSON 格式包含许多元素，以下是 JSON 格式基础事件含有的元素。

❑ @timestamp：ISO8601 时间戳。

❑ message：事件的消息。这里是 testing，也就是 STDIN 中键入的内容。

❑ @version：事件格式的版本（当前版本是 1）。

此外，还可以使用许多插件来添加额外的字段。例如，刚刚使用的 stdin 插件添加了一个名为 host 的字段，该字段指定了生成事件的主机。还有一些其他的插件，如 file 输入插件，它从文件中采集事件，也就是添加类似 path 的字段（表示正在被采集的文件的路径）。还可以向事件中添加自定义字段、标签和其他上下文等元素。

提示：可以在命令行上使用 Ctrl + C 组合键停止 Logstash。

使用 Logstash 生成事件后，还须实现发送和存储该事件（以及将来的事件）。为此，需要安装和配置 Elasticsearch。

8.5 安装 Elasticsearch

接下来将安装 Elasticsearch 来提供搜索功能。所有环境的 3 台主机上都要进行安装，这样便可以构建一个集群，从而为日志存储提供一些弹性。本章后面部分将进一步介绍 Elasticsearch 集群的工作方式。

Elasticsearch 与 Logstash 一样，有且只有 Java 这一个依赖项。先来安装 Java，然后直接安装 Elasticsearch。所有的 Elasticsearch 主机上都需要重复这些操作，当然，最好使用配置管理工具。

提示：安全起见，必须安装 Elasticsearch 1.4.4 以上的版本。

8.5.1 在 Debian 和 Ubuntu 上安装 Java

通过 apt-get 命令安装 Java，如代码清单 8-16 所示。

代码清单 8-16   在 Debian 和 Ubuntu 上安装 Java

```
$ sudo apt-get -y install default-jre
```

通过 java 二进制文件来测试 Java 是否安装成功，如代码清单 8-17 所示。

代码清单 8-17   测试 Java 是否安装成功

```
$ java -version
java version "1.8.0_65"
Java(TM) SE Runtime Environment (build 1.8.0_65-b17)
Java HotSpot(TM) 64-Bit Server VM (build 25.65-b01, mixed mode)
```

　　然后安装 Elasticsearch。Elastic.co 团队提供了 tar 文件、RPM 包和 DEB 包，可以登录该网站下载界面进行下载。

　　接下来使用 Elastic.co 的包存储库来安装 Elasticsearch。

　　在 Ubuntu 和 Debian 上安装 Elasticsearch 时，首先需要安装 Elastic.co 公钥，如代码清单 8-18 所示。

代码清单 8-18　安装 Elastic.co 公钥

```
$ wget -qO - https://packages.elastic.co/GPG-KEY-elasticsearch | sudo apt-key add -
```

　　然后在 Apt 配置中添加存储库，如代码清单 8-19 所示。

代码清单 8-19　添加 Elasticsearch Apt 存储库

```
$ sudo sh -c "echo deb http://packages.elastic.co/elasticsearch/2.x/debian stable main >
/etc/apt/sources.list.d/elasticsearch.list"
```

　　接下来更新 Apt 存储库并安装 Elasticsearch 包，如代码清单 8-20 所示。

代码清单 8-20　在 Ubuntu 上安装 Elasticsearch

```
$ sudo apt-get update
$ sudo apt-get -y install elasticsearch
```

8.5.2　在 Red Hat 上安装 Java

　　通过 yum 命令在 Red Hat 上安装 Java，如代码清单 8-21 所示。

代码清单 8-21　在 Red Hat 上为 Elasticsearch 安装 Java

```
$ sudo yum install java-1.7.0-openjdk
```

　　然后需要添加 Elastic.co 公钥，如代码清单 8-22 所示。

代码清单 8-22　在 Red Hat 上添加 Elastic.co 公钥

```
$ sudo rpm --import https://packages.elastic.co/GPG-KEY-elasticsearch
```

　　现在将 Elasticsearch 包存储库添加到 Yum 存储库。在/etc/yum.repos.d/目录下创建一个文件，命名为 elasticsearch.repo，如代码清单 8-23 所示。

代码清单 8-23　将 Elasticsearch 包存储库添加到 Yum 存储库

```
$ sudo vi /etc/yum.repos.d/elasticsearch.repo
```

　　接下来填充该文件，如代码清单 8-24 所示。

```
[elasticsearch-2.x]
name=Elasticsearch repository for 2.x packages
baseurl=http://packages.elastic.co/elasticsearch/2.x/centos
gpgcheck=1
gpgkey=http://packages.elastic.co/GPG-KEY-elasticsearch
enabled=1
```

现在通过 yum 命令安装 Elasticsearch 包，如代码清单 8-25 所示。

代码清单 8-25　在 Red Hat 上安装 Elasticsearch

```
$ sudo yum -y install elasticsearch
```

8.5.3　通过配置管理工具安装 Elasticsearch

还可以通过各种配置管理工具（比如 Puppet 或 Chef），或者通过 Docker 或 Vagrant 来安装 Elasticsearch。

- ❑ 这里可以找到关于 Elasticsearch 的 Chef 操作指南：https://github.com/elastic/cookbook-elasticsearch。
- ❑ 这里可以找到 Elasticsearch 的 Puppet 模块：https://forge.puppetlabs.com/elasticsearch/elasticsearch。
- ❑ 这里可以找到 Elasticsearch 的 Docker 镜像：https://hub.docker.com/_/elasticsearch/。
- ❑ 这里可以找到 Elasticsearch 的 Vagrant 配置：https://github.com/comperiosearch/vagrant-elk-box。

8.5.4　测试 Elasticsearch 是否安装成功

通过运行 elasticsearch 二进制文件来测试 Elasticsearch 是否已安装成功。安装包将二进制文件安装到 bin 目录下的/usr/share/elasticsearch 中。现在运行这个二进制文件，如代码清单 8-26 所示。

代码清单 8-26　测试 Elasticsearch 是否安装成功

```
$ /usr/share/elasticsearch/bin/elasticsearch  --version Version: 2.2.0,
Build: 8ff36d1/2016-01-27T13:32:39Z, JVM: 1.7.0_79
```

--version 参数返回 Elasticsearch 版本信息。

8.5.5　确定 Elasticsearch 正在运行

可以通过浏览主机端口 9200 来判断 Elasticsearch 是否正在运行，如代码清单 8-27 所示。

代码清单 8-27　检查 Elasticsearch 是否正在运行

```
http://esa1.example.com:9200
```

注意: 可能需要先启动 Elasticsearch，例如 `sudo service elasticsearch start`。

然后将返回一些状态信息，如代码清单 8-28 所示。

代码清单 8-28   Elasticsearch 状态信息

```
{
  "name" : "esa1",
  "version" : {
    "number" : "2.2.0",
    "build_hash" : "8ff36d139e16f8720f2947ef62c8167a888992fe",
    "build_timestamp" : "2016-01-27T13:32:39Z",
    "build_snapshot" : false,
    "lucene_version" : "5.4.1"
  },
  "tagline" : "You Know, for Search"
}
```

也可以浏览更详细的状态页，如代码清单 8-29 所示。

代码清单 8-29   Elasticsearch 统计信息页面

```
http://esa1.example.com:9200/_stats?pretty=true
```

这将返回一个页面，其中包含各种关于 Elasticsearch 服务器的统计信息和状态信息。

提示: 可以在 Elastic 文档网站上找到更多有关 Elasticsearch 的扩展文档。

8.6   配置 Elasticsearch 集群和节点

接下来将单个的 Elasticsearch 节点转换为一个集群。每个 Elasticsearch 节点启动时都使用默认的集群名称 elasticsearch 和一个随机的、趣味化的节点名称，例如，Franz Kafka 或 Spider-Ham。每次 Elasticsearch 重新启动时，都会随机选择一个新的节点名称。新的 Elasticsearch 节点根据已定义的集群名称来加入具有相同名称的集群。因此，Elasticsearch 使用单播发现或多播发现来查找其他节点。

要启用本地集群，需要更新 Elasticsearch 配置中已定义的集群名称。可以自定义集群名称和节点名称，确保名称不会出现重复，以及保证节点加入正确的集群。

为此，需要编辑/etc/elasticsearch/elasticsearch.yml 文件。这是 Elasticsearch 基于 YAML 的配置文件，文件中包含相关条目，如代码清单 8-30 所示。

代码清单 8-30   初始的集群名称和节点名称

```
# cluster.name: elasticsearch
# node.name: "Franz Kafka"
```

我们将进行下面的操作：取消注释，更改集群名称和节点名称，配置网络和集群，同时，为集群的运行环境、生产环境 B 以及任务控制环境选择集群名称，分别为 productiona、productionb 以及 missioncontrol。这只是标记集群和识别集群数据的一种方法。然后选择与节点主机名称相匹配的节点名称，如代码清单 8-31 所示。

代码清单 8-31　新的集群名称和节点名称

```
cluster.name: productiona
node.name: esa1
network.host: [ _local_, _non_loopback:ipv4_ ]
discovery.zen.ping.unicast.hosts: ["esa1.example.com", "esa2.example.com", "esa3.example.com"]
```

另外，我们指定了 `network.host` 选项，控制 Elasticsearch 将被绑定的位置。本例中绑定到本地主机和第一个 ipv4 非环回接口。

接着使用单播发现来连接 Elasticsearch 集群成员，这些集群成员已提前在一个数组中按主机名称列出，它们需要 DNS 来进行解析。有关这方面的详细信息，参见/etc/elasticsearch/elasticsearch.yml 配置文件，该文件中有较好的指导意见，并且具有很好的逻辑性。

提示：可以在 Elasticsearch 网站的 Zen Discovery 指南中阅读更多关于 Elasticsearch 服务发现的信息。

Elasticsearch 集群有 4 种类型的节点。

❑ 候选主节点（master-eligible）：可以成为主节点并控制集群的其他节点。
❑ 数据节点（data）：保存数据并执行与数据相关的操作，如 CRUD（增删改查）、搜索和聚合。
❑ 客户端节点（client）：不保存数据，不能成为主节点，类似"智能路由器"，用于将集群级请求转发到主节点，并把与数据相关的请求转发到适当的数据节点。
❑ 部落节点（tribe）：一种特殊类型的客户端节点，可以连接到多个集群，并跨集群执行搜索操作和其他操作。

这里只能看到主节点和数据节点。默认情况下，新安装的节点可能既是候选主节点，也是数据节点。在初始配置中，我们将不区分候选主节点和数据节点，这意味着在集群启动时将自动选择一个主节点。

但是索引和搜索数据是性能密集型的工作。当对集群执行扩展操作时，可能会在主节点上引发问题，从而影响集群的功能。为了在更大的集群中确保主节点的稳定性，可以考虑对候选主节点和数据节点进行区分。

以上操作在/etc/elasticsearch/elasticsearch.yml 文件的 `node.master` 配置项和 `node.data` 配置项中进行配置。因此，如果想将某个集群成员配置为主节点，但不进行数据存储，可以进行以下操作，如代码清单 8-32 所示。

8

代码清单 8-32　配置 Elasticsearch 集群

```
cluster.name: productiona
node.name: esa1
node.master: true
node.data: false
```

通过回退此配置来指定只包含数据的节点。

接着重启 Elasticsearch 来进行重新配置，如代码清单 8-33 所示。

代码清单 8-33　重启 Elasticsearch 来启用集群

```
$ sudo /etc/init.d/elasticsearch restart
```

现在将配置其余节点：esa2 和 esa3。

添加集群管理插件

Elasticsearch 有一个插件系统。插件为 Elasticsearch 服务器提供了附加功能，其中包括管理功能。其中最方便的是由 Ben Birch 编写的 elasticsearch-head 插件，该插件是基于 Web 的集群管理界面。现在添加该插件。

使用/usr/share/elasticsearch/bin 目录下的 plugin 二进制文件来添加插件。下面在 esa1.example.com 主机上进行操作，如代码清单 8-34 所示。

代码清单 8-34　安装 elasticsearch-head 插件

```
esa1$ sudo /usr/share/elasticsearch/bin/plugin install mobz/elasticsearch-head
```

这里使用了 install 参数，并向 plugin 传递了 mobz/elasticsearch-head，这是一个组合名称：mobz 是插件作者名字空间，elasticsearch-head 是插件名称。这将安装并启用插件。

在 Elasticsearch 服务器中，插件通常通过特定的_plugins 路径下的 URL 来提供。可以登录 http://esa1.example.com:9200/_plugin/head/来访问 elasticsearch-head 插件。

登录后的界面如图 8-2 所示。

图 8-2　elasticsearch-head 插件

注意：集群名称、大小和状态方面的差异有可能导致浏览器显示结果与此页面不完全一致。

插件显示当前集群节点的列表及其状态，屏幕右上角的 Info 下拉列表对了解当前的情况很有帮助。选择 Cluster Health 下拉列表可以显示集群的健康状况。

8.7 时间和时区

Logstash 和 Elasticsearch 的主机与 Riemann 和 Graphite 的主机一样，需要确保时间和时区的正确性，这可以确保事件在所有主机上具有一致的时间戳。因此，请参照第 4 章并遵循在安装 Graphite 时的步骤。

为了方便与 Riemann 和 Graphite 的主机进行匹配，可以将 Logstash 和 Elasticsearch 的主机设为 UTC 时间。

8.8 集成 Logstash 和 Elasticsearch

现在已经安装并运行了 Logstash 和 Elasticsearch，接下来将它们连接在一起。为此，需要通过 Logstash 把一些事件示例发送到 Elasticsearch 集群中。

为了提供这些事件示例，下面将读取本地 Syslog 日志并将它们发送到 Elasticsearch 中。由于 logstasha.example.com 主机正在运行 Ubuntu，因此首先需要将 logstash 用户添加到 adm 组，这样本地 Logstash 服务器便有权访问 Syslog 文件，如代码清单 8-35 所示。

代码清单 8-35　授予对 Ubuntu 上日志的访问权限

```
$ sudo useradd -G adm logstash
```

Logstash 需要获得对所有新添加的文件的读取权限，运行 Logstash 的用户和组也需要获得这些读取权限。然后，在 CentOS 上使用 setacl 命令来调整权限，如代码清单 8-36 所示。

代码清单 8-36　授予对 CentOS 上日志的访问权限

```
$ sudo setacl -m g:logstash:r /var/log/messages /var/log/secure
```

这样便可以访问/var/log/messages 文件和/var/log/secure 文件。

现在需要设置 Logstash 使用名为 file 的输入插件从文件中读取事件，接着使用名为 elasticsearch 的输出插件将事件发送到 Elasticsearch 集群中。下面使用这个新配置来更新/etc/logstash/conf.d/logstash.conf 文件，如代码清单 8-37 所示。

代码清单 8-37　更新后的 logstash.conf 配置文件

```
input {
  stdin { }
  file {
    path => [ "/var/log/syslog", "/var/log/auth.log" ]
    type => "syslog"
  }
}

output {
  stdout { }
  elasticsearch {
    sniffing => true
    hosts => "esa1.example.com"
  }
}
```

注意，这里添加了新的输入插件 file 和输出插件 elasticsearch。file 输入插件从文件中读取日志条目，另外，它还有一些其他功能。

- ❑ 可以根据采集标准，自动发现新文件。
- ❑ 可以处理文件滚动，比如运行 `logrotate` 来滚动日志文件。
- ❑ 可以跟踪文件中的位置。具体来说，它可以从 Logstash 最近一次处理事件的位置开始，加载新事件。所有新添加的部分将从文件的底部开始加载。

提示：参见 file 插件的 `sincedb` 选项，阅读更多相关信息。

我们已经在 path 选项中指定了一个文件数组，用来在其中采集事件。本例指定了两个包含 Syslog 输出的文件：/var/log/auth.log 和/var/log/syslog。

注意：选择上面两个文件的前提是使用 Ubuntu 主机或 Debian 主机。当使用 Red Hat 主机时，需要将它们更改为/var/log/messages 文件和/var/log/secure 文件。

---

path 选项还可以指定通配符。例如，可以在/var/log/目录下的所有日志文件中采集事件，如代码清单 8-38 所示。

代码清单 8-38　文件输入通配符

```
path => [ "/var/log/*.log" ]
```

甚至可以指定循环通配符，如代码清单 8-39 所示。

代码清单 8-39　文件循环通配符

```
path => [ "/var/log/**/*log" ]
```

type 是可以为插件设置的全局属性，用于标识正在生成的事件的类型，这些事件可能预期在 Logstash 配置中过滤、处理、通知或是管理。本例把这些事件标记为 syslog 类型，这样就可以使用一些过滤插件将它们处理为更有用的事件，下面很快介绍如何操作。

elasticsearch 输出插件将事件从 Logstash 发送到 Elasticsearch 服务器或集群。该插件有两个配置选项：sniffing 和 hosts。hosts 选项采用 Elasticsearch 主机的名称，在本例中是 esa1.example.com。sniffing 选项连接到 Elasticsearch 节点，并询问集群中其他节点的状态，然后自动将找到的所有节点添加到 hosts 选项中。

启用此功能之前，需要重新启动 Logstash，如代码清单 8-40 所示。

代码清单 8-40   重启 Logstash 来启用文件监控

```
$ sudo service logstash restart
```

现在将一些事件发送到新集群。大多数的 Unix 平台和类 Unix 平台提供了 logger 便捷工具，它生成 Syslog 消息，可以轻松地测试 Syslog 配置是否正常工作。下面展示它的使用方式，如代码清单 8-41 所示。

代码清单 8-41   使用 logger 进行测试

```
$ logger "This is a syslog message"
```

提示：logger 消息的设施和优先级可以通过设置选项进行更改。

以上操作将生成消息，这些消息将存储在/var/log/syslog 文件中，由 file 插件获取，经 Logstash 处理后发送到 Elasticsearch。

8.8.1 Logstash 内部会发生什么

当事件被 Logstash 采集时，会被转换成一个基于 JSON 的原生事件，类似本章前面部分介绍到的情况。接下来看一下这种形式的 Syslog 事件，如代码清单 8-42 所示。

代码清单 8-42   Syslog 事件

```
{
        "message" => "Apr 29 17:29:10 logstasn root: This is a syslog message",
       "@version" => "1",
     "@timestamp" => "2015-04-29T21:29:10.830Z",
           "host" => "logstasha",
           "type" => "syslog",
           "path" => "/var/log/syslog"
}
```

插件从 Syslog 写入的文件中抓取消息，并将其作为 message 字段的值来使用。另外，可以

看到事件模式的版本、时间戳（指 Logstash 收到事件时的时间戳）、生成事件的主机以及之前分
配的 syslog 类型，同时，插件还添加了新字段 path，指明 Logstash 所提取的事件的源文件。

这是一个有用的事件，但其功能还不止于此。我们可以解析该事件，接着使用 Logstash 的部
分过滤插件提取更多的数据，从而让事件发挥更大的作用。下面看一下更新后的配置，如代码清
单 8-43 所示。

代码清单 8-43　添加第一个 Logstash 过滤插件

```
input {
  stdin { }
  file {
    path => [ "/var/log/syslog", "/var/log/auth.log" ]
    type => "syslog"
  }
}
filter {
  if [type] == "syslog" {
    grok {
      match => { "message" => "%{SYSLOGTIMESTAMP:syslog_timestamp
        } %{SYSLOGHOST:syslog_hostname} %{DATA:syslog_program
        }(?:\[%{POSINT:syslog_pid}\])?: %{GREEDYDATA:
        syslog_message}" }
      remove_field => ["message"]
    }
    syslog_pri { }
    date {
      match => [ "syslog_timestamp", "MMM d HH:mm:ss", "MMM dd HH:mm:ss" ]
    }
  }
}
output {
  stdout { }
  elasticsearch {
    sniffing => true
    hosts => "esa1.example.com"
  }
}
```

可以看到，这里添加了名为 filter 的新配置块。此部分包含过滤插件，Logstash 可以在该
插件中进行解析、操作或更改事件。本例对 Syslog 日志进行解析。

首先，利用之前设置的 syslog 类型和 if 条件语句，可以只选择那些 type 字段值为 syslog
的事件。为了方便引用，我们把字段名放在[]括号中，如代码清单 8-44 所示。

代码清单 8-44　Logstash 条件选择

```
filter {
  if [type] == "syslog" {
  ...
```

```
    }
  }
```

然后，在条件中指定一些插件来检查和解析 Syslog 日志，如代码清单 8-45 所示。

代码清单 8-45　Syslog 解析过滤器

```
grok {
  match => { "message" => "%{SYSLOGTIMESTAMP:syslog_timestamp}
    %{SYSLOGHOST:syslog_hostname} %{DATA:syslog_program}(?:\[%{POSINT:syslog_pid}\])?:
    %{GREEDYDATA:syslog_message}" }
  remove_field => ["message"]
}
syslog_pri { }
date {
  match => [ "syslog_timestamp", "MMM d HH:mm:ss", "MMM dd HH: mm:ss" ]
}
```

这里指定了 3 个过滤器：grok、syslog_pri 和 date。

1. grok 过滤器

grok 过滤器是 Logstash 最常用的插件之一，能够使用正则表达式匹配字段内容并提取有用信息（通常是在新字段中），如代码清单 8-46 所示。

代码清单 8-46　grok 过滤器

```
grok {
  match => { "message" => "%{SYSLOGTIMESTAMP:syslog_timestamp}
    %{SYSLOGHOST:syslog_hostname} %{DATA:syslog_program}(?:\[%{POSINT:syslog_pid}\])?:
    %{GREEDYDATA:syslog_message}" }
  remove_field => ["message"]
}
```

grok 过滤器指定了一个 match 属性，这个属性结合了将要解析的字段名称（这里是 message）和用于解析该字段的正则表达式。Logstash 尝试通过提供一组预设的、匹配通用日志格式的正则表达式，来简化正则表达式匹配操作，其中包括一组匹配 Syslog 日志条目的各种组件的表达式。Logstash 对这些表达式进行调用。

在正则表达式中，这些模式放在%{}中，用大写字母来声明，如%{SYSLOGTIMESTAMP:syslog_timestamp}。这样一来，每当 Logstash 看到一个模式，便会查找该模式并将其扩展为正则表达式。这里，SYSLOGTIMESTAMP 对应的正则表达式是%{MONTH} +%{MONTHday} %{TIME}。这两个是一系列的模式，Logstash 会把每个模式扩展为较低级别的正则表达式。代码清单 8-47 展示了%{MONTH}模式的正则表达式。

代码清单 8-47　%{MONTH}模式

```
MONTH \b(?:Jan(?:uary)?|Feb(?:ruary)?|Mar(?:ch)?|Apr(?:il)?|May|Jun(?:e)?|Jul(?:y)?|
  Aug(?:ust)?|Sep(?:tember)?|Oct(?:ober)?|Nov (?:ember)?|Dec(?:ember)?)\b
```

可以在 GitHub 网站找到 Logstash 附带的这些默认模式以及其他模式。

和 match 属性中的操作类似，下面使用这些模式，并将它们组合起来解析特定字段。注意，%{SYSLOGTIMESTAMP:syslog_timestamp}模式有两部分。模式的后半部分指定了一个冒号和 syslog_timestamp，这种语法可以捕获所有从模式中匹配到的数据并将其存储在新的字段中。这里捕获了所有从 SYSLOGTIMESTAMP 模式匹配到的时间戳，并向事件添加了新的字段，名为 syslog_timestamp。另外，也针对主机名、程序、进程 ID 和 Syslog 消息进行了此操作。

代码清单 8-48 展示了原来的 Syslog 事件，代码清单 8-49 展示了解析后的更为实用的事件。

代码清单 8-48　原来的 Syslog 事件

```
{
        "message" => "Apr 29 17:29:10 logstash root: This is a syslog message",
       "@version" => "1",
     "@timestamp" => "2015-04-29T21:29:10.830Z",
           "host" => "logstasha",
           "type" => "syslog",
           "path" => "/var/log/syslog"
}
```

代码清单 8-49　经 grok 解析过的新事件

```
{
  "@version" => "1",
  "@timestamp" => "2015-04-29T17:29:10.000Z",
  "type" => "syslog",
  "host" => "logstasha",
  "path" => "/var/log/syslog",
  "syslog_timestamp" => "Apr 29 17:29:10",
  "syslog_hostname" => "logstasha",
  "syslog_program" => "root",
  "syslog_message" => "This is a syslog message"
}
```

可以看到，新的自定义字段都已创建，包括 syslog_timestamp、syslog_hostname、syslog_program 以及 syslog_message。这样一来，特定的程序、主机和消息更易于识别，更加方便了事件的搜索和使用。

同时，message 字段消失了，这通过 grok 过滤器中的 remove_field 属性来完成。这种做法的出发点是，message 字段解析后，便没有使用价值了，继续存储毫无意义。建议对它进行清理。

如果创建这些匹配较为棘手（涉及正则表达式），那么这里有一些有用的工具可以帮助你构建 grok 匹配。

❑ Grok 构造器：http://grokconstructor.appspot.com/
❑ Grok 调试器：https://grokdebug.herokuapp.com/

2. syslog_pri 过滤器

syslog_pri 过滤器处理来自 Syslog 事件的优先级（priority）信息[①]和设施（facility）信息。这些信息可以指明事件的来源，例如，auth 设施通常用于表示身份验证事件，优先级信息则表示事件的严重性，比如 info 用于表示信息，crit 用于表示危险错误。

此插件没有任何选项，它进一步执行事件，如代码清单 8-50 所示。

代码清单 8-50　syslog_pri 解析的事件

```
{
  "message" => "Apr 29 17:29:10 logstasha root: This is a syslog message",
  "@version" => "1",
  "@timestamp" => "2015-04-29T17:29:10.000Z",
  "type" => "syslog",
  "host" => "logstasha",
  "path" => "/var/log/syslog",
  "syslog_timestamp" => "Apr 29 17:29:10",
  "syslog_hostname" => "logstasha",
  "syslog_program" => "root",
  "syslog_message" => "This is a syslog message",
  "syslog_severity_code" => 5,
  "syslog_facility_code" => 1,
  "syslog_facility" => "user-level",
  "syslog_severity" => "notice"
}
```

这里添加了 4 个新的自定义字段，其中 2 个字段表示严重性代码和设施代码，另外 2 个字段表示相应的文本描述。

3. date 过滤器

date 过滤器可以处理事件中的日期，如代码清单 8-51 所示。默认情况下，Logstash 使用接收事件的时间作为该事件的时间戳。根据具体情况，此时间可能与事件实际生成的时间有所差异，此时便可以借助 date 过滤器来解决这种差异问题。该插件用于从指定字段中选择时间戳，解析日期格式，然后使用该时间戳作为事件的时间。

代码清单 8-51　date 过滤器

```
date {
  match => [ "syslog_timestamp", "MMM d HH:mm:ss", "MMM dd HH:mm:ss" ]
}
```

在使用 date 过滤器之前，选取一个字段进行解析并将其用作事件的时间戳，本例中是 syslog_timestamp。我们将其指定为 match 属性的值，并且提供一个或多个可能的日期格式，来配合时间戳字段，这里是 MMM d HH:mm:ss 和 MMM dd HH:mm:ss。这两种格式可以匹配大多

---

① 或称"严重性信息"（severity）。

数的 Syslog 日期格式。

当事件到达 date 过滤器时，`syslog_timestamp` 字段将会解析为可用的时间戳，执行顺利的话，这个时间戳将会替换事件的`@timestamp`。这样可以确保 Logstash 获取正确的事件生成时间，而不是 Logstash 接收到事件的时间。

注意：这是关于 Logstash 过滤功能的大致介绍，还有更多的过滤插件可以使用，后文也会陆续地提到一部分。当然，也可以在 Elastic 网站浏览完整的列表。

8.8.2   Elasticsearch 内部会发生什么

事件经过过滤之后到达 output 配置块，并由 elasticsearch 插件进行处理。这个插件获取事件，对其进行索引，并将其转换为 Elasticsearch 可以处理的格式，然后将其发送到集群中。在离开 Logstash 后，事件会被 Elasticsearch 接收并放入索引中。在 Elasticsearch 内部，它使用 Apache Lucene 来创建这个索引。每个索引都是一个逻辑名字空间。在 Logstash 中，默认索引根据接收事件那一天的日期来命名，如代码清单 8-52 所示。

代码清单 8-52   Logstash 索引

```
logstash-2015.12.31
```

可以看到，每个 Logstash 事件都由字段组成，这些字段成为该索引中的文档。可以将 Elasticsearch 与关系数据库进行类比：索引是一个表，文档是表中的行，字段是表中的列。同时，与关系数据库一样，也可以定义一个模式，Elasticsearch 将这些模式称为"映射"。

与模式类似，映射声明了文档所包含的数据及字段类型、现有的约束性条件、唯一键和主键的状态，以及对每个字段进行索引和搜索的方式。不过，与模式不同的是，我们可以指定 Elasticsearch 设置。

可以使用 curl 命令来查看 Elasticsearch 服务器上当前的映射，如代码清单 8-53 所示。

代码清单 8-53   显示当前的 Elasticsearch 映射

```
$ curl http://esa1.example.com:9200/_template/logstash?pretty
```

还可以看到应用于特定索引的映射，如代码清单 8-54 所示。

代码清单 8-54   显示特定索引的映射

```
$ curl http://esa1.example.com:9200/logstash-2015.12.31/_mapping?pretty
```

注意：此默认映射由 Logstash 提供，因此主要针对 Logstash 事件的管理而优化。

索引存储在名为"分片"（shard）的 Lucene 实例中。这里有两种类型的分片：主分片（primary shard）和副本分片（replica shard）。主分片用来存储文档，每个新索引自动创建 5 个主分片。这是默认设置，你也可以在创建索引时调整主分片的数量，但索引创建之后就不能再进行调整了。一旦创建了索引，主分片的数量就无法更改。

提示：Curator 是用于管理索引的很有用的工具，有助于针对索引设置良好的留存策略，并在需要时清理旧索引。

副本分片是主分片的副本，主要有两个功能。

❑ 保护数据。
❑ 加快搜索速度。

默认情况下，每个主分片都有一个副本，但如果情况需要，也可以有多个副本。与主分片不同，副本分片的数量可以动态更改，从而实现扩展或使索引更具弹性。Elasticsearch 会把这些分片分布在可用节点上，并确保单个索引的主分片和副本分片不会在同一节点上出现。

分片在 Elasticsearch 节点上存储，每个节点自动成为 Elasticsearch 集群的一部分，即使集群上只有一个节点也会如此。Elasticsearch 自动将分片分布到集群中的所有节点，在节点失效或添加新节点的情况下，它可以自动地将分片从一个节点移动到另一个节点，操作相对简单，这也是 Elasticsearch 集群的一大优点。对节点来说，只要能够进行通信，就可以快速准确地自动加入所指定的集群。假设节点数量充足，大多数情况下，数据可以在集群上进行自动管理，并且不受节点故障的影响。因此，我们不会对集群或集群性能做任何调整。

可以使用之前安装的 elasticsearch-head 插件，在数据流进入 Elasticsearch 时查看主分片和副本分片。

8.9 安装 Kibana

现在数据正在流往 Elasticsearch 中，接下来需要能够查看和搜索数据，有可能还要以此创建可视化图表。下面介绍 ELK 技术栈的最后一个组成部分：Kibana。Kibana 是用 JavaScript 编写的基于 Elasticsearch 的数据看板，与 ELK 技术栈的其他部分一样，它也是开源工具，根据 Apache 2.0 许可证授权。

Kibana 运行专属 Web 服务器，可以在所有与 Elasticsearch 集群连接的主机上进行安装。下面来下载 Kibana 并将其安装到 logstasha.example.com 主机上。

可以从 Elastic 网站下载 Kibana，也可以在 Ubuntu 和 Red Hat 发行版上使用软件包安装。

现在准备安装 Kibana，在这之前，需要在主机上添加 Kibana APT 存储库，如代码清单 8-55 所示。

代码清单 8-55 添加 Kibana APT 存储库

```
$ sudo sh -c "echo 'deb http://packages.elastic.co/kibana/4.4/
  debian stable main' > /etc/apt/sources.list.d/kibana.list"
```

提示：如果使用 Red Hat 或其衍生版本，那么需要安装相应的 Yum 存储库。

接着运行 apt-get update 来更新包列表，如代码清单 8-56 所示。

代码清单 8-56 更新 Kibana 的包列表

```
$ sudo apt-get update
```

然后安装 Kibana，如代码清单 8-57 所示。

代码清单 8-57 通过 apt-get 来安装 Kibana

```
$ sudo apt-get install kibana
```

现在只需要确保当主机启动时 Kibana 能够同时启动，如代码清单 8-58 所示。

代码清单 8-58 开机时启动 Kibana

```
$ sudo update-rc.d kibana defaults 95 10
```

Kibana 已经安装完成。

提示：软件包将 Kibana 安装到/opt 目录下，即/opt/kibana。

8.10 配置 Kibana

接下来使用/opt/kibana/config 目录下的 kibana.yml 文件来配置 Kibana，kibana.yml 是基于 YAML 的配置文件，包含详细的注释。主要需要配置 Kibana 所要绑定的接口和端口，以及用于查询的 Elasticsearch 集群。所有这些设置都位于配置文件的顶部，如代码清单 8-59 所示。

代码清单 8-59 kibana.yml 配置文件

```
# Kibana 在一台后台服务器上运行，这里控制了它使用的端口
server.port: 5601

# 服务器的主机地址
server.host: "0.0.0.0"

# 所有查询所使用的 Elasticsearch 实例
elasticsearch.url: "http://localhost:9200"

...
```

这里可以看到 Kibana 控制台的所有接口都绑定在端口 5601 上，控制台默认指向位于 http://localhost:9200 的 Elasticsearch 服务器。我们需要将其更改为指向 Elasticsearch 集群中的主机，如代码清单 8-60 所示。

代码清单 8-60　更新 Elasticsearch 实例

```
# 所有查询所使用的 Elasticsearch 实例
elasticsearch.url: "http://esa1.example.com:9200"
...
```

配置文件还包含其他设置，包括对 Kibana 进行 TLS 安全访问，以及加载插件（向看板提供或增强附加功能）。

8.11　运行 Kibana

使用 Kibana 服务来运行 Kibana，如代码清单 8-61 所示。

代码清单 8-61　运行 Kibana

```
$ sudo service kibana start
```

这样，在 logstasha.example.com 主机的端口 5601 上，Kibana 控制台将作为服务来运行。下面通过打开浏览器并连接到 http://logstasha.example.com:5601 来浏览 Kibana。

当启动 Kibana 时，系统提示需要指定要搜索的 Elasticsearch 索引，并配置一个默认的时间戳字段，如图 8-3 所示。

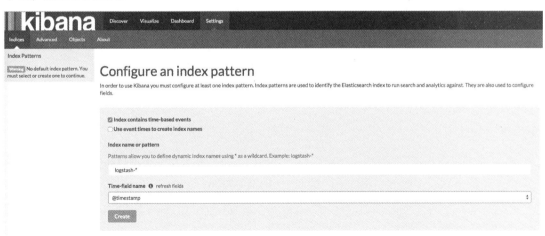

图 8-3　配置 Kibana

默认索引规范是 `logstash-*`，这是一个通配符，用来匹配 Logstash 交付的所有 Elasticsearch 索引。另外，这里还选择了 `@timestamp` 字段作为 Kibana 的全局时间过滤器。

现在单击 Create 按钮，完成 Kibana 配置。

注意：Kibana 将创建一个名为.kibana 的特殊索引来保存其配置。不要删除此索引，否则需要对
Kibana 进行重新配置。

接下来，单击顶部菜单栏上的 Discover，进入 Kibana 的基础界面。Discover 界面列出所有接
收到的事件和可用的字段，包括所有接收到的事件的历史图表，以及按最新接收时间排序的事件。

还有一个查询引擎，可以选择事件的子集。图 8-4 展示了 Kibana 看板。

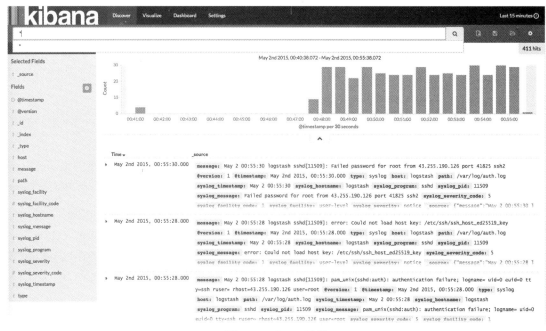

图 8-4   Kibana 看板

使用 Kibana

Web 控制台经常发生变化，有关操作说明类的信息更新非常快，因此这里不对 Kibana 的使
用方法进行过多说明。但是，有一些非常好的文档资源可以提供帮助。

Elastic 网站上的 Kibana 用户指南非常出色，它详细介绍了如何使用 Kibana 进行搜索、可视
化和构建日志看板。

Digital Ocean 文档上有一些关于 Kibana 的非常棒的帖子，比如"How to Use Kibana Dashboards
and Visualizations"，Tim Roes 也有一篇有关 Kibana 的很棒的博客文章，详见"Kibana 4 Tutorial – Part
1: Introduction"。

8.12 通过 Syslog 将主机连接到 Logstash

ELK 技术栈安装完成后便可以使用了。使用之前，需要对环境中的主机进行配置，使主机连接到 Logstash，并发送日志。但并不是要在所有主机上安装 Logstash，Logstash 是基于 JVM 的应用程序，对运行应用程序和服务的主机来说，它对性能的要求过高。相反，我们将在这些主机上使用 Syslog 并配置中央 Logstash 服务器来接收这些事件。

8.12.1 配置 Logstash

本章前面部分配置了 Logstash 来解析 Syslog 日志，这些日志通过 file 输入插件进行采集。现在添加一些辅助部分，来通过网络接收它们。因此，下面将重新打开 Logstash 配置文件并向其中添加几个新插件，首先打开 logstasha.example.com 主机上的 logstash.conf，如代码清单 8-62 所示。

代码清单 8-62 添加 Syslog 接收器

```
input {
  tcp {
    port => 5514
    type => "syslog"
  }
  udp {
    port => 5514
    type => "syslog"
  }
}
filter {
  if [type] == "syslog" {
    grok {
      match => { "message" => "%{SYSLOGTIMESTAMP:syslog_timestamp
        } %{SYSLOGHOST:syslog_hostname} %{DATA:syslog_program
        }(?:\[%{POSINT:syslog_pid}\])?: %{GREEDYDATA:
        syslog_message}" }
    }
    syslog_pri { }
    date {
      match => [ "syslog_timestamp", "MMM d HH:mm:ss", "MMM dd HH:mm:ss" ]
    }
  }
}
output {
  elasticsearch {
    hosts => [ "esa1.example.com", "esa2.example.com", "esa3.example.com"]
  }
}
```

可以看到，`input` 配置块中添加了 `tcp` 和 `udp` 这两个新的输入插件，可以打开 Logstash 主机上的端口来接收事件。本例打开了主机上 TCP 和 UDP 的端口 5514。Logstash 不是作为 root 用户运行的，不能绑定到 Syslog 的传统端口 514，所以这里打开了高端口 5514。

注意：在大多数 Syslog 实现中，端口 5514 是 Syslog 在主机之间用于发送事件的默认端口。

现在重新启动 Logstash 来启用这些新插件，如代码清单 8-63 所示。

代码清单 8-63　重新启动 Logstash 来启用新输入插件

```
$ sudo service logstash restart
```

然后通过 netstat 命令确认已正确绑定插件，如代码清单 8-64 所示。

代码清单 8-64　运行 netstat

```
$ sudo netstat -an | grep '5514'
tcp   0   0 0.0.0.0:5514   0.0.0.0:*    LISTEN
udp   0   0 0.0.0.0:5514   0.0.0.0:*
```

注意：如果发现 Logstash 意外仅绑定到 IPv6 端口，可能需要稍微调整 Logstash Java 配置。打开 /etc/default/logstash 文件，取消注释并对 LS_JAVA_OPTS="-Djava.net.preferIPv4Stack=true" 这一行进行更新。

现在，可以从生产环境 A 中的其他主机上发送 Syslog 日志了，下面开始执行这些操作。

8.12.2　Syslog 概览

Syslog 是计算机日志的起源标准之一，最早是作为 Sendmail 的一部分，由 Eric Allman 设计，现在已经发展为支持各种平台和应用程序生成的日志记录，成为 Unix 和类 Unix 系统的默认日志机制，并在应用程序、非主机设备（如打印机）和网络设备（如路由器、交换机和防火墙）中广泛应用。

Syslog 在各种平台上的大范围应用，使它成为集中不同来源的日志的常用手段。下面大致展示 Syslog 生成的消息的结构（不同平台之间存在差异），如代码清单 8-65 所示。

代码清单 8-65　Syslog 消息

```
Dec 31 14:29:31 logstasha systemd-logind[2113]: New session 31581 of user bob.
```

Syslog 消息包含一个时间戳、生成消息的主机（这里是 logstasha）、生成消息的进程和进程 ID（PID）以及消息的内容。

消息还以设施和服务器的形式附加了元数据，并引用了一些设施，包括但不限于下列设施。

❑ auth

❑ kern

❑ mail

设施指定生成的消息的类型。来自 auth 的消息通常与安全性或授权有关，来自 kern 的消息通常是内核消息，如果来自 mail，则表示由邮件子系统或应用程序生成。还有其他各种各样的设施，包括自定义设施（以 LOCAL 加上数字为前缀，如 LOCAL0 ~ LOCAL7），可以将它们用于自己的消息。

还可以指定消息的严重性，例如 emergency、alert 和 critical，以及 notice、info 和 debug 等。

8.12.3　配置 Syslog

默认情况下，大多数 Linux 主机已经安装并运行 Syslog。当下大部分 Linux 发行版使用名为 RSyslog 的 Syslog 守护进程，RSyslog 守护进程在许多发行版中颇为流行，实际上已经成为 Ubuntu、CentOS、Fedora、Debian、openSUSE 等最新版本的默认 Syslog 守护进程，可以处理日志文件和本地 Syslog，并且带有一个模块化的插件系统。

提示：除了支持 Syslog 输出外，Logstash 还支持 RSyslog 特定的 RELP。

要将 RSyslog 连接到 Logstash，需要对 RSyslog 进行配置，来将所有日志转发到 Logstash。RSyslog 在两个位置进行配置：基本配置位于/etc/rsyslog.conf 文件中，大多数发行版还有一个/etc/rsyslog.d 目录，其中放置配置代码段。

为了配置转发，下面在/etc/rsyslog.d 目录下创建一个代码片段。首先创建一个文件，如代码清单 8-66 所示。

代码清单 8-66　创建 RSyslog 片段来配置转发

```
$ sudo vi /etc/rsyslog.d/30-forwarding.conf
```

RSyslog 以字母数字顺序加载配置文件，因此通常在所有文件前面加上数字前缀，比如 30-，来帮助指定加载顺序。例如在 Ubuntu 中，默认的 RSyslog 配置在/etc/rsyslog.d 目录下的 50-default.conf 中加载。因为这里指定了前缀 30-，所以配置会被首先加载。

然后填充这个文件，如代码清单 8-67 所示。

代码清单 8-67　为 Logstash 配置 RSyslog

```
*.* @@logstasha.example.com:5514
```

注意：如果指定了主机名称，这里是 logstasha.example.com，主机需要能够通过 DNS 对该命令进行解析。考虑到性能原因，这里最好指定一个 IP 地址。

这指明 RSyslog 将所有消息（由 *.* 表示）发送到主机 logstasha.example.com。*.* 表示所有设施和优先级，当然，也可以根据情况使用特定的设施或优先级，如代码清单 8-68 所示。

代码清单 8-68　指定 RSyslog 设施或优先级

```
mail.* @@logstasha.example.com:5514
*.emerg @@logstasha.example.com:5514
```

第一行将发送所有 mail 设施的消息，第二行会发送所有 emerg 优先级的消息。

@@ 表明 RSyslog 使用 TCP 发送消息。如果指定一个 @，则表示使用 UDP 进行传输。

提示：强烈建议使用更可靠、更具弹性的 TCP 发送 Syslog 消息。与 UDP 不同，TCP 能确保消息送达。

然后重新启动 RSyslog 守护进程，如代码清单 8-69 所示。

代码清单 8-69　重启 RSyslog 守护进程

```
$ sudo service rsyslog restart
```

主机现在将 RSyslog 采集到的所有消息发送到 Logstash 服务器。

RSyslog imfile 模块

除了 Syslog 生成的这些日志外，还可以从特定的文件采集日志。RSyslog 中的一个模块提供了另一种从 RSyslog 发送日志条目的方法：可以使用 imfile 模块通过 Syslog 发送主机上的文件内容。imfile 模块的工作原理与 Logstash 的 file 输入插件十分类似，支持文件滚动，并跟踪文件中当前处理的条目。

提示：如果不想使用 RSyslog 从文件中采集日志条目，可以考虑使用 Elastic 已经发布的一系列名为 beats 的采集代理。具体来说，其中有一个 Filebeat 用于在文件间采集日志条目。这些采集代理还可用于从 Windows 事件日志和各种其他来源采集连接数据。

要通过 RSyslog 发送特定的文件，需要启用 imfile 模块，然后指定要处理的文件。例如，要从 /var/log/riemann/riemann.log 日志文件中采集事件，需要在 /etc/rsyslog.d/ 中创建一个代码段，如代码清单 8-70 所示。

代码清单 8-70　采集 riemann.log 文件

```
$ sudo vi /etc/rsyslog.d/riemann.conf
```

填充该文件，如代码清单 8-71 所示。

代码清单 8-71　使用 imfile 模块监控文件

```
module(load="imfile" PollingInterval="10")

input(type="imfile"
      File="/var/log/riemann/riemann.log"
      Tag="riemann:")
```

第一行加载 imfile 模块，并将事件的轮询间隔设置为 10 秒，只需要在配置中指定一次，并且可以根据需要进行调整，必要情况下增加轮询频次。

下一个配置块指定了要从中采集事件的文件。该文件有一个 type 指定为 imfile，指明 RSyslog 使用 imfile 模块。File 属性指定要轮询的文件名称，还支持通配符，如代码清单 8-72 所示。

代码清单 8-72　使用 imfile 通配符监控文件

```
input(type="imfile"
      File="/var/log/riemann/*.log"
      Tag="riemann:")
```

这将在/var/log/riemann 目录下所有日志文件中采集事件。

接着，Tag 属性用 riemann:标记 RSyslog 中的这些消息。注意标签末尾的:，这对确保正确解析标签来说非常重要，应该始终以冒号结束一个标签。

在另一个示例中，可以将第 5 章创建的 /var/log/collectd.log 日志文件添加进来，从而记录 collectd 的事件，如代码清单 8-73 所示。

代码清单 8-73　监控 collectd 日志文件

```
input(type="imfile"
      File="/var/log/collectd.log"
      Tag="collectd:")
```

这里再次指定 imfile 类型和特定的文件，并向日志条目添加 collectd:标签。

imfile 模块还支持状态管理。另外，RSyslog 会跟踪文件的处理状态，以及文件滚动等变化。

提示：可以在 RSyslog 网站上找到完整的文档。

8.13　记录 Docker 日志

第 7 章讨论了从 Docker 中生成指标，以及从 Docker 容器和守护进程中提取日志。另外，docker 守护进程有一系列日志插件，包括将事件写入 Syslog 或磁盘文件的插件。接下来将刚刚配置的 Syslog 基础设施与 Syslog Docker 日志插件结合起来加以利用，将事件从 Docker 和容器中发送到 Logstash。

docker 守护进程提供两种级别的日志配置：守护进程级别的全局日志和容器级别的运行时本地日志。首先配置 Docker 全局日志，同时也会演示如何在运行时记录日志。在为 docker 守护进程配置日志之前，需要在启动时向守护进程传递一些参数。

配置 docker 守护进程来记录日志

在 Ubuntu 和 Red Hat 系列发行版中，docker 守护进程由系统配置文件进行配置。下面在 Ubuntu 上编辑/etc/default/docker 文件，同时在 Red Hat 上编辑/etc/sysconfig/docker 文件。这两个文件都有一个名为 DOCKER_OPTS 的环境变量，该变量控制在启动 docker 守护进程时传递给 docker daemon 执行命令的参数。

提示：可能需要在文件中取消对变量的注释。

更新这个变量，使其包含一个日志插件和一些配置。回想一下，之前在 logstasha.example.com 主机的端口 5514 上配置了一个 Logstash Syslog 接收器，下面将其配置为目的地，如代码清单 8-74 所示。

代码清单 8-74　配置 DOCKER_OPTS 变量来记录日志

```
DOCKER_OPTS="--log-driver=syslog --log-opt tag="{{.Name}}/{{.ID}}
  " --log-opt syslog-address=tcp://logstasha.example.com:5514"
```

注意：如果已经有这些配置，可能需要将此配置附加到 DOCKER_OPTS 变量之后。

目前已经配置了两种选项。--log-driver 选项指定了将要加载的日志驱动程序插件，这里是 syslog。另外，还配置了两个--log-opt 选项。

警告：启用 syslog Docker 日志插件后，所有日志都被发送到了 Syslog，此时 docker 守护进程上不能运行本地 docker logs 命令。

可以多次指定--log-opt 参数来配置多个日志插件。本例首先使用 tag 选项指定了标签，tag 选项控制了关于容器的附加信息，其中包含我们希望发送到日志服务的信息。然后，将容器名称和容器 ID 添加到日志条目中，如代码清单 8-75 所示。

代码清单 8-75　Docker 日志记录标签

```
2015-11-28T20:24:04Z docker docker/container_name/5790672ab6a0[9103]: Hello from Docker.
```

除了 Syslog 程序和 PID 被替换成了容器名称（docker）和容器 ID（9103）外，更新后的日志条目看起来像标准的 Syslog 日志记录。我们将在日志到达 Logstash 时使用 grok 过滤器解析这些信息。另外，可以添加各种标签，包括容器运行的镜像名称以及所有应用于容器的标记。该字段是一个 Go 模板，可以访问日志上下文中的所有内容。

对于第二个参数`--log-opt`，我们使用 `syslog-address` 选项指定了一个 Syslog 目的地：

`tcp://logstasha.example.com:5514`

它指向 logstasha.example.com 主机上监听 TCP 端口 5514 的 Logstash 服务器，也可以按个人情况通过在服务器地址前加上 udp:// 来使用 UDP。

所有这些选项都可以通过 `docker run` 命令来指定。在命令行上运行容器时使用不同的日志驱动程序，这可以覆盖 docker 守护进程启用的日志插件和配置。

下面需要重新启动 docker 守护进程，来启用日志驱动程序，如代码清单 8-76 所示。

代码清单 8-76　重启 docker 守护进程来启用日志

```
$ sudo service docker restart
```

现在 docker 守护进程或 Docker 容器将向 Logstash 服务器发送事件。当到达 Logstash 服务器时，这些事件将被抓取并标记为 `syslog` 类型，然后由 grok 过滤器处理。重新看一下这个配置，如代码清单 8-77 所示。

代码清单 8-77　Logstash Syslog 接收器

```
input {
  tcp {
    port => 5514
    type => "syslog"
  }
...
}
filter {
  if [type] == "syslog" {
    grok {
      match => { "message" => "%{SYSLOGTIMESTAMP:syslog_timestamp
        } %{SYSLOGHOST:syslog_hostname} %{DATA:syslog_program
        }(?:\[%{POSINT:syslog_pid}\])?: %{GREEDYDATA:
        syslog_message}" }
      remove_field => ["message"]
    }
    syslog_pri { }
    date {
      match => [ "syslog_timestamp", "MMM d HH:mm:ss", "MMM dd HH:mm:ss" ]
    }
  }
}
...
```

可以看到，端口 5514 上的 tcp 输入插件将 `syslog` 类型应用于所有接收到的事件，然后由过滤器处理这些事件。但是，当前的 Syslog grok 过滤器是为标准的 Syslog 所配置的，因此很快将会看到来自 Docker 的事件不能被正确解析，如代码清单 8-78 所示。

代码清单 8-78 grok 解析失败的 Docker 事件

```
{
  "message" => "<30>2015-11-28T20:24:04Z docker docker/07 c15432c076[16829]: hello world",
  "@version" => "1",
  "@timestamp" => "2015-11-28T20:24:04.254Z",
  "host" => "docker",
  "type" => "syslog",
  "tags" => [
    [0] "_grokparsefailure"
  ],
  "syslog_severity_code" => 5,
  "syslog_facility_code" => 1,
  "syslog_facility" => "user-level",
  "syslog_severity" => "notice"
}
```

可以在 `message` 字段中看到 Docker 日志事件，但是事件的其余部分并不正确。实际上，grok 过滤器对它的解析尝试失败了。发生这种情况时，grok 过滤器将为事件添加名为_grokparsefailure 的标签。

注意： 建议在 Logstash 日志中监控这个标签，这样可以了解 Logstash 何时接收到了不能正确解析的事件。我自己有专门为此标签配置的一个 Kibana 图表和一个搜索功能，方便了解发生错误的时间。

为了解决这个问题，需要更新 grok 过滤器中匹配 `message` 字段的正则表达式。首先来确定 Docker 日志消息有何不同，如代码清单 8-79 所示。

代码清单 8-79 Docker 日志消息

```
<30>2015-11-28T20:24:04Z docker docker/daemon_dave/07c15432c076
  [16829]: hello world
```

可以看到，这里使用的时间戳与默认的 Syslog 时间戳不同。还好这是一个标准的 ISO8601 时间戳，并且有相应的 `grok` 模式，但接下来仍需要更新 date 过滤器来反映这一点。

注意，Syslog 程序和 PID 的前缀是通过使用 Docker 日志标签选项而添加的 Docker 容器名称和 ID，这里是 daemon_dave 和 07c15432c076。此处同样需要更新正则表达式来处理它，如代码清单 8-80 所示。

代码清单 8-80 更新后的 Docker grok 正则表达式

```
grok {
  match => { "message" => "(?:%{SYSLOGTIMESTAMP:syslog_timestamp
    }|%{TIMESTAMP_ISO8601:syslog_timestamp}) %{SYSLOGHOST:
```

```
        syslog_hostname} %{DATA:syslog_program}(?:\/%{DATA:
        container_name}\/%{DATA:container_id})?(?:\[%{POSINT:
        syslog_pid}\])?: %{GREEDYDATA:syslog_message}" }
    remove_field => ["message"]
}
```

现在，grok 正则表达式既匹配 ISO8601 时间戳，也匹配常规的 Syslog 时间戳。另外，这里还添加了两个新的可选字段，即 container_name 和 container_id，只有当消息是 Docker 日志消息时才用其进行填充。这些字段将包含 Docker 容器名称和 ID。

提示：别忘了 Grok 调试器也可用于解析和创建 grok 正则表达式。

接着，还需要更新 date 过滤器，来支持另一种时间格式，即 ISO8601。添加新格式很容易，特别是添加新的已知格式，如代码清单 8-81 所示。

代码清单 8-81　更新后的 date 过滤器

```
date {
    match => [ "syslog_timestamp", "MMM d HH:mm:ss", "MMM dd HH:mm:ss", "ISO8601" ]
}
```

这里将 ISO8601 格式添加到了 syslog_timestamp 字段所支持的格式列表的末尾。

现在，如果重启 Logstash（或发出 HUP 信号），应该能够对传入的 Docker 日志消息进行解析，如代码清单 8-82 所示。

代码清单 8-82　重启 Logstash 来启用 Docker 日志记录

```
$ sudo service logstash restart
```

现在将看到类似的 Docker 日志消息已被正确解析，并且将获得一些有用的上下文信息：容器名和 ID，如代码清单 8-83 所示。

代码清单 8-83　正确解析的 Docker 日志消息

```
{
                   "message" => "<30>2015-11-28T21:51:26Z docker
                       docker/daemon_dave/d6cfce59a1d1[23338]: hello world",
                  "@version" => "1",
                "@timestamp" => "2015-11-28T21:51:26.000Z",
                      "host" => "docker",
                      "type" => "syslog",
          "syslog_timestamp" => "2015-11-28T21:51:26Z",
           "syslog_hostname" => "docker",
            "syslog_program" => "docker",
            "container_name" => "daemon_dave",
              "container_id" => "d6cfce59a1d1",
                "syslog_pid" => "23338",
            "syslog_message" => "hello world",
```

```
    "syslog_severity_code" => 5,
    "syslog_facility_code" => 1,
        "syslog_facility" => "user-level",
        "syslog_severity" => "notice"
}
```

这样，Logstash 服务器上现在就有了 docker 守护进程和容器的日志，可以实现在守护进程和任何正在运行的容器中记录事件，并提供有用的历史记录，帮助识别和解决故障。

8.14　将数据从 Logstash 发送到 Riemann

目前部分事件正从主机流入 Logstash，接下来看一下如何将事件和指标从 Logstash 发送到 Riemann，然后再发送到 Graphite。当想在特定的日志事件中生成并发出指标时，这一点非常有用。下面在 Logstash 中创建一个指标来评估事件吞吐量，即 Logstash 处理事件的速率，通过该指标来了解这种操作的运行方式。

首先，在 Logstash 主机上安装新的输出插件 riemann。riemann 输出插件由社区维护，用于将 Logstash 连接到 Riemann。默认情况下，它不会随着 Logstash 发布，所以需要使用 plugin 命令进行安装，如代码清单 8-84 所示。

代码清单 8-84　在 Logstash 主机上安装 riemann 输出插件

```
$ sudo /opt/logstash/bin/plugin install logstash-output-riemann
Validating logstash-output-riemann
Installing logstash-output-riemann
Installation successful
```

提示：可以在 Elasticsearch Logstash 插件文档中了解更多有关使用外部 Logstash 插件的信息。

现在使用现有的 Logstash 配置，并添加一个名为 metrics 的新过滤器和新的 riemann 输出插件，如代码清单 8-85 所示。

代码清单 8-85　Logstash 指标过滤器

```
filter {

...

  metrics {
    meter => "events"
    add_tag => "logstash_events"
  }
}
output {

...
```

```
    if "logstash_events" in [tags] {
     riemann {
        host => "riemanna.example.com"
        map_fields => true
        riemann_event => {
          "service" => "Logstash events"
          "host" => "logstasha.example.com"
        }
      }
    }
}
```

metrics 过滤器从 Logstash 事件中创建指标，它有两种模式，分别为 meter（仪表）和 timer（计时器）。在 meter 模式中，它将对事件计数，然后发出一个新事件，其中包含事件总数以及短期、中期和长期的事件速率。默认的短期、中期和长期测量方法可以自定义设置，默认为 1 分钟、5 分钟和 15 分钟，与 Linux 的负载平均值一样。

在 timer 模式中，metrics 过滤器会发出相同的事件，但同时包含指定字段的一些统计信息。例如，我们可能正在从 Apache Web 服务器采集访问日志，其中就包括 HTML 状态码和响应时间，可以根据响应时间创建一个指标，接着 metrics 过滤器可以输出速率、最小值、最大值、平均值、标准差和百分位数等。

本例中，meter => "events" 会发出相应的事件，如代码清单 8-86 所示。

代码清单 8-86　Logstash 指标事件

```
{
            "@version" => "1",
          "@timestamp" => "2015-08-05T00:36:02.773Z",
             "message" => "logstash",
        "events.count" => 1066562,
      "events.rate_1m" => 1222.4379898784412,
      "events.rate_5m" => 1175.383369199709,
     "events.rate_15m" => 766.9274163646223,
                "tags" => [
        [0] "logstash_events"
    ]
}
```

该事件包含典型字段：@timestamp、@version 和一个 message 字段（值为 logstash）。另外，可以看到，metrics 过滤器在发出的事件中自动创建了 4 个自定义字段，分别为 events.count、events.rate_1m、events.rate_5m 和 events.rate_15m。这是通过 metrics 过滤器的事件的计数，以及每隔 1 分钟、每隔 5 分钟和每隔 15 分钟的速率。自定义字段的前缀是 meter 选项所指定的值 events，加上一个句点 .，这两项组合起来就是指标名称。

这里所有事件都经 metrics 过滤器进行处理，因此我们有效地创建了 Logstash 事件处理的速率统计。同样可以使用标签、type 字段或其他选择器来抓取特定的事件并从中创建指标。

接下来把这些指标字段传递给 Riemann。注意，过滤器添加了标签 logstash_events，可以帮助我们在 output 部分中识别要发送给 Riemann 的特定事件。

output 匹配了所有带有 logstash_events 标签的事件，匹配项中指定了 riemann 输出插件，如代码清单 8-87 所示。

代码清单 8-87　riemann 输出插件

```
riemann {
  host          => "riemanna.example.com"
  sender        => "%{syslog_hostname}"
  map_fields    => true
  riemann_event => {
    "service" => "Logstash events"
    "metric"  => "%{events.rate_1m}"
  }
}
```

host 选项告诉输出模块事件将要发往的 Riemann 服务器，这里是 riemanna.example.com。sender 选项控制事件的源主机，这将填充 Riemann 事件的:host 字段。下面将使用 syslog_hostname 字段的内容，%{syslog_hostname}语法表示引用一个字段，字段引用可以实现在 Logstash 配置中引用事件字段。map_fields 选项设置 riemann 输出插件将 Logstash 事件中的所有自定义字段映射到对应的 Riemann 事件中的自定义字段。

接着，可以通过 riemann_event 选项，在 Riemann 事件中映射字段或创建字段。这里预先设置 riemann 输出插件：Riemann 事件上的:service 字段应该指定为 Logstash events，:metric 字段应该获取 events.rate_1m 字段中的值。

这种配置会生成如下 Riemann 事件，如代码清单 8-88 所示。

代码清单 8-88　Riemann 中的 Logstash 指标事件

```
{:host logstasha.example.com, :service Logstash events, :state ok,
 :description logstash, :metric 1199.8928828641517, :tags [logstash_events],
 :time 1438738018, :ttl 60, :events.rate_15m 610.7294184757806,
 :events.rate_5m 1055.0701220952672, :events.rate_1m 1199.8928828641517,
 :events.count 768848, :message logstash}
```

可以看到默认的 Riemann 字段，包括:metric 字段，以及一些自定义字段，如:events.rate_5m。因此，除了像前面那样匹配:metric 字段外，还可以随机匹配这些自定义字段。

提示： 如果倾向使用 Graphite 输出插件，也可以将指标直接输出到 Graphite。

8.15　将数据从 Riemann 发送到 Logstash

除了从 Logstash 向 Riemann 发送指标外，还可以执行反向的操作。也就是说，如果输入

Riemann 的数据对诊断有用，同样可以将数据发回到 Logstash。为了简化这一过程，Riemann 附带了一个 Logstash 插件，可以在 Riemann 服务器上启用，接下来开始执行这一操作。

与在第 4 章中配置 Graphite 插件类似，这里将为 Logstash 插件添加一些配置，并在/etc/riemann/examplecom/etc/中创建 logstash.clj 文件来保存该配置，如代码清单 8-89 所示。

代码清单 8-89　logstash.clj 配置文件

```
(ns examplecom.etc.logstash
  (:require [riemann.logstash :refer :all]))

(def logstash (async-queue! :logstash {:queue-size 1000}
              (logstash {:host "logstash" :port 2003 :pool-size 20})))
```

首先添加名字空间 examplecom.etc.logstash，并使用 :require 引入 riemann.logstash 库，其中包含 Riemann 的 logstash 驱动程序。

然后创建一个名为 logstash 的新变量。与第 4 章中的 Graphite 连接一样，这里指定了 async-queue!，确保向 Logstash 发送事件的操作不会阻塞 Riemann。该队列已命名为 :logstash，队列大小指定为 1000。队列中用 :host 和 :port 两个选项指定了 logstash 插件。同时，:host 选项设置成了 logstasha.example.com，也就是 Logstash 服务器的名称（这里假设 DNS 能正确解析），将 :port 指定为 2003。另外，把 :pool-size 指定为 20。:pool-size 控制 Riemann 对 Logstash 保持开放的连接的数量，如果遇到从 Riemann 到 Logstash 的吞吐量问题，可以尝试增加 :pool-size。

如果使用 logstash 变量，类似第 4 章中创建的 graph 变量，那么所有事件都将从 Riemann 发送到 Logstash。现在看一下示例，如代码清单 8-90 所示。

代码清单 8-90　使用 logstash 变量

```
(require '[examplecom.etc.logstash :refer :all])

...

(tagged "logstash_events"
  logstash
)
```

首先在 riemann.config 中引入 examplecom.etc.logstash 函数，在这里，所有带有 logstash_events 标签的事件都由 where 流进行识别并传递给 logstash 变量。

然后需要配置连接的 Logstash 端。为此，下面在端口 2003 上新添加一个 tcp 输入插件。传入的 Riemann 事件以 JSON 格式发出，因此使用 Logstash 内置的 json 编解码器解析它们很容易。

现在向/etc/logstash/conf.d/logstash.conf 文件添加一些配置，如代码清单 8-91 所示。

代码清单 8-91   添加 Riemann 接收器

```
input {
  tcp {
    port => 5514
    type => "syslog"
  }
  tcp {
    port  => 2003
    type  => "riemann"
    codec => "json"
  }
...
```

这里在端口 2003 上添加了一个新的 tcp 输入插件，将此输入插件上接收到的所有事件的 type 设置为 riemann，并使用 json 编解码器将所有传入的事件从 JSON 格式解析为 Logstash 的消息格式。接着，需要重新启动 Logstash 来启用配置，如代码清单 8-92 所示。

代码清单 8-92   重新启动 Logstash 使 Riemann 事件配置生效

```
$ sudo service logstash restart
```

现在，如果通过 logstash 变量发送事件，它将出现在 Logstash 中。下面看一下将第 5 章中的 collectd 事件示例放在 Logstash 中的情况，如代码清单 8-93 所示。

代码清单 8-93   Logstash 中的 Riemann 事件

```
{
              "host" => "tornado-web1",
           "service" => "cpu user",
             "state" => "ok",
       "description" => nil,
            "metric" => 0.9950248756218906,
              "tags" => [
        [0] "collectd"
    ],
              "time" => "2015-12-09T12:43:58.000Z",
               "ttl" => 60.0,
            "source" => "tornado-web1",
          "ds_index" => "0",
           "ds_name" => "value",
           "ds_type" => "gauge",
     "type_instance" => "user",
              "type" => "percent",
            "plugin" => "cpu",
          "@version" => "1",
        "@timestamp" => "2015-12-09T12:44:08.444Z"
}
```

这里，collectd 事件已从 Riemann 发出，由 JSON 格式转换为 Logstash 中的事件格式，并作为调试输出。一般来说，由于 collectd 事件已经在 Graphite 中进行了绘制，因此不会发送到 Logstash，这里是为了说明将事件从 Riemann 发送到 Logstash 易于操作。

警告：不要在 Riemann 和 Logstash 之间创建回路，确保所有从 Riemann 发送到 Logstash（反之亦然）的事件不会在两个目的地之间不断循环。

8.16　伸缩扩展 Logstash 和 Elasticsearch

在当前配置下，每个环境中都有一台 Logstash 服务器，用于接收事件并将事件传递给由 3 台 Elasticsearch 服务器组成的集群。这解决了对环境的即时需求，但在未来某个时间，可能需要扩展 Logstash 和 Elasticsearch。

8.16.1　伸缩扩展 Logstash

对于 Logstash，主要有以下几个选项来扩展当前的解决方案。

❑ 分区（partitioning）
❑ 负载均衡（load balancing）
❑ 中间层（brokering）

第一个选项是分区。它意味着 Logstash 服务器处理来自一组特定主机的事件，例如，一台 Logstash 服务器对应特定的应用程序、机架或环境。当前每个环境对应一台 Logstash 服务器，这种配置就是分区的示例。

如果使用配置管理系统来管理环境，则设置分区相对容易。可以将主机、服务和应用程序配置为将事件发送到特定的服务器，例如，将一部分主机的 RSyslog 配置到特定的 Logstash 服务器。

也可以在更深层次上进行划分。Logstash 服务器上最损耗性能的进程是事件处理，比如 grok 过滤器。因此，这里配置一台 Logstash 服务器，实现简单路由事件，如代码清单 8-94 所示。

代码清单 8-94　Logstash 的路由配置

```
input {
  tcp {
    port => 5514
    type => "syslog"
  }
  udp {
    port => 5514
    type => "syslog"
  }
}
output {
  if [host] == "tornado-web1" {
    tcp {
```

```
        host => "logstasha1.example.com"
        port => 5514
      }
    }
    if [host] == "tornado-db" {
      tcp {
        host => "logstasha2.example.com"
        port => 5514
      }
    }
  }
```

这里配置了一台 Logstash 服务器来使用 tcp 输入插件和 udp 输入插件在端口 5514 上接收事件，没有指定任何过滤插件，事件直接传递到了输出插件。output 配置块指定了 if 条件语句来根据源主机选择事件，并通过 tcp 输出插件将它们路由到新的 Logstash 服务器上（logstasha1.example.com 或 logstasha2.example.com）。然后，事件在该 Logstash 服务器上进行分区，并在目标 Logstash 服务器上进行特定的处理。

Logstash 在 Logstash 服务器上游进行配置，确保每台服务器具有相关配置，可以处理该主机子集中的事件。

第二个选项是负载均衡。在这种方法中，主机和服务上的本地配置指向 DNS 域名，比如 logstasha.example.com。然后，按需运行尽可能多的 Logstash 服务器。每台服务器的配置相同，在 HAProxy 集群后使用 keepalived 之类的工具来帮助管理集群。在所有 Logstash 服务器配置相同的情况下，HAProxy 上的轮询或最小连接算法将平均分配与 Logstash 服务器的连接。负载均衡引入了更多的复杂性，但因为它可以在发送方配置不变的情况下伸缩扩展后端，所以相对于持续不断的维护来说要简单得多。

第三个选项是在日志采集代理和 Logstash 服务器之间，或者在 Logstash 服务器和 Elasticsearch 之间，插入中间层。在 ELK 组件间发送日志条目之前，中间层负责对这些日志条目进行缓冲和存储，它通常具有较大的事件接收能力，可以在事件到达组件之前代理大量事件，例如 Redis 和 Kafka。

所有的方法都有利有弊。分区是一种技术上简单的解决方案，可以通过配置管理工具简单轻松地进行管理。但是，根据分区的粒度，它可能需要大量主机，并可能导致容量分区过度。负载均衡是一种技术上更为复杂的解决方案，需要更深入、更动态的配置和操作管理。然而，它的优势是，通常能够根据需要进行扩容。

无论选择哪种解决方案，所有事件最终都会发送到现有的 Elasticsearch 集群中，并根据需要扩展该集群。

8.16.2　伸缩扩展 Elasticsearch

对于 Elasticsearch，伸缩扩展非常简单。集群可以通过加入额外节点进行扩展，一些节点可以指定为主节点，一些可以指定为客户端节点，一些可以指定为纯数据节点，从而帮助优化性能。

Elastic 团队提供了以下一些有关讨论伸缩扩展的优秀资源。

❑ 伸缩扩展指南。
❑ Chartbeat 网站上的博客文章，“Logstash Deployment and Scaling Tips”。
❑ Wilfred Hughes 的博客文章，“Taming a Wild Elasticsearch Cluster”，非常实用，不可不读。

以上资源都包含了对 Elasticsearch 集群进行调整和扩容的想法。

8.17　监控组件

接下来要确保刚刚安装的所有组件都能保持正常高效的运转，当其中任何一个组件失效时，系统将发出通知。下面为每个组件构建一些监控。

8.17.1　监控 RSyslog

首先要确保 RSyslog 持续运行，并且在它失效时系统能够发出通知。为此，这里将使用 collectd 的进程监控。第 5 章和第 6 章讲到了如何使用 processes 插件来监控特定的进程，现在来为 RSyslog 添加一些监控。

在/etc/collectd.d/中创建 rsyslogd.conf 文件来保存配置，如代码清单 8-95 所示。

代码清单 8-95　创建 rsyslogd.conf 文件

```
$ sudo vi /etc/collectd.d/rsyslogd.conf
```

现在填充 rsyslogd.conf 文件，如代码清单 8-96 所示。

代码清单 8-96　填充 rsyslogd.conf 文件

```
LoadPlugin processes
<Plugin "processes">
    Process "rsyslogd"
</Plugin>
```

请注意，此时正在监控 rsyslogd 进程，该进程中的事件将传递给 Riemann 进行跟踪。如果进程数低于第 6 章中配置的阈值，那么将生成一个故障事件，并发出通知。

8.17.2　监控 Logstash

由于 Logstash 和 Elasticsearch 都是基于 JVM 的应用程序，因此可以利用 JMX（Java 管理扩展）监控框架。JMX 是一个针对 Java 的内置监控和测量方案，随大多数 Java 发行版一起提供，可以根据具体情况逐个启用。

8

提示：JMX 的开源替代品是 Kamon。对 Java 7 及更高版本来说，还可以选择使用 jstat，jstat 可以借助一个简单的 collectd 插件来使用。

---

1. 为 Logstash 配置 JMX

下面通过更新 Logstash 的启动参数来为 Logstash 启用 JMX。在 Ubuntu 上，可以通过编辑 /etc/default/logstash 文件来实现。在 Red Hat 和相关发行版上，则需要更新/etc/sysconfig/logstash 文件。

这两种情况都需要更新 LS_JAVA_OPTS 环境变量，如代码清单 8-97 所示。

代码清单 8-97 更新 JMX 上的 LS_JAVA_OPTS 变量

```
LS_JAVA_OPTS="-Dcom.sun.management.jmxremote -Dcom.sun.management
 .jmxremote.port=8855 -Dcom.sun.management.jmxremote.
 authenticate=false -Dcom.sun.management.jmxremote.ssl=false"
```

同时增加如代码清单 8-98 所示的选项。

代码清单 8-98 JMX 启用选项

```
-Dcom.sun.management.jmxremote
-Dcom.sun.management.jmxremote.port=8855
-Dcom.sun.management.jmxremote.authenticate=false
-Dcom.sun.management.jmxremote.ssl=false
```

它们启用 JMX 并将其配置为本地报告，绑定到 localhost 的端口 8855 上。这里已经禁用了身份验证和 SSL，如果你想使用用户名和密码，可以在 JMX 网站上找到说明。另外，还可以启用 SSL，但在绑定到本地主机时可能无须启用。

现在重新启动 Logstash 来启用 JMX，如代码清单 8-99 所示。

代码清单 8-99 重启 Logstash 来启用 JMX

```
$ sudo service logstash restart
```

2. 为 Logstash 的 JMX 配置 collectd

现在需要配置 collectd 插件来通过 JMX 端点获取指标。collectd 守护进程附带一个名为 GenericJMX 的 Java 插件来完成这个操作，这里同步运行 GenericJMX 插件与 Java 辅助插件，类似第 7 章中使用的 Python 辅助插件。

创建一个文件来保存插件配置，如代码清单 8-100 所示。

代码清单 8-100 Logstash 的 collectd JMX 配置文件

```
$ vi /etc/collectd.d/logstash_jmx.conf
```

现在填充该文件。整个配置篇幅较大，不能完整粘贴到书中，可以访问本书源代码浏览完整文件。这里选取了一个示例来展示其运行方式，如代码清单 8-101 所示。

代码清单 8-101　logstash_jmx.conf 文件

```
LoadPlugin java
<Plugin "java">
  JVMARG "-Djava.class.path=/usr/share/collectd/java/collectd-api
    .jar:/usr/share/collectd/java/generic-jmx.jar"
  LoadPlugin "org.collectd.java.GenericJMX"

  <Plugin "GenericJMX">

   <MBean "memory">
      ObjectName "java.lang:type=Memory,*"
      InstancePrefix "java_memory"
      <Value>
        Type "memory"
        InstancePrefix "heap-"
        Table true
        Attribute "HeapMemoryUsage"
      </Value>

      <Value>
        Type "memory"
        InstancePrefix "nonheap-"
        Table true
        Attribute "NonHeapMemoryUsage"
      </Value>

   </MBean>

...

    <Connection>
      ServiceURL "service:jmx:rmi:///jndi/rmi://localhost:8855/jmxrmi"
      Collect "classes"
      Collect "compilation"
      ...
```

8

第一行加载 Java 插件。这是一个基础插件，可以为 collectd 启用所有相关的 Java 代码，接着在 `<Plugin>` 块中配置插件操作，向 Java 插件指明 GenericJMX 插件的位置并进行加载。

然后将 GenericJMX 插件的配置嵌套在第二个 `<Plugin>` 块中。

我们为 GenericJMX 插件指定了两种类型的配置。

3. MBean

MBean（Managed Bean）块用于定义属性到类型的映射，从而在 collectd 中生成指标。MBean 是被托管的 Java 对象，类似于 JavaBean 组件，但用于通过 JMX 暴露管理接口。可以为应用程序或 JVM 中的设备、应用程序或资源对 MBean 进行定义，每个 MBean 都公开可读或可写的属性、一组操作和一个描述。

在 GenericJMX 插件配置中，一般关注基本的 JVM 相关指标，而不是特定于应用程序的属性。这里将研究用于管理 JVM 性能的有用指标，如内存、垃圾回收、调用和内存池。下面看一个 MBean 的示例，如代码清单 8-102 所示。

代码清单 8-102　MBean

```
<MBean "memory-heap">
  ObjectName "java.lang:type=Memory"
  InstancePrefix "memory-heap"
  <Value>
    Type "memory"
    Table true
    Attribute "HeapMemoryUsage"
  </Value>
</MBean>
<MBean "memory-nonheap">
  ObjectName "java.lang:type=Memory"
  InstancePrefix "memory-nonheap"
  <Value>
    Type "memory"
    Table true
    Attribute "NonHeapMemoryUsage"
  </Value>
</MBean>
```

MBean 块有一个名称，这里是 memory-heap，这是 collectd 中 MBean 定义的名称。还有一个为 ObjectName，是 JMX 中 MBean 定义的名称。本例中，MBean 跟踪 JVM 中的内存状态。

接下来定义 InstancePrefix，这是一个可选设置，用于为 MBean 的值添加前缀，因此本例中定义的所有值都将以 memory-heap 作为前缀。这有助于识别某个值的来源。

接着定义从 MBean 中获取的值，将这些值封装在 <Value> 块中。每个 MBean 至少需要一个 <Value> 块，<Value> 块中的属性设置了指标的各个字段。

首先在第一个 <Value> 块中把 Type 设置为 memory，用于构建指标类型和名称。Table 选项指定所获取的值是否为组合值。如果为 true，则假定它为组合值。组合值是数据的集合，可以通过 key 来查找。

Attribute 是 MBean 中的属性的名称，可以在其中进行值的读取。这里的第一个值将读取名为 HeapMemoryUsage 的属性。

那么，最终可以从这个 <Value> 块中获取哪些指标呢？在本例中，collectd 将查找 HeapMemory-Usage 属性，这是一个由多个值组成的复合属性。它将获取所有这些值，并向它们添加 Instance-Prefix 前缀和 Type 前缀，然后生成一些指标，如代码清单 8-103 所示。

代码清单 8-103 GenericJMX Java 内存堆指标

```
GenericJMX-memory-heap/memory-committed
GenericJMX-memory-heap/memory-init
GenericJMX-memory-heap/memory-max
GenericJMX-memory-heap/memory-used
```

接着，`collectd` 实例把这些指标发送到 Riemann，然后就可以使用它们来监控 Logstash 的性能。可以考虑从以下几个方面的指标来创建图表。

- ❏ 内存：`memory-heap/memory-used` 指标和 `memory-nonheap/memory-used` 指标可以帮助识别内存使用量和泄漏情况，要关注它们随着时间的增长。
- ❏ 垃圾回收：监控垃圾回收的频率和所花费的时间可以指示是否存在内存泄漏情况。
- ❏ 线程：每个线程都消耗内存，大量打开的或大量运行的线程可能指示存在内存瓶颈问题或发生了 OOM（内存不足）错误。

提示：可以在 collectd 插件文档中找到 GenericJMX 插件设置的完整列表。

4. Connection（连接）

`<Connection>`块控制插件查找 JMX 服务器的位置范围，如代码清单 8-104 所示。

代码清单 8-104 Connection

```
<Connection>
  ServiceURL "service:jmx:rmi:///jndi/rmi://localhost:8855/jmxrmi"
  Collect "classes"
  Collect "compilation"
  Collect "garbage_collector"
  Collect "memory"
  Collect "memory_pool"
  Collect "thread"
  Collect "thread-daemon"
</Connection>
```

`<Connection>`块定义了 `ServiceURL`，指向在 localhost 的端口 8855 上运行的 JMX 实例，同时指定了一系列 `Collect` 选项，告诉 collectd 要为该连接处理哪些 `MBean` 指标。本例中，需要检索所有已定义的 `MBean`，包括刚刚看到的 `Type` 为 `memory` 的 `MBean`。

5. 启用 Logstash 进程监控

与前面说到的监控 collectd 和 RSyslog 一样，接下来使用相同的方法和 processes 插件来实现对 Logstash 进程的监控。

首先，在/etc/collectd.d/中创建 logstash.conf 文件来保存配置，如代码清单 8-105 所示。

8

代码清单 8-105　创建 logstash.conf 文件

```
$ sudo vi /etc/collectd.d/logstash.conf
```

然后，对该文件进行填充，如代码清单 8-106 所示。

代码清单 8-106　填充 logstash.conf 文件

```
LoadPlugin processes
<Plugin "processes">
    ProcessMatch "logstash" "logstash\/runner.rb"
</Plugin>
```

可以看到，我们正在监控 logstash 进程。如果进程失败，则会触发进程阈值，然后生成故障并发送到 Riemann，接着便会收到 Logstash 已经失败的通知。

6. 重启 collectd

重新启动 collectd 守护进程来启用这两个插件，如代码清单 8-107 所示。

代码清单 8-107　重启 collectd 来启用 JMX

```
$ sudo service collectd restart
```

7. 使用 Riemann 监控 Logstash

现在，我们已经从 Logstash 中的 JVM 实例和 Logstash 进程获得了传入的指标，接着指标将被标记为 collectd，Riemann 自动将其发送到 Graphite。一旦指标到达 Graphite 中，我们就可以构建适当的图表，并将它们添加到看板上。

8.17.3　监控 Elasticsearch

下面列出两个选项来监控 Elasticsearch，包括监控进程本身。

❑ 使用 Logstash 应用程序中用到的 JMX 进行相同的 JVM 监控。
❑ 使用 Elasticsearch 的统计 API 端点暴露的监控指标。

接下来在现有的安装中添加一个新插件，来从 Elasticsearch 中采集指标。首先，获取这个插件。正如我们所了解的那样，collectd 守护进程附带了部分有用的插件，有助于运行用多种语言编写的插件。在本例中，新插件用 Python 编写，所以这里再次使用 Python 插件来运行它。先来下载插件，如代码清单 8-108 所示。

代码清单 8-108　下载 elasticsearch_collectd.py 插件

```
$ cd /usr/lib/collectd/
$ wget https://raw.githubusercontent.com/turnbullpress/collectd-
  elasticsearch/master/elasticsearch_collectd.py
```

> **注意：** 原始插件的版权归 GitHub 网站的 SignalFuse 和 Jeremy Carroll 所有。

　　这里已经切换到/usr/lib/collectd/目录（在 Red Hat 上是/usr/lib64/collectd/目录），collectd 中保存了所有的插件。然后从 GitHub 上下载这个插件，可以看一下它的源码，其定义了一个指标列表和一些可配置的选项，还有一系列读取 Elasticsearch stats API 并解析指标的方法。

> **提示：** 可以通过 collectd Python 手册了解如何编写自己的 Python 插件。

1. 配置 Elasticsearch collectd 插件

　　安装完插件后，需要在 collectd 中指明该操作并对插件进行配置。因此，接下来在/etc/collectd.d 目录下为插件添加名为 elasticsearch.conf 的配置文件，如代码清单 8-109 所示。

代码清单 8-109　创建 elasticsearch.conf 配置文件

```
$ sudo vi /etc/collectd.d/elasticsearch.conf
```

　　现在填充这个文件，如代码清单 8-110 所示。

代码清单 8-110　填充 elasticsearch.conf 配置文件

```
<LoadPlugin "python">
    Globals true
</LoadPlugin>

<Plugin "python">
    ModulePath "/usr/lib/collectd/"

    Import "elasticsearch_collectd"

    <Module "elasticsearch_collectd">
        Verbose false
        Cluster "productiona"
    </Module>
</Plugin>
```

　　配置文件加载了 Python 插件。`Globals true` 启用了主机上所有的 Python 标准库，因此可以在插件中进行使用。

　　接着配置 Python 插件，告诉 collectd 可以在哪里找到插件，这里是/usr/lib/collectd（在 Red Hat 上是/usr/lib64/collectd）。导入刚刚安装的 elasticsearch_collectd 插件，把插件加载到 collectd 中。

　　然后对导入的插件进行配置，通过 `Verbose` 选项告诉它禁用详细日志记录，并通过 `Cluster` 选项告诉它 Elasticsearch 集群名称，这里是 productiona。

2. 启用 Elasticsearch 进程监控

对于监控 Elasticsearch 进程，需要再次使用 processes 插件。

首先编辑/etc/collectd.d/中的 elasticsearch.conf 文件来添加配置，如代码清单 8-111 所示。

代码清单 8-111　编辑 elasticsearch.conf 文件

```
$ sudo vi /etc/collectd.d/elasticsearch.conf
```

然后在这个文件的底部添加一些信息，如代码清单 8-112 所示。

代码清单 8-112　更新 elasticsearch.conf 文件

```
LoadPlugin processes
<Plugin "processes">
    Process "elasticsearch"
</Plugin>
```

注意，在监控 elasticsearch 进程的同时，这个进程中的事件将传递到 Riemann。与其他所有进程监控一样，如果 Elasticsearch 停止，我们将得到一个失败事件并收到通知。

3. 重启 collectd

为了启用插件，下面重新启动 collectd 守护进程，如代码清单 8-113 所示。

代码清单 8-113　重启 collectd 来启用 Elasticsearch 监控

```
$ sudo service collectd restart
```

现在 collectd 应该可以抓取 Elasticsearch 的统计 API 来获取指标，并观察这个进程的可用性和性能。

4. 使用 Riemann 监控 Elasticsearch

现在，已经可以从 Logstash 中的 JVM 实例和 Logstash 进程获得传入的指标。指标被标记为 collectd，Riemann 自动将它们发送到 Graphite。一旦指标到达 Graphite 中，我们就可以构建适当的图表，将它们添加到看板上。

现在，在 Graphite 内部，应该可以找到一组指标，其中大多数是为 Logstash 添加的 JVM 相关指标，包括内存和垃圾回收。另外，还可以获得一组用于 Elasticsearch 的指标，包括请求延迟和计时器。可以将这些指标与每个节点的 CPU 指标和内存指标结合起来，生成关于 Elasticsearch 执行情况的最终图表。

注意：可以从 GitHub 上获取本书中的所有示例配置和代码[①]。

---

① 也可以从图灵社区下载：http://ituring.cn/book/1955。——编者注

8.18　Logstash 的替代方案

我们有多种多样的日志管理解决方案可供选择，其中许多是针对特定场景（如安全或网络监控）而设计的。因此，这里只讨论几个示例。

8.18.1　Splunk

Splunk 是可以获取的主要的商业日志管理产品，既有基于私有部署的解决方案，也有基于云的解决方案。

8.18.2　Heka

Heka 是一个开源的日志管理解决方案，由 Mozilla 团队设计，是用 Go 编写的日志和数据采集工具。与 Logstash 一样，Heka 提供了一个可插拔的框架来采集和处理日志，还可以输出到多个目的地，包括 Elasticsearch。Heka 目前没有继续维护，但其有一个潜在的继任者，即 Hindsight。

8.18.3　Graylog

Graylog 是另一个开源的日志管理解决方案。与 Logstash 和 Heka 一样，它提供了一个可插拔的框架，并为 Linux 和 Windows 提供了本地采集工具。

8.18.4　mtail

mtail 是由谷歌开源的日志文件指标提取程序，在部分应用程序中进行低开销指标提取，这些应用程序不能与其 varz[①] 指标库进行连接。mtail 使用类似于 awk 的小程序来描述模式和导出指标的操作。

8.19　小结

本章通过在中央主机上安装 Logstash，使用 Elasticsearch 集群来保存日志，并且利用 Kibana 看板和控制台来实现事件可视化等操作，为监控环境添加了日志管理层。

同时将日志管理集成到 Riemann 解决方案中，实现从 Logstash 事件中发送通知、从日志中捕获指标，以及从 Riemann 中将事件反向发送到 Logstash。

另外，通过 Syslog 以及将日志发往 Logstash，增加了对主机和 Docker 容器上日志的采集操作。该解决方案补充了第 5 ~ 7 章中创建的基于主机的指标，我们在后文中将继续练习。

下一章将通过查看应用程序指标和事件来继续构建监控环境。

---

① 谷歌内部表示指标集合的一种格式。——译者注

## 第 9 章

构建可监控的应用程序

前几章讨论了构建监控平台，其中构建了 Riemann 事件引擎以及使用 Graphite 和 Grafana 来可视化事件和指标，同时采集了一些事件和指标来进行处理和可视化。第 6～8 章使用 collectd 采集基本的主机指标，并设置了采集来自主机的日志。

本章将把监控和采集扩展到应用程序层，如图 9-1 所示。

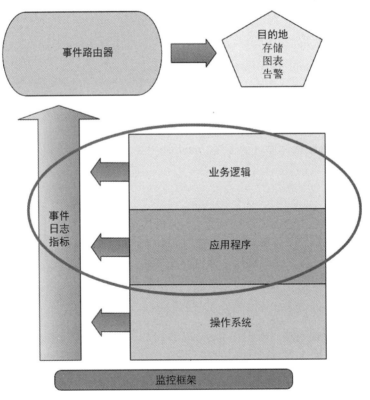

图 9-1　应用程序和业务逻辑监控

本章重点关注以下 3 种监控应用程序的方法。

- 通过测量代码来发出指标。
- 生成结构化或语义化的日志事件。
- 构建健康检查和端点。

接下来将了解如何在应用程序中嵌入这些方法，并使用测量结果和指标来分析应用程序的性能。

在开始之前，先来了解在监控应用程序时应该考虑的一些高级设计模式和原则。

9.1 应用程序监控入门

下面是应用程序监控的一些基本原则。对所有良好的应用程序开发方法论来说，在构建应用程序之前明确要开发的内容，是一个较好的实践，监控也不例外。遗憾的是，应用程序开发中存在一些常见的反模式。第一种常见的反模式是将监控和其他运维功能（如安全性）视为应用程序的增值组件，而不是核心功能。（事实上，监控和安全性就是应用程序的核心功能特性。）因此，如果正在为应用程序创建需求规范或用户故事，务必添加对应用程序的每个组件的监控，否则，会变为严重的系统事件并引发操作风险，主要有以下几个方面的表现。

- 无法识别或诊断故障。
- 无法测量应用程序的运行性能。
- 无法衡量应用程序或组件的业务性能和执行状况，比如跟踪销售数据或交易量。

第二种常见的反模式是过度测量，这种反模式通常建议要对应用程序进行过度测量。人们常常抱怨数据太少，但往往不会担心数据过多。

第三种常见的反模式是，如果使用多环境，例如开发环境、测试环境、预发布环境和生产环境，一定要确保监控配置提供标签或标识符，从而知道指标、日志或事件来自哪个特定环境。通过这种方式，可以对监控和指标进行分区，本章稍后将对此进行详细讨论。

9.1.1 应该在哪里测量

最好在入口和出口开始为应用程序添加测量代码。

- 测量和记录请求以及响应，例如对特定 Web 页面或 API 端点的请求和响应。如果正在测量已有的应用程序，那么可以创建相应页面或端点的优先级列表，并按重要性依次进行测量。
- 测量并记录所有对外部服务和 API 的调用，比如应用程序使用数据库、缓存、搜索服务，或者第三方服务（如支付网关）。
- 测量和记录作业的调度、执行和其他周期性事件，如 cron 作业。

　　❑ 测量重要的业务和功能事件，如创建用户，以及支付和销售之类的事务。
　　❑ 测量相关方法和函数，能够对数据库和缓存进行读取和写入。

9.1.2　测量模式

　　确保通过应用程序、方法、函数或类似的标记来对事件和指标进行分类和清晰的标识，从而了解特定的事件或指标所生成的位置。

　　为指标名称和日志事件定义一个模式（本章稍后将详细讨论结构化日志和语义化日志）。下面先来看一个示例，如代码清单 9-1 所示。

代码清单 9-1　指标名称模式的示例

```
location.application.environment.subsystem.function.actions
```

　　这里创建了一个指标模式，该模式可以覆盖大多数典型的应用程序，并且易于进行缩减，来适应其他情况。现在将其应用到一个应用程序中。

```
productiona.tornado.development.payments.collection.job.count
```

　　我们指定了应用程序所在的数据中心，这里是 productiona，然后指定了应用程序的名称，同时列出了其所在的运行环境，例如生产环境、开发环境等。接着指定了子系统或组件，比如 payments（支付系统）、user（用户系统）、被测量的功能，以及此范围内的所有方法和操作。对于不太复杂的应用程序，可以缩短此路径来适应具体的场景。

9.1.3　时间和观察者效应

　　正如第 4 章所述，对于事件的时间以及运行应用程序的主机上的时间，确保其准确性很重要，可以使用像 NTP 这样的服务来实现。同时，还要确保主机上时区的设置为 UTC，从而保证主机之间的一致性。

　　确保事件带有时间戳。如果创建包含时间戳的事件和指标，必须使用一些标准。例如，ISO8601 标准提供的日期和时间戳，可以被许多工具[①]进行解析。

　　另外，尽可能通过异步的方式来记录事件，实现应用程序负载最小化。在许多情况下，由于监控或指标对应用程序的负载开销过大，因此导致停机或性能下降，还包括第 2 章中介绍的观察者效应。如果监控消耗了大量的 CPU 周期或内存，那么它可能会影响应用程序的性能或使监控结果发生偏差。

　　现在，依次看一下每种监控方法。

　　[①] 注意不要使用个性化的时间戳格式。

9.2 指标

和其他众多监控一样，指标将是实现应用程序监控的关键。那么应该对应用程序的哪些方面进行监控呢？这里主要介绍两种类型的指标。

- ❑ 应用程序指标：通常用于测量应用程序的状态和性能。
- ❑ 业务指标：通常用于衡量应用程序的价值。例如，在电子商务网站中，业务指标可能就是销售量。

本章将查看这两种指标类型的示例。

9.2.1 应用程序指标

应用程序指标测量应用程序的状态和性能，包括最终用户体验到的应用程序特征，比如延迟和响应时间。然后，测量应用程序的吞吐量，包括请求、请求量、事务和事务耗时。

提示：Brendan Gregg 提到的 USE 方法是测量应用程序吞吐量的很好的示例。

同时还要监控应用程序的功能和状态，可能是登录成功或者登录失败，抑或是错误、崩溃和故障。还可以测量作业、电子邮件或其他异步活动等的容量和性能情况。

9.2.2 业务指标

相比应用程序指标，业务指标涉及更深层次的操作。业务指标通常与应用程序指标同义，如果将测量特定服务的请求数量看作应用程序指标，那么业务指标通常指对请求的内容进行处理。对于这方面的示例，如果应用程序指标是测量支付事务的延迟，那么对应的业务指标可能是每个支付事务的值。业务指标可能包括新用户（或客户）数量、销售量、按价值或位置划分的销售额，或者任何有助于衡量业务状态的指标。

9.2.3 监控模式或放置指标的位置

确定了监控和测量的目标后，需要确定放置指标的位置。大多数情况下，这些指标最好放置在代码中，并且尽可能地靠近正在尝试监控或测量的操作。

但是，不必在所有需要记录指标的位置重复编写配置代码。可以创建一个工具库来实现集中设置各种指标，这有时也称为**工具模式**（utility pattern），用一个工具类来记录指标，它不需要被实例化，只有静态方法。

9.2.4 工具模式

一种常见的模式是使用 StatsD、Coda Hale 的 Java Metrics 库等工具，或者直接在 Riemann 中使用一个现成的客户端，来创建工具库或模块。该工具库将暴露一个 API 接口，我们可以通过该接口来创建和累加指标，并在整个代码中测量有价值的应用程序区域。

下面看代码清单 9-2 中的示例。目前已经创建了一些伪 Ruby 风格的代码用于演示，并且假设已经创建了名为 Metric 的工具库。

注意：本章后面将涉及这种模式的几个示例。

代码清单 9-2　付款方法示例

```
include Metric

def pay_user(user, amount)
  pay(user.account, amount)
  Metric.increment 'payment'
  Metric.increment "payment.amount, #{amount.to_i}"
  Metric.increment "payment.country, #{user.country}"
  send_payment_notification(user.email)
End

def send_payment_notification(email)
  send_email(payment, email)
  Metric.increment 'email.payment'
End
```

这里首先包含了 Metric 工具库。可以看到，我们已经指定了应用程序指标和业务指标。首先定义了一个名为 pay_user 的方法，该方法用 user 和 amount 的值作为参数。然后使用这些数据进行了支付，并记录了 3 个指标。

❑ payment 指标：每次支付时会进行累加。

❑ payment.amount 指标：按金额记录每笔付款。

❑ payment.country 指标：记录每笔付款的国家。

最后，使用 send_payment_notification 方法发送了一封电子邮件，其中增加了第 4 个指标 email.payment，用于计算支付电子邮件的发送量。

9.2.5　外部模式

如果不控制代码，或者无法在代码中插入监控或测量代码，又或者遗留应用程序无法更改或更新，应该如何解决？此时需要找到离应用程序最近的位置，最明显的是应用程序的输出和周围的外部子系统。

在应用程序发出日志后要确认其中包含的内容，并查看是否可以使用这些内容来测量应用程序的行为，这是使用 Logstash（参见第 8 章）和像 grok 这样的过滤器的理想场景。可以使用过滤器（如 metrics 过滤器）来剖析日志条目，并提取用来建立索引的数据，这些数据可以映射并发送到 Riemann（然后从那里发送到 Graphite）或者 Elasticsearch。通常，可以通过简单地记录特定日志的数量来跟踪事件的频率。

如果应用程序在其他系统中记录或触发事件，例如数据库事务、作业调度、电子邮件发送、身份验证或授权系统、缓存或数据存储等，可以使用这些事件中包含的数据或特定事件的计数来记录应用程序的性能。

9.2.6　在示例应用程序中构建指标

现在我们已经对监控应用程序有了一定的了解，接下来看一个真正实现监控应用程序的示例。下面将构建一个应用程序，它利用一个工具库将事件从应用程序发送到名为 StatsD 的统计信息聚合服务器中。

注意：另一种方法是部署 APM（应用程序性能管理）工具，如 New Relic 或 AppDynamics。这些工具通常是应用程序的插件或外接程序，可以采集应用程序中的性能数据，并将其发送到处理和显示这些数据的服务中。

---

1. StatsD

StatsD 是一个用于聚合统计信息的守护进程，监听 UDP 端口或 TCP 端口上传入的消息，并对它们进行解析，提取其中包含的指标。最初的守护进程由 Etsy 在 NodeJS 中开发，Etsy 当时专注于测量环境中所有组件，守护进程便作为组成部分得到发展（参见 Code as Craft 网站上的"Measure Anything, Measure Everything"）。该守护进程将所提取的指标直接刷新到 Graphite 中，但是后来的版本具有可插拔的后端目的地，可以将指标发送到多个目的地。

StatsD 守护进程已经用多种语言进行了多次重写，其客户端支持多种语言和框架，其流行的部分原因还在于使用协议，如代码清单 9-3 所示。

代码清单 9-3　StatsD 协议

```
<metricname>:<value>|<type>
```

代码清单 9-4 展示了典型的指标。

代码清单 9-4　典型的 StatsD 指标

```
productiona.tornado.production.payments.amount:1|c
```

与 Graphite 类似（因为该指标最初设计为直接输出到 Graphite 中），StatsD 使用句点 . 来划分指标名字空间或"桶"（bucket）。所以指标也被称作：

```
productiona.tornado.production.payments.amount
```

: 后面指定了指标的值，这里是 1，然后用 | 来分隔指标的类型，这里是 c（计数器）。还可以

指定 g，代表计量器，或包括定时器在内的各种其他指标类型。

StatsD 接收指标并定期聚合，然后将它们刷新（默认情况下每 10 秒刷新一次）到后端目的地，刷新时的聚合行为取决于指标的类型。现在看一些可用的指标类型。

2. 计数器（counter）

下面是一个计数器，如代码清单 9-5 所示。

代码清单 9-5　StatsD 计数器

```
productiona.tornado.production.payments:1|c
```

触发此操作时，它将把 productiona.tornado.production.payments 计数器加 1。在大多数 StatsD 实现中，客户端将同时发送计数和速率。对于接收到的所有计数器，StatsD 会对它们进行迭代和累加操作，直至刷新 StatsD。如果在 productiona.tornado.production.payments 计数器上进行了 7 次递增操作，当 StatsD 刷新时（通常每 10 秒刷新一次），它会将计数器设置为 7，并计算速率（每秒 0.7 个）。

3. 定时器（timer）

定时器的单位可以是时间、字节、条目数量或任何其他采集数字。下面是 StatsD 定时器，如代码清单 9-6 所示。

代码清单 9-6　StatsD 定时器

```
productiona.tornado.production.payments.job.collection:10|ms|@0.1
```

可以看到，这里有一个指标名称，以及设置为 10 的时间，以 ms（毫秒）为单位。最后一个选项是抽样率，对于可能会使服务器超载的频繁事件，可以对 StatsD 指标进行抽样。这里 0.1 代表十分之一的抽样率。因此，只有 10% 的事件进行了抽样，StatsD 将把抽样率乘以抽样的数据，计算 100% 的抽样率的估计值。

StatsD 还将自动计算百分位数（可以配置它要计算的特定百分位数，但通常默认为第 90 百分位数）、平均值、标准差、总和，以及定时数据的上限和下限。它把计算类型作为后缀添加到新的指标事件，如代码清单 9-7 所示。

代码清单 9-7　StatsD 定时器的计算

```
productiona.tornado.production.payments.job.collection-average
productiona.tornado.production.payments.job.collection-upper
productiona.tornado.production.payments.job.collection-lower
productiona.tornado.production.payments.job.collection-sum
productiona.tornado.production.payments.job.collection-count
...
```

因此，如果以 112、133 和 156 的刷新间隔将下列值发送给 StatsD，那么 StatsD 将计算下面的值，如代码清单 9-8 所示。

代码清单 9-8 StatsD 定时器的计算

```
productiona.tornado.production.payments.job.collection-average 133.66666666667
productiona.tornado.production.payments.job.collection-upper 156
productiona.tornado.production.payments.job.collection-lower 112
productiona.tornado.production.payments.job.collection-sum 401
productiona.tornado.production.payments.job.collection-count 3
...
```

如果客户端以这样的方式进行配置，那么它还会同时为每个指标计算百分位数，得到新的指标，如代码清单 9-9 所示。

代码清单 9-9 StatsD 定时器的百分位数计算

```
productiona.tornado.production.payments.job.collection_99
```

这意味着得到第 99 百分位数。

4. 计量器（gauge）

还可以使用 StatsD 发送计量器指标，即在某个时间点上的值，如代码清单 9-10 所示。

代码清单 9-10 StatsD 计量器

```
productiona.tornado.production.payments.job.active_jobs:232|g
```

这里的指标是一个计量器 g，当刷新时，它会发送指标值 232。在刷新间隔期间，如果 StatsD 接收多个计量值，它默认只发送最后一个计量值。如果 StatsD 接收到计量器 productiona.tornado. production.payments.job.active_jobs 的值为 143、567 和 232，它只将最后一个值 232 刷新到后端目的地。如果计量器在下次刷新时没有更新，它会发送以前的值，当然，你也可以配置 StatsD 来删除该值。

还可以通过加上前缀符号来更改计量值，如代码清单 9-11 所示。

代码清单 9-11 更改 StatsD 计量值

```
productiona.tornado.production.payments.job.active_jobs:232|g
productiona.tornado.production.payments.job.active_jobs:-15|g
productiona.tornado.production.payments.job.active_jobs:+4|g
```

如果初始计量值是 232，那么需要从中减去 15，然后加上 4，得到最终值 221。

5. 集合（set）

StatsD 还支持集合[①]。集合可以用来跟踪属于一组元素中的独立元素的数量，比如站点上独

[①] 这是 StatsD 最近新增的功能，并非所有 StatsD 客户端都支持。

立用户的数量。代码清单 9-12 中展示了 StatsD 集合示例。

代码清单 9-12　StatsD 集合示例

```
productiona.tornado.production.payments.userid:3567|s
```

当刷新时，StatsD 会将集合中独立元素的数量作为指标值。

6. 应用程序监控框架

　　了解了 StatsD 的工作原理后，现在将使用之前安装的 collectd 基础设施，通过启用 statsd 插件来提供 StatsD 服务器。statsd 插件提供了一台 StatsD 服务器，并向 write_riemann 插件发送事件，write_riemann 插件又将事件发送给 Riemann。这意味着事件将直接从 collectd 流向 Riemann，下面看一下在它们到达 Riemann 时如何进行使用，以及当其被添加到 Graphite 中并提供给 Grafana 时的处理方式。

　　图 9-2 展示了应用程序的监控框架。

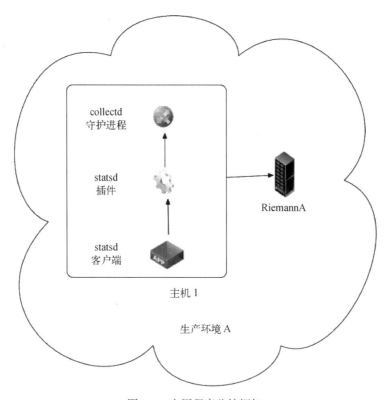

图 9-2　应用程序监控框架

应用程序生成指标并充当 StatsD 客户端，现在使用上面建议的工具模式对其进行配置。

7. 在 collectd 中设置 statsd 插件

首先，在/etc/collectd.d/目录下创建一个新的 collectd 配置文件，将其命名为 statsd.conf 并进行填充，如代码清单 9-13 所示。

代码清单 9-13　statsd.conf 配置文件

```
LoadPlugin statsd

<Plugin statsd>
  Host "localhost"
  Port "8125"
  TimerPercentile 90
  TimerPercentile 99
  TimerLower true
  TimerUpper true
  TimerSum true
  TimerCount true
</Plugin>
```

接着，加载 statsd 插件，然后配置插件并设置要绑定到 StatsD 服务器的 Host 和 Port。这里将它绑定到 localhost 主机上的端口 8125。

同时，配置一些控制 StatsD 行为的选项。本章前面提到过，当使用 StatsD 定时器指标时，可以通过配置定时器来计算百分位数（还要做其他计算）。这里两次指定 TimerPercentile 选项来配置两个百分位数：第 90 百分位数和第 99 百分位数。另外，使用 TimerLower、TimerUpper、TimerSum 和 TimerCount 四个选项来告诉 statsd 插件分别计算下限、上限、总和以及计数。

还可以在刷新间隔上控制指标的行为。statsd 插件默认继续使用默认值发送指标，例如，计数器的速率、集合的大小都将为零，定时器将报告 NaN，计量器将保持不变。可以使用 DeleteCounters、DeleteTimers、DeleteGauges 和 DeleteSets 等选项来更改此操作，从而删除未变化的指标。所有这些选项的默认值都为 false，意味着使用默认操作发送指标。

同时要注意到，statsd 插件的刷新时间间隔也是 collectd 的检测时间间隔，这一点很重要。在示例中，第 5 章将其设置为 2 秒。

8. 标记应用程序事件

当前的 collectd 事件都在 Riemann 事件的:tags 字段中标记为 collectd，该标签由 write_riemann 插件配置中的 Tag 指令添加，如代码清单 9-14 所示。

代码清单 9-14　重新访问 write_riemann 插件

```
LoadPlugin write_riemann
<Plugin "write_riemann">
    <Node "riemanna">
        Host "riemanna.example.com"
        Port "5555"
```

9

```
          Protocol TCP
          CheckThresholds true
          StoreRates false
          TTLFactor 30.0
      </Node>
      Tag "collectd"
</Plugin>
```

现在为此配置添加一个新标签，来标识该主机及其服务与名为 aom-rails 的新应用程序相关。为此，配置中添加了新的 Tag 指令，如代码清单 9-15 所示。

注意：很快就会看到更多有关这个新应用程序的信息。

代码清单 9-15　再次访问 write_riemann 插件

```
LoadPlugin write_riemann
<Plugin "write_riemann">
...
    Tag "collectd"
    Tag "aom-rails"
</Plugin>
```

提示：这再次证明了使用配置管理工具管理 collectd 的合理性，这样做使接下来的工作更容易进行。

Riemann 中的:tags 字段现在将成为一个向量，其中包含:tags [collectd aom-rails]。

可以使用这个新标签更好地过滤事件。

下面重新启动 collectd 来启用插件和新标签，如代码清单 9-16 所示。

代码清单 9-16　重启 collectd 来启用 statsd

```
$ sudo service collectd restart
```

现在，向 StatsD 服务器发送一些示例指标来测试其是否正常工作，该操作要借助命令行，同时使用 nc（netcat）二进制文件来执行，这个文件可以用来与任意 TCP 服务和 UDP 服务交互。这里将向本地 StatsD 服务器发送一个原始的 StatsD 指标字符串，然后查看在 Riemann 中是否出现相应的事件，如代码清单 9-17 所示。

代码清单 9-17　测试 statsd collectd 客户端

```
$ echo "foo:1|c" | nc -u -w0 localhost 8125
```

这将向 localhost 上端口 8125 中的 statsd collectd 插件发送名为 foo 的计数器，指标值为 1（注意 c 代表计数器）。这个指标将由 collectd 处理并发送到 Riemann。如果此时观察 Riemann，会看到类似代码清单 9-18 中的事件。

代码清单 9-18　Riemann 中的第一个 statsd 事件

```
{:host tornado-web1, :service statsd/derive-foo, :state ok, :description nil,
  :metric 1, :tags [collectd aom-rails], :time 1446555358, :ttl 60.0, :ds_index 0,
  :ds_name value, :ds_typederive, :type_instance foo, :type derive, :plugin statsd}
```

将事件按字段分开，可以看到一台主机和一个服务，这里分别是 `tornado-web1` 和 `statsd/derive-foo`。服务的前缀 `statsd/derive-` 来自 statsd 插件，`:type_instance` 字段包含指标的名称 `foo`。同时还可以看到 `:plugin` 字段，其中包含 statsd 插件的名称。所有这些字段都很有用，可以通过过滤器获取特定的指标。这里 `:tags` 字段已经被更新为同时包含 `collectd` 和 `aom-rails`。接着是 `:metric` 字段，其中包含当前的计数 `1`，可以在检测中使用该字段，也可以将其发送出去来绘制图表。

除非使用 `DeleteCounters` 选项，否则 collectd 守护进程将继续发出每个指标，直到其重新启动。除非收到该指标的数据，否则指标值将保持不变。因此，如果对一个方法进行定时而该方法没有执行，则 `:metric` 字段在下一次刷新时将变为 NaN 值。

现在用 StatsD 来监控一个实际的应用程序。

9. Rails 应用程序示例

我们已经使用 Rails Composer 创建了一个 Rails 应用程序示例，下面将该示例命名为 aom-rails[1]。可以在 aom-rails 上创建和删除用户并登录应用程序。

注意：可以在 GitHub 上找到有关 aom-rails 应用程序的文档[2]。

假设要尽早开始测量应用程序，首先需要使用基于 Ruby 的客户端添加对 StatsD 的支持。可以使用 statsd-ruby gem 在应用程序中创建 StatsD 客户端。下面将 statsd-ruby gem 添加到 Rails 应用程序的 Gemfile 中，如代码清单 9-19 所示。

代码清单 9-19　aom-rails Gemfile

```
source 'https://rubygems.org'
ruby '2.2.2'
gem 'rails', '4.2.4'
...
gem 'statsd-ruby'
...
```

然后使用 `bundle` 命令安装新的 gem，如代码清单 9-20 所示。

---

① 即 The Art of Monitoring Rails application，监控 Rails 应用程序的艺术。——译者注
② 也可以从图灵社区下载相关文件：http://ituring.cn/book/1955。——编者注

代码清单 9-20   使用 bundle 命令安装 statsd-ruby

```
$ sudo bundle install
Fetching gem metadata from https://rubygems.org/...
Fetching version metadata from https://rubygems.org/...
Fetching dependency metadata from https://rubygems.org/...
...
Installing statsd-ruby 1.2.1
...
```

接着使用 Rails 控制台测试 statsd-ruby 客户端。现在使用 rails c 命令完成启动，如代码清单 9-21 所示。

代码清单 9-21   使用 Rails 控制台测试 statsd-ruby

```
$ rails c
Loading development environment (Rails 4.2.4)
[1] pry(main)> $statsd = Statsd.new 'localhost', 8125
```

现在已经启动了一个 Rails 控制台并使用如代码清单 9-22 所示的代码创建了一个 StatsD 客户端。

代码清单 9-22   第一个基于 Ruby 的 StatsD 客户端

```
$statsd = Statsd.new 'localhost', 8125
#<Statsd:0x007f4371f39dd0 @batch_size=10, @host="localhost",
  @port=9125, @postfix=nil, @prefix=nil>
```

我们创建了名为$statsd 的新变量，该变量调用 Statsd 的一个实例，并传入变量 localhost 和 8125 中（分别是目标 StatsD 服务器的主机和端口）。在本例中，这是 collectd 上 statsd 插件本地提供的 StatsD 服务器。

提示：如果在 StatsD 客户端中为主机使用 DNS 名称，那么可以使用本地 DNS 缓存服务（如 nscd）来确保 DNS 解析不会对 StatsD 客户端的性能造成影响。本例从 collectd 连接到本地 statsd 插件。

接下来使用$statsd 变量向 StatsD 服务器发送指标，先来看一些示例。

有 3 种常见的方法可以用来创建指标，如代码清单 9-23 所示。

代码清单 9-23   基本的 statsd-ruby 方法

```
$statsd.increment 'app.counter'
$statsd.timing 'app.timer', 30
$statsd.gauge 'app.gauge', 100
```

increment 方法对这里的 app.counter 计数器进行递增，timing 方法创建一个定时器，这里 app.timer 定时了 30 秒，gauge 方法创建值为 100 的计量器。

为了避免每次记录指标时都手动创建客户端，下面来创建一些工具代码来自动进行重复操作。在 Ruby on Rails 中，通常会在 Rails 启动时添加一个初始化器来创建 StatsD 客户端，现在可以通过在 config/initializers 目录下创建 statsd.rb 文件来实现，如代码清单 9-24 所示。

代码清单 9-24　statsd-ruby 配置初始化器

```
STATSD = Statsd.new("localhost", 8125)
STATSD.namespace = "aom-rails.#{Rails.env}"
```

接下来，通过调用 `Statsd` 的一个新实例来定义名为 `STATSD` 的常量，该常量用 `localhost` 和 `8125` 分别作为主机和端口的值，连接到在 collectd 中运行的本地 statsd 插件。

然后设置一个名字空间。这个名字空间为所有 StatsD 指标设置一个全局前缀，可以用来确定发送指标的应用程序。另外，使用`#{Rails.env}`方法添加一个新的部分，该方法能够返回正在运行的应用程序的 Rails 环境参数。在 Rails 的 "环境" 中，Rails 应用程序可以针对生产、开发等进行不同的配置，这意味着可以确保指标来自应用程序的生产环境而不是其他环境。

甚至可以将 StatsD 配置为报告其他非生产环境的事件，如代码清单 9-25 所示。

代码清单 9-25　statsd-ruby 配置初始化器

```
if %w(staging production).include?(Rails.env)
  STATSD = Statsd.new("localhost", 8125)
else
  STATSD = Statsd.new("statsd-dev.example.com", 8125)
end
STATSD.namespace = "aom-rails.#{Rails.env}"
```

这意味着如果 `Rails.env` 方法返回 `production`（生产环境）或 `staging`（预发环境），那么可以在 localhost 上使用本地 collectd 插件，否则使用新主机 statsd-dev.example.com，来报告所有其他环境的指标。

那么，使用名字空间时，指标会是什么情况？下面创建一个新的计数器来演示一下，如代码清单 9-26 所示。

代码清单 9-26　statsd-ruby 名字空间方法

```
STATSD.increment 'app.counter'
```

现在指标名称前面加上了名字空间前缀。假设在生产环境中运行，指标名称为 app.counter，名字空间为 `aom-rails.#{Rails.env}`，那么新指标名称将变为 `aom-rails.production.app.counter`。

然后在代码中使用 STATSD 常量。接下来看一下如何添加指标，先从一个计数器开始，该计数器在删除用户时进行递增操作，如代码清单 9-27 所示。

代码清单 9-27　aom-rails 用户删除数量计数器

```
def destroy
  user = User.find(params[:id])
  user.destroy
  STATSD.increment "user.deleted"
  redirect_to users_path, :notice => "User deleted."
end
```

这将创建名为 aom-rails.production.user.deleted 的计数器。

每次删除用户时，该计数器都会递增。然后计数器事件将通过生产中的 statsd 插件进入 write_riemann 插件，并从那里到达 Riemann 服务器。可以在 Riemann 服务器上看到新的事件，如代码清单 9-28 所示。

代码清单 9-28　Riemann 中的 aom-rails.production.user.deleted 事件

```
{:host tornado-web1, :service statsd/derive-aom-rails.production.user.deleted,
 :state ok, :description nil, :metric 1, :tags [collectd aom-rails],
 :time 1449374333, :ttl 60.0, :ds_index 0, :ds_name value, :ds_type derive,
 :type_instance aom-rails.production.user.deleted,
 :type derive, :plugin statsd}
```

该事件有一个:service 字段，即 statsd/derive-aom-rails.production.user.deleted。

本章前面提到过, statsd/前缀由 collectd 中的 statsd 插件添加, 记住, 可以在:type_instance 字段中看到没有添加过前缀的指标名称, 以及产生该事件的主机名 tornado-web1。另外, 可以在:metric 字段中看到实际的计数值, 当前为 1, 表示自计数器开始记录以来删除了 1 位用户。

还可以通过向 User 模型中添加另一个计数器来统计创建用户的数量, 如代码清单 9-29 所示。

代码清单 9-29　aom-rails 用户创建数量计数器

```
class User < ActiveRecord::Base
  enum role: [:user, :vip, :admin]
  after_initialize :set_default_role, :if => :new_record?

  after_create do
    STATSD.increment "user.created"
  end
...
end
```

当创建新用户时，使用 ActiveRecord 回调函数 after_create 来对 aom-rails.production.user. created 计数器进行递增操作。这将生成一个类似于 aom-rails.production.user.deleted 计数器的事件，如代码清单 9-30 所示。

代码清单 9-30　Riemann 中的 aom-rails.production.user.created 事件

```
{:host tornado-web1, :service statsd/derive-aom-rails.production.user.created,:state ok,
 :description nil, :metric 1, :tags [ collectd aom-rails], :time 1449386123, :ttl 60.0,
```

```
:ds_index 0, :ds_name value, :ds_type derive, :type_instance aom-rails.
production.user.created, :type derive, :plugin statsd}
```

可以使用 `timer` 方法对特定的事件、函数和方法进行计时，也可以将操作封装在一个块中。这里以 `show` 方法为例，测量查找用户所需的时间，如代码清单 9-31 所示。

代码清单 9-31 为 user.find 操作计时

```
def show
  STATSD.time("user.find") do
    @user = User.find(params[:id])
  end
  unless current_user.admin?
    unless @user == current_user
      redirect_to :back, :alert => "Access denied."
    end
  end
end
```

这样，每次执行 `show` 方法，便会创建一个定时器事件。当它到达 Riemann 时，会产生类似代码清单 9-32 中的事件。

代码清单 9-32 Riemann 中的 user.find 定时器

```
{:host tornado-web1, :service statsd/latency-aom-rails.production
.user.find-average, :state ok, :description nil, :metric 0.003999999724328518, :tags [collectd
aom-rails], :time 1446653797, :ttl 60.0, :ds_index 0, :ds_name value, :ds_type
gauge, :type_instance aom-rails.production.user.find-average, :type latency, :plugin statsd}
```

collectd 的 statsd 插件生成了一个新事件，其 `:service` 字段为 `statsd/latency-aom-rails.production.user.find-average`。

此处添加的 `statsd/latency` 前缀表示指标的类型，`-average` 后缀表示该方法花费的平均时间。另外，由于提前配置了 statsd 插件来产生各种各样的其他计时指标，因此也会得到下列指标事件。

- 第 90 百分位数和第 99 百分位数
- 上限和下限
- 求和
- 计数

代码清单 9-33 显示了第 99 百分位事件。

代码清单 9-33 find.user 的第 99 百分位数

```
{:host tornado-web1, :service statsd/latency-aom-rails.production.user.find-percentile-99,
  :state ok, :description nil, :metric 0.005849609151482582, :tags [collectd aom-rails],
  :time 1449377543, :ttl 60.0, :ds_index 0, :ds_name value, :ds_type gauge, :type_instance
  aom-rails.production.user.find-percentile-99, :type latency, :plugin statsd}
```

注意： 可能会有各种各样的应用程序需要进行测量。这里正在创建一个示例应用程序，展示如何应用这些原则。虽然可能无法重用代码，但上层的原则几乎适用于所有可能会涉及的框架和语言。

---

10. 使用指标

现在应用程序正在持续生成指标，这些指标可以在 Riemann 中进行使用。这里可以对来自 aom-rails 应用程序的事件执行一些操作。首先，可以检测是否有事件丢失，如代码清单 9-34 所示。

代码清单 9-34　检测丢失的 aom-rails 事件

```
(where (service #"^statsd\/.*-aom-rails.production")
  (expired
    (email "james@example.com")))
```

这里添加了一些代码，只匹配所有来自生产环境的 `aom-rails` 指标，识别是否有任何指标事件过期，比如索引该事件时间超过 60 秒，并向 james@example.com 发送电子邮件通知。

也可以针对某个特定的指标，这里将检测应用程序的执行情况。下面看一下 aom-rails.production. user.find-average 定时器，并从中创建一个检测，如代码清单 9-35 所示。

代码清单 9-35　检测 user.find 定时器

```
(where (and (service "statsd/derive-aom-rails.production.user.
  find-average") (> metric 0.5))
    (email "james@example.com"))
```

这里使用了 `where` 流来匹配平均时间定时器。如果指标超过 0.5 秒，系统就会发送一封邮件。

然后看一下将指标发送到 Graphite。但是与以前的指标不同，这些指标以应用程序为中心，而不是以主机为中心，典型的 Graphite 主机指标已经被写入某个路径，例如 productiona.hosts. hostname.metric.name。

新指标与 aom-rails 应用程序相关，最好将它们像应用程序一样捆绑在一起，而不是分散在应用程序的主机中，因此这里把它们以 productiona.aom-rails.hostname.metric.name 的形式写入 Graphite。

为此，下面将重写 Graphite 的路径，这意味着对配置做两个更改。

❑ 通过使用现有的服务重写函数，重写 `:service` 字段，从而删除指标中的 `statsd/` 前缀。
❑ 再次使用前面创建的函数，重写 Graphite 指标名称，前置应用程序名称。

现在重写 Riemann 主机上/etc/riemann/examplecom/etc/collectd.clj 文件中的 `:service` 字段，并在 `default-services` 变量中添加新的服务重写函数，如代码清单 9-36 所示。

代码清单 9-36 重写 statsd 规则

```
(def default-services
  [{:service #"^load/load/(.*)$" :rewrite "load $1"}
...

  {:service #"^statsd\/(gauge|derive|latency)-(.*)$" :rewrite "$2"}])
```

这将把 statsd 插件中的事件 statsd/derive-aom-rails.production.user.find-average 更改为 aom-rails.production.user.find-average。

这删除了 statsd/ 前缀以及指标类型标识符。

接下来获取这个更新后的事件，并确保在将其发送到 Graphite 时重写其指标名称。为此，这里需要编辑 add-environment-to-graphite 函数。该函数在第 4 章中进行创建，并在第 7 章中添加 Docker 指标时进行了更新，位于 Riemann 主机上的 /etc/riemann/examplecom/etc/graphite.clj 文件中，如代码清单 9-37 所示。

代码清单 9-37 更新 graphite.clj

```
(ns examplecom.etc.graphite
  (:require [clojure.string :as str]
            [riemann.config :refer :all]
            [riemann.graphite :refer :all]))

(defn graphite-path-statsd [event]
  (let [host (:host event)
        app (re-find #"^.*?\." (:service event))
        service (str/replace-first (:service event) #"^.*?\." "")
        split-host (if host (str/split host #"\.") [])
        split-service (if service (str/split service #" ") [])]
    (str app, (str/join "." (concat (reverse split-host) split-service)))))

(defn add-environment-to-graphite [event]
  (condp = (:plugin event)
    "docker"
      (if (:com.example.application event)
        (str "productiona.docker.", (:com.example.application
          event), ".", (riemann.graphite/graphite-path-percentiles event))
        (str "productiona.docker.", (riemann.graphite/graphite-path-percentiles event)))
        "statsd" (str "productiona.", (graphite-path-statsd event))
      (str "productiona.hosts.", (riemann.graphite/graphite-path-percentiles event)))))

(def graph (async-queue! :graphite {:queue-size 1000}
              (graphite {:host "graphitea" :path add-environment-to-graphite})))
```

这里再次更新了 add-environment-to-graphite 函数，从而能够根据事件的来源选择一个指标名称进行重写。我们使用 condp 函数根据 :plugin 字段的内容选择事件，第一个条件控制 Docker 事件的指标名称的重写，第二个条件匹配 statsd 插件的事件，并使用 graphite-path-statsd 函数编写其路径。最后一条子句捕获其他所有匹配项，并使用 productiona.hosts. 前缀和标准路径重写其他所有事件。

下面看一下 graphite-path-statsd 函数，如代码清单 9-38 所示。

代码清单 9-38 graphite-path-statsd 函数

```
(defn graphite-path-statsd [event]
  (let [host (:host event)
        app (re-find #"^.*?\." (:service event))
        service (str/replace-first (:service event) #"^.*?\." "")
        split-host (if host (str/split host #"\.") [])
        split-service (if service (str/split service #" ") [])]
    (str app, (str/join "." (concat (reverse split-host) split-service)))))
```

使用 let 指令调用该函数，并以 event 作为参数。let 指令设置了多个变量。

❏ host：来自事件的:host 字段。
❏ app：从:service 字段中提取应用程序名称。
❏ service：服务本身，不含应用程序名称。
❏ split-host：处理完全限定的主机和域名。
❏ split-service：以空格拆分服务，以便在下一行中使用句点.重写这些服务。

函数主要是要选取已创建的变量并将它们组合起来。下面创建一个路径字符串，首先是应用程序名称、主机名称和可选的完全限定的域名，然后是服务，中间使用句点连接。

再看一下重写的事件：aom-rails.production.user.find-average，它将在 Graphite 中被重写为：productiona.aom-rails.tornado-web1.production.user.find-average。

这将 Graphite 中所有事件依次按照应用程序名称、主机名称、环境和服务进行分组。显然，可以调整此模式来满足实际需要，但不要通过主机对它们进行重写，可以通过应用程序，接着通过环境，例如生产环境等进行操作。

9.3 日志

除了嵌入指标外，还可以为应用程序添加关于记录日志和记录事件方面的支持。虽然指标对获知性能或跟踪各种状态非常有用，但是日志通常更有表现力。日志可以提供关于有关情况的附加上下文或信息，或者突出发生的事情。比如，针对发生错误时生成的栈跟踪，日志条目对进行诊断非常有用。因此，为了补充现有的测量，可以借助两种方法从日志中推断应用程序的状态和性能。

❏ 根据 9.1 节讨论的内容，在应用程序的关键点创建结构化日志条目。
❏ 根据 9.2.5 节讨论的内容，使用现有的日志数据。

接下来从添加自己的日志条目开始，分别研究这两种方法。

9.3.1　添加自己的结构化日志条目

大多数日志机制会发出字符串形式的日志条目，其中包含错误消息或描述。典型的示例是Syslog，许多主机、服务和应用程序都将其作为默认日志格式来使用，代码清单9-39展示了一条典型的Syslog消息。

代码清单9-39　典型的Syslog消息

```
Dec 6 23:17:01 logstash CRON[5849]: (root) CMD (cd / && run-
    parts --report /etc/cron.hourly)
```

除了有效负载外（本例中是关于cron作业的报告），它还有一个时间戳和一个来源（logstash主机）。虽然Syslog格式是通用、可读的，但它并不理想，它基本上是一个长字符串。从可读性的角度来看，这个字符串非常棒，很容易就可以看出发生了什么。但我们是基于字符串的消息的目标受众吗？在只有少量主机的时候可能是，那时需要连接到主机来读取日志。但现在有了大量的主机、服务和应用程序，并且日志条目趋于集中化。这意味着在我们看到日志消息之前，机器已经提前消费了日志消息。但由于字符串格式具有明显的可读性，机器并不容易对其进行处理。

正如在第8章中看到的，这种格式意味着我们可能要被迫使用正则表达式来解析它。事实上，可能需要多个正则表达式，Syslog又是很好的示例。跨平台的实现可能略有不同，这通常意味着需要实现和维护多个正则表达式，在第8章中将Docker日志添加到现有的Syslog实现中时也看到了这一点。额外的开销意味着从日志数据中提取值来进行诊断或操作更为困难。

然而，还有一种更好的日志生成方法，即结构化日志（语义化日志或类型化日志）。目前还没有结构化日志的标准，有人尝试过创建一个标准，但都没有取得任何进展。不过，我们仍然可以描述结构化日志的概念。与Syslog示例中的字符串不同，结构化日志试图保存富类型的数据，而不是将其转换。下面看一个产生非结构化字符串的代码示例，如代码清单9-40所示。

注意：这里有一些尝试规范结构化日志格式的示例，比如Common Event Expression（通用事件表达式）和Lumberjack项目，但都没有受到太大的关注，基本上没有再维护。

代码清单9-40　非结构化日志消息示例

```
Logger.error("The system had a hiccup trying to create user" + username)
```

假设正在创建的用户是james@example.com，这段伪代码将生成类似"The system had a hiccup trying to create user james@example.com"的消息，然后该消息必须发送到某个地方（例如Logstash），并解析为有用的形式。

或者，可以创建更结构化的消息，如代码清单9-41所示。

代码清单 9-41　结构化日志消息示例

```
Logger.error("user_creation_failed", user=username)
```

注意，在结构化消息中，所有解析操作都会优先进行。假设以某种编码格式，例如 JSON 或者类似 protocol buffer 的二进制格式，发送日志消息，可以得到事件名称 user_creation_failed 和 user 变量。user 变量中包含创建失败的用户名称，甚至还包含一个用户对象，其中包含所创建用户的所有参数。

现在看一下 JSON 格式的事件，如代码清单 9-42 所示。

代码清单 9-42　JSON 格式的事件

```
[
  {
    "time": 1449454008,
    "priority": "error",
    "event": "user_creation_failed",
    "user": "james@example.com"
  }
]
```

这里得到的不是一个字符串，而是一个 JSON 数组，其中包含一个结构化的日志条目，包括时间、优先级、事件标识符，以及关于应用程序未能创建的用户的信息。目前正在记录一系列对象，这些对象不是需要进行解析的字符串，它们易于机器使用。

9.3.2　将结构化日志添加到示例应用程序

接下来看一下如何使用一些结构化日志事件来扩展示例应用程序。请记住，它是一个 Ruby on Rails 应用程序，主要用来创建和删除用户。下面向应用程序添加两个结构化日志库，第一个名为 Lograge，第二个名为 Logstash-logger。Lograge 库将 Rails 风格的请求日志格式化为结构化格式（默认为 JSON），但也可以生成 Logstash 结构的事件。第二个库 Logstash-logger 可以用来劫持 Rails 现有的日志框架，发出更多结构化事件，然后将其直接发送到 Logstash。现在来安装这两个结构化日志库，看一下结构化日志消息的格式。

首先需要向应用程序添加 3 个 gem 来启用结构化日志记录，分别为 lograge、logstash-event 和 logstash-logger。

其中，lograge gem 可以重新格式化 Lograge 请求日志，logstash-event gem 帮助 Lograge 将请求格式化为 Logstash 事件，logstash-logger gem 能够以 Logstash 事件的格式输出日志事件，并支持各种可能的日志目的地，包括 Logstash。接着将 gem 添加到 Rails 应用程序的 Gemfile 中，如代码清单 9-43 所示。

代码清单 9-43　将日志 gem 添加到 aom-rails Gemfile

```
source 'https://rubygems.org'
ruby '2.2.2'
gem 'rails', '4.2.4'
...
gem 'lograge'
gem 'logstash-event'
gem 'logstash-logger'
...
```

然后，使用 bundle 命令安装新的 gem，如代码清单 9-44 所示。

代码清单 9-44　使用 bundle 命令安装 gem

```
$ sudo bundle install
Fetching gem metadata from https://rubygems.org/...
Fetching version metadata from https://rubygems.org/...
Fetching dependency metadata from https://rubygems.org/...
...
Installing lograge
Installing logstash-event
Installing logstash-logger
...
```

接下来需要在 Rails 应用程序配置中启用所有新的日志组件。这里只为生产环境启用每个组件，因此，下面将配置添加到 config/environments/production.rb 文件，如代码清单 9-45 所示。

代码清单 9-45　向 Rails 生产环境添加日志记录

```
Rails.application.configure do
  # 这里的设置会比 config/application.rb 中的优先执行

...
  config.log_level = :info
  config.lograge.enabled = true
  config.lograge.formatter = Lograge::Formatters::Logstash.new
  config.logger = LogStashLogger.new(type: :tcp, host: 'logstash.example.com', port: 2020)
end
```

这里配置了 4 个选项。第 1 个是 config.log_level，它是 Rails 日志级别的默认值。这里设置 Rails 只记录:info 级别或更高级别的事件（默认情况下，Rails 日志记录:debug 级别）。第 2 个选项 config.lograge.enabled 用来打开 Lograge，接管 Rails 对请求的默认日志。第 3 个选项 config.lograge.formatter 控制发出这些日志事件的格式。这里是 Logstash 的事件格式，Lograge 有一系列其他可用的格式，包括原始的 JSON。最后一个选项是 config.logger 日志记录器，使用 Logstash-logger 接管 Rails 的默认日志记录。它创建了 LogStashLogger 类的新实例，通过端口 2020 上的 TCP 连接到 Logstash 服务器 logstash.example.com。

　　接着看一下 Logstash 服务器上所需的相应配置，首先需要添加一个新的 tcp 输入插件来接收应用程序事件，如代码清单 9-46 所示。

代码清单 9-46　向 Logstash 添加新的 tcp 输入插件

```
input {
  tcp {
    port => 5514
    type => "syslog"
  }
  tcp {
    port  => 2020
    type  => "apps"
    codec => "json"
  }
...
```

　　现在端口 2020 上添加了一个新的 tcp 输入插件，将这个输入插件上接收到的所有事件的 type 设置为 apps，并使用 json 编解码器将所有传入的事件从 JSON 解析为 Logstash 消息格式。然后需要重新启动 Logstash 来启用配置，如代码清单 9-47 所示。

代码清单 9-47　为应用程序事件重新启动 Logstash

```
$ sudo service logstash restart
```

　　这对示例应用程序有何帮助呢？启用 Lograge 将把 Rails 的默认请求日志转换成更结构化、更有用的格式。代码清单 9-48 展示了传统的请求日志。

代码清单 9-48　传统的 Rails 请求日志记录

```
Started GET "/" for 127.0.0.1 at 2015-12-10 09:21:45 +0400
Processing by UsersController#index as HTML
  Rendered users/_user.html.erb (6.0ms)
Completed 200 OK in 79ms (Views: 78.8ms | ActiveRecord: 0.0ms)
```

　　代码清单 9-49 展示了启用 Lograge 后的请求日志。

代码清单 9-49　Lograge 请求日志事件

```
{
  "method":"GET",
  "path":"/users",
  "format":"html",
  "controller":"users",
  "action":"index",
  "status":200,
  "duration":189.35,
  "view":186.35,
  "db":0.92,
```

```
  "@timestamp":"2015-12-11T13:35:47.062+00:00",
  "@version":"1",
  "message":"[200] GET /users (users#index)",
  "severity":"INFO",
  "host":"tornado-web1",
  "type":"apps"
}
```

可以看到，日志事件已经被转换为 Logstash 事件。原始的基础消息现在位于 message 字段中，请求中的每个元素都被解析为一个字段，例如，请求的方法位于 method 字段中，而控制器位于 controller 字段中。Logstash-logger 将把这个结构化事件发送到能够进行事件解析的 Logstash 服务器，从中创建指标(现在有了 HTTP 状态码和请求时间)，并将它存储在 Elasticsearch 中方便进行查询。

还可以使用 Logstash-logger 覆盖 Rails 默认的 logger 方法来发送独立的日志事件。现在指定删除用户时发送的消息，如代码清单 9-50 所示。

代码清单 9-50　记录已删除的用户

```
def destroy
  STATSD.time("find.user") do
    @user = User.find(params[:id])
  end
  @user.destroy
  STATSD.increment "user.deleted"
  logger.info message: 'user_deleted', user: @user
  redirect_to users_path, :notice => "User deleted."
end
```

这里在 destroy 方法中添加了一个对 logger.info 的调用。我们给它传递了两个参数：message 和 user。message 参数将成为 Logstash 事件中 message 字段的值，user 也会成为一个字段，其中包含@user 实例变量，该变量又包含被删除用户的详细信息。下面看一下删除用户james 时可能生成的事件，如代码清单 9-51 所示。

代码清单 9-51　删除用户的 Logstash 格式化事件

```
{
  "message":"user_deleted",
  "user": {
    "id":6,
    "email":"james@example.com",
    "created_at":"2015-12-11T04:31:46.828Z",
    "updated_at":"2015-12-11T04:32:18.340Z",
    "name":"james",
    "role":"user",
    "invitation_token":null,
```

```
    "invitation_created_at":null,
    "invitation_sent_at":null,
    "invitation_accepted_at":null,
    "invitation_limit":null,
    "invited_by_id":null,
    "invited_by_type":null,
    "invitations_count":0
  },
  "@timestamp":"2015-12-11T13:35:50.070+00:00",
  "@version":"1",
  "severity":"INFO",
  "host":"tornado-web1",
  "type":"apps"
}
```

本例中，事件采用了 Logstash 格式，其中包含 user_deleted 消息，内容为@user 实例变量，其中包含与用户相关的字段。当用户被删除时，这个事件将被传递到 Logstash，然后进行处理和存储，甚至发送到 Riemann。同时，其中很多细节可以帮助诊断问题和跟踪事件。

提示：在 GitHub 相关文档中，可以看到更多使用 Logstash-logger 生成日志事件的用法示例。

这是关于结构化日志记录降低监控应用程序实现难度的方法示例，涉及的基本原则适用于多种语言和框架。

结构化的日志库

下面列出了一些入门工具，包括一些结构化日志库和各种语言框架集成，也可以通过在线搜索寻找其他相关工具。

Java

Java 社区拥有功能强大的 Log4j，具有强大的可配置性和灵活性。

Go

Golang 中 Logrus 用结构化数据扩展了标准日志二进制程序库。

Clojure

Clojure 有一些很好的结构化日志实现、clj-log 以及来自 Puppet 实验室的 pne。

Ruby 和 Rails

之前已经涉及 Ruby 和 Rails 的 Lograge，另外，其他示例包括 Semantic Logger 和 ruby-cabin。

Python

Python 中 Structlog 用结构化数据扩充了现有的记录器方法。

JavaScript 和 NodeJS

JavaScript（和 NodeJS）里有一个.Net 的 Serilog 实现，称为 Structured Log。还有一个示例是 Bunyan。

.Net

.Net 框架中有 Serilog。

PHP

PHP 中有 Monolog。

Perl

Perl 有一个类似于 Log4j 的实现，称为 Log4perl。

9.3.3　使用现有日志

有时无法重写应用程序来使用结构化日志技术，这时必须使用应用程序生成的现有日志。与第 8 章中的 Syslog 解析一样，可以使用 Logstash 的插件从应用程序日志中提取有意义的内容。接下来看一些可能需要解析的应用程序日志示例，如代码清单 9-52 所示。

代码清单 9-52　自定义应用程序日志

```
04-Feb-2016-215959 app=brewstersmillions subsystem=payments Payment to James failed
   for $12.23 on 02/04/2016 Transaction ID A092356
04-Feb-2016-220114 app=brewstersmillions subsystem=payments Payment to Alice succeeded
   for $843.16 on 02/04/2016 Transaction ID D651290
04-Feb-2016-220116 app=brewstersmillions subsystem=collections Invoice to Frank
   for $1093.43 was posted on 02/04/2016 Transaction ID P735101
04-Feb-2016-220118 app=brewstersmillions subsystem=payments Payment from Bob succeeded
   for $188.67 on 02/04/2016 Transaction ID D651291
```

从某种程度上说，这些应用程序日志的格式有些矛盾。它们包含一个非常规时间戳、几种不同类型的日志记录，包括键–值对、字符串、日期和事务 ID。下面假设它们正被写入 Logstash 服务器，那么现在从 Logstash 服务器上的 tcp 输入插件开始接收这些事件，如代码清单 9-53 所示。

代码清单 9-53　为应用程序添加 tcp 输入插件

```
input {
  tcp {
    port  => 2030
    type  => "brewstersmillions"
    codec => "plain"
  }
...
```

这里在端口 2030 上添加了 tcp 输入插件，其中使用了 `brewstersmillions` 类型来标记应用程序事件。又因为事件是纯文本字符串，所以还指定了一个 plain（纯文本）编解码器。

现在 Logstash 将接收日志事件。当这些日志事件被接收时，它们将以事件的形式呈现，如代码清单 9-54 所示。

代码清单 9-54　未经处理的自定义 Logstash 格式事件

```
{
  "message":"04-Feb-2016-215959 app=brewstersmillions subsystem= payments Payment to James
    failed for $12.23 on 02/04/2016 Transaction ID A092356",
  "@timestamp":"2015-12-13T09:23:51.070+00:00",
  "@version":"1",
  "host":"tornado-web1",
  "type":"brewstersmillions"
}
```

这个未解析的事件没什么用处，所以需要使用一个过滤器来解析日志事件。grok 过滤器是最佳选择，可以使用它来匹配 `message` 字段的元素，并使事件更有价值。下面看一下实现过程，如代码清单 9-55 所示。

代码清单 9-55　为应用程序添加 grok 过滤器

```
filter {
  if [type] == "brewstersmillions" {
    grok {
      patterns_dir => "/etc/logstash/patterns"
      match => { "message" => "%{APP_TIMESTAMP:app_timestamp} app
        =%{WORD:app_name} subsystem=%{WORD:subsystem} %{WORD:transaction_type}
        (to|from) %{WORD:user} %{WORD:status} for \$%{NUMBER:amount} on %{DATE_US:
        transaction_date} Transaction ID %{WORD:transaction_id}" }
    }
  }
}
```

可以在 `filter` 代码块中看到，我们使用一个条件来匹配所有类型为 `brewstersmillions` 的事件。这些事件被传递给 grok 过滤器。过滤器中使用了一个新选项 `patterns_dir`，它指定了可以用于解析日志事件的附加自定义模式的位置。在进行其他操作之前，先来创建这个目录，如代码清单 9-56 所示。

代码清单 9-56　创建新模式目录

```
$ sudo mkdir -p /etc/logstash/patterns
```

这将创建 /etc/logstash/patterns 目录。当 Logstash 启动时，这个目录下的所有文件将通过加载和解析来获取 grok 模式，然后在解析日志事件时，就可以使用这些文件。

　　下面创建第一个自定义模式 APP_TIMESTAMP，它将匹配应用程序日志中的非常规时间戳，如代码清单 9-57 所示。

代码清单 9-57　/etc/logstash/patterns/app 文件

```
APP_TIMESTAMP %{MONTHDAY}-%{MONTH}-%{YEAR}-%{HOUR}%{MINUTE}%{SECOND}
```

　　grok 模式具有大写的名称，这里是 APP_TIMESTAMP，然后是一个正则表达式，本例中的自定义模式结合了 Logstash 附带的其他几个 grok 模式。另外，这里组合了一系列模式来匹配日志事件的时间戳，例如 04-Feb-2016-215959。

　　然后，grok 正则表达式中使用了 APP_TIMESTAMP 模式来匹配 message 字段，如代码清单 9-58 所示。

代码清单 9-58　使用 APP_TIMESTAMP 模式

```
"%{APP_TIMESTAMP:app_timestamp} app=%{WORD:app_name} subsystem=%{
WORD:subsystem} %{WORD:transaction_type} (to|from) %{WORD:user}
%{WORD:status} for \$%{NUMBER:amount} on %{DATE_US:
transaction_date} Transaction ID %{WORD:transaction_id}"
```

　　APP_TIMESTAMP 模式将把正则表达式匹配到的值分配到名为 app_timestamp 的新字段。然后，使用一系列其他模式从 message 中提取特定的数据并将其分配给新字段。最后，当 grok 过滤器完成时，可以看到类似代码清单 9-59 中的事件。

代码清单 9-59　处理后的自定义 Logstash 格式化事件

```
{
  "message":"04-Feb-2016-215959 app=brewstersmillions subsystem=payments Payment to
    James failed for $12.23 on 02/04/2016 Transaction ID A092356",
  "@timestamp":"2015-12-13T09:23:51.070+00:00",
  "app_timestamp":"04-Feb-2016-215959",
  "app_name":"brewstersmillions",
  "subsystem":"payments",
  "transaction_type":"Payment",
  "user":"James",
  "status":"failed",
  "amount":"12.23",
  "transaction_date":"02/04/2016",
  "transaction_id":"A092356",
  "@version":"1",
  "host":"tornado-web1",
  "type":"brewstersmillions"
}
```

　　使用 Logstash 和 grok 过滤器，自定义应用程序日志消息转换成了结构化数据，接着可以进行以下操作。

- ❏ 将事务量发送到 Riemann 和 Graphite。
- ❏ 将失败的事务发送到 Riemann。例如，可以创建一个包含错误的事件，可能用应用程序、路径或类来标记，并附带所有相关的栈跟踪或错误输出作为描述信息。
- ❏ 在 Kibana 或 Grafana 中绘制失败和成功的事务。
- ❏ 对特定的事务类型计数，然后作为指标。
- ❏ 将事件数据用于审计和诊断。

此外，可以执行各种各样的其他处理操作。

9.4　健康检查、端点和外部监控

常见的一种监控应用程序的方法是使用可以提供状态或指标的端点，其中，这些状态或指标可以由某种拉式系统进行监控或抓取。这个端点可能是应用程序本身，例如在网站或 API 端点上轮询 HTTP 200 状态码，也可能是返回指标数据的端点，例如基于 JSON 的指标集合。

以下情况常用甚至必须使用上述方法。

- ❏ 通过监控服务或应用程序的外部来采集指标，大多数时候是状态消息，例如"网站上线了吗"。
- ❏ 无法在内部测量或在没有内部测量的情况下提供的服务。

以前的外部监控通常使用某种基于 SaaS 的服务来完成，可以看下面几个示例。

- ❏ Pingdom
- ❏ Idera（原名 CopperEgg）
- ❏ Ruxit
- ❏ New Relic

注意：这只是一些可用服务示例，不是帮任何特定服务背书。

由于当前监控假设来自网络内部的检测与外部传入的请求采用相同的路由，并且受到相同的条件约束，因此这些外部服务很有帮助。在许多情况下，流量条件、安全控制或网络配置意味着无法从内部源识别出中断或问题。此外，通常很难确定性能问题是与网络中的延迟有关，还是与客户在访问应用程序途中受到的延迟有关。

大多数这些服务除了提供监控外，还提供通知和报告。如果内部监控系统未能检测到问题，或本身就是故障的一部分，那么使用此类外部服务提供一个辅助渠道来识别中断也很有帮助，如图 9-3 所示。

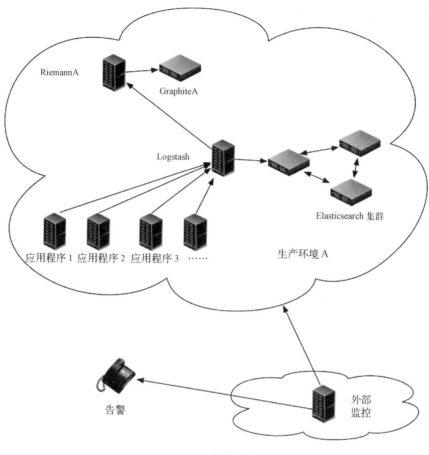

图 9-3 外部监控

也可以进行自己的外部监控。可以在另一个数据中心或云上设置一台主机，并使用它来查询个人的应用程序和服务。collectd 提供的 ping 插件也许有所帮助，可以通过该插件对主机进行 ICMP 查询。另外，也可以使用下一节讨论的一些插件进行补充。

检测内部端点

我们并不总是需要使用外部轮询系统来查询应用程序的健康检查端点，还可以使用 collectd 通过本地插件获取应用程序健康检查端点的内容。collectd 框架中有几个插件，这里可以使用。

❑ curl_json：连接到支持 JSON 的 HTTP 端点或 HTTPS 端点，并返回 JSON 格式的内容。

❑ curl_xml：使用 libcurl 和 libxml2 对基于 XML 的端点进行 curl 操作并返回 XML 格式的内容。

❑ curl：使用 libcurl 对 HTTP 端点或 HTTPS 端点进行 curl 操作，返回 HTML 格式的内容。

1. 将端点路由添加到示例应用程序

以示例应用程序为例，来看一个实际例子。首先在 config/routes.rb 中向 Rails 应用程序添加一个 api 路由，如代码清单 9-60 所示。

代码清单 9-60   向 config/routes.rb 中添加 api 路由

```
Rails.application.routes.draw do
...
  resources :api, only: :index
end
```

然后在 app/controllers/api_controller.rb 中为该 api 路由创建一个控制器，如代码清单 9-61 所示。

代码清单 9-61   api_controller.rb 控制器

```
class ApiController < ApplicationController
  protect_from_forgery with: :null_session
  respond_to :json

  def index
    users = { "users": User.count }

    render(json: users)
  end
end
```

接着用 index 操作创建一个基本控制器，在名为 users 的 JSON 字段中，返回用户计数，如代码清单 9-62 所示。

代码清单 9-62   /api 端点

```
{"users":1}
```

向 api 控制器添加额外的数据十分容易，这些数据可能需要暴露给 collectd 使用。

2. 配置 collectd 来抓取端点数据

现在配置本地 collectd 实例，从而获取端点数据并将其返回给 collectd，最后将数据返回给 Riemann。为此，接下来将使用 curl_json 插件。

为了配置 curl_json 插件，我们在/etc/collectd.d 目录下添加了配置文件 curl_json.conf。下面填充该文件，如代码清单 9-63 所示。

代码清单 9-63   curl_json.conf 文件

```
LoadPlugin curl_json

<Plugin curl_json>
```

```
<URL "http://localhost/api">
    Instance "aom-rails"
    <Key "*">
      Type "count"
    </Key>
  </URL>
</Plugin>
```

首先使用 LoadPlugin 指令加载 curl_json 插件，然后在 Plugin 块中进行配置。接着为所有要抓取的端点添加 URL 块。本例中，假设示例应用程序绑定在 localhost 接口上，并且已经指定了到 api 控制器的路径。

默认情况下，插件将使用全局设置的 Interval（时间间隔）来检查端点，本例中是每两秒一次。但也可以通过在 URL 块中指定 Interval 指令从而覆盖命令。

URL 块中指定了 Instance 指令，该指令设置事件中的:plugin_instance 字段的值。现在将其设置为应用程序的名称，这里是 aom-rails。接着，指定一个 Key 块，Key 块控制要从端点抓取哪些 JSON 数据，它匹配 JSON 中的 key 或 JSON 数组的索引。可以根据需要指定 Key 块的数量，也可以用通配符*来获取所有的 key，类似本例中的操作。

还可以在 Key 块中指定 Type 指令，它控制 key 中数据的类型，可以是自定义类型，也可以从 types.db 文件中提取（参见大多数发行版中的/usr/share/collectd/types.db）。同时还指定了 count，向 collectd 指明事件将是一个计数器。还可以指定另一个 Instance 指令来控制事件中的:type_instance 字段的值。如果不指定这个指令，该字段将默认为正在采集的 key 或索引的值。

现在需要重新启动 collectd 来启用新的检查，如代码清单 9-64 所示。

代码清单 9-64　重新启动 collectd 来启用 curl_json

```
$ sudo service collectd restart
```

现在来看一下 curl_json 插件中的事件，如代码清单 9-65 所示。

代码清单 9-65　示例应用程序中的 curl_json 事件

```
{:host tornado-web1, :service curl_json-aom-rails/count-users, :state ok, :description nil,
 :metric 1.0, :tags [collectd], :time 1450555094, :ttl 60.0, :ds_index 0, :ds_name value,
 :ds_type gauge, :type_instance users, :type count, :plugin_instance aom-rails,
 :plugin curl_json}
```

可以看到，主机是 tornado-web1，:service 字段的值被设为 curl_json-aom-rails/count-users，该值由插件名 curl_json、curl_json 配置中 Instance 指令的值以及 Key 块中的 Type 指令和 Instance 指令组合而成。因为这里没有指定 Instance 指令，所以得到了 JSON 的 key，这里是 users。:metric 字段包含用户的计数，本例中是 1 个用户。:type_instance 字段包含 JSON 的 key（users），而:plugin_instance 字段包含 URL 块来自 Instance 指令的值 aom-rails。

这个指标现在会自动在 Graphite 中绘制出来，也可以用它来检查 Riemann。

9.5   部署

接下来要面对的关键问题是，应用程序什么时候发生了变化，或者更具体地说，什么时候进行了部署。如果正在跟踪来自应用程序的指标和事件，那么了解这些指标什么时候会发生变化很重要，这意味着当这些应用程序更新或部署变更时能够发出通知。

从传统上讲，应用程序部署由工具来完成。例如，在 Ruby 中，可以通过 Rake 任务或 Capistrano 之类的工具来实现。一些人使用配置管理工具，如 Puppet、Chef 或 Ansible，还有一些人使用自己编写的脚本或工具，涉及 shell 和 C 语言等。

要跟踪部署，需要通知 Riemann，让其了解部署正在进行，这通常会在部署结束时通过创建要跟踪的指标来实现。接下来使用本章前面介绍的模式的变体，查看部署中指标的情况，如代码清单 9-66 所示。

代码清单 9-66   代码部署指标示例

```
productiona.tornado.production-web1.aom-rails.code_deploy
```

这里有一个名为 `code_deploy` 的指标，用于 productiona 环境中 tornado-web1 主机上 aom-rails 应用程序的生产环境版本。下面发送一个指标，其值可以是 `1`，甚至可以是发布版本的 SHA，或者成功部署的时间。

9.5.1   向示例应用程序添加部署通知

接下来看一下如何向示例应用程序添加部署通知。下面先为应用程序创建一个用于部署的 Rake 任务，并添加向 Riemann 发送该部署通知的配置，然后看一下如何在 Grafana 中将这个指标添加到图表中。

为了发送部署事件，这里使用 Riemann 的原生 Ruby 客户端。首先将这个 gem 添加到 Rails 应用程序的 Gemfile 中，如代码清单 9-67 所示。

提示：除 Ruby 客户端之外，还有一系列其他客户端可以用于在其他框架和语言中复制这个模型。

代码清单 9-67   将 Riemann 客户端添加到 aom-rails 应用程序的 Gemfile 中

```
source 'https://rubygems.org'
ruby '2.2.2'
gem 'rails', '4.2.4'
...
gem 'riemann-client'
...
```

然后，使用 bundle 命令安装新的 gem，如代码清单 9-68 所示。

代码清单 9-68　使用 bundle 命令安装 gem

```
$ sudo bundle install
Fetching gem metadata from https://rubygems.org/...
Fetching version metadata from https://rubygems.org/...
Fetching dependency metadata from https://rubygems.org/...
...
Installing riemann-client 0.2.6
...
```

接着，在 lib/tasks 目录下添加一个 Rake 任务来运行实际部署。运行 `rake` 命令时，这里所有的任务会自动加载。现在将调用任务文件 deploy.rake，如代码清单 9-69 所示。

代码清单 9-69　用于部署的 Rake 任务

```
require 'riemann/client'
namespace :deploy do
  desc "Deploy the aom-rails application"
  task :release do
    # 这里放置你的部署代码
    Rake::Task["deploy:notify"].invoke
  end

  desc "Notify Riemann of a deployment"
  task :notify do
    c = Riemann::Client.new host: 'riemanna.example.com', port: 5555, timeout: 5

    c << {
      service: ".aom-rails.#{Rails.env}.code_deploy", metric: 1,
      description: "Application aom-rails deployed",
      tags: "deployment",
      time: Time.now.to_i
    }
  end
end
```

首先需要从 riemann-client 中引入 riemann/client。其次创建名为 `deploy` 的名字空间，并在该名字空间中创建两个任务，分别为 `release` 和 `notify`。这里由于没有实际部署，因此跳过部署代码，并且只需调用第二个 Rake 任务，即 `deploy:notify`，它执行实际的通知。接着创建一个 Riemann 客户端 c，它连接到端口 5555 上的 riemanna.example.com，即第 3 章中配置的 Riemann 接收事件的默认网络端口。Riemann 客户端默认为 TCP 连接，另外超时设置为 5 秒。

然后使用 Riemann 客户端 c 发送一个事件。该事件有一个 `:service` 字段，其值为 `.aom-rails.#{Rails.env}.code_deploy`。其中，`Rails.env` 方法将被替换为当前的 Rails 环境、生产环境和开发环境等，最后 `:service` 字段将类似于 `.aom-rails.production.code_deploy`。另外，这里指定了一个值为 1 的 `:metric` 字段，并对 `:description` 字段进行了设置，同时为事件添加了一个标签，每个部署事件都将被标记为 `deployment`，并且使用 Ruby 的 `Time.now.to_i` 方法（用于返回当前时间）指定了 `:time` 字段。

这将把事件发送到 Riemann，可以在其中进行查看，如代码清单 9-70 所示。

代码清单 9-70   部署事件示例

```
{:host tornado-web1, :service aom-rails.production.code_deploy, :state ok,
  :description Application aom-rails deployed, :metric 1, :tags [deployment],
  :time 1450585652, :ttl 60}
```

现在可以在 Riemann 和 Graphite 中使用这个事件。

9.5.2   使用部署事件

现在部署事件正在发往 Riemann，接下来需要对其进行利用。首先需要确保它们可以进行绘制，因此，下面添加一个 where 流来选择所有带有 deployment 标记的事件并将它们发送到 graph 变量，如代码清单 9-71 所示。

代码清单 9-71   绘制部署事件

```
(tagged "deployment"
  graph
)
```

如果重新加载 Riemann，部署事件将被发送到 Graphite，如代码清单 9-72 所示。

代码清单 9-72   重新加载 Riemann 来绘制部署事件

```
$ sudo service riemann reload
```

然后为 aom-rails 应用程序创建一个新的看板。先登录到 Grafana，选择 Home 按钮，接着单击+New 完成创建，如图 9-4 所示。

图 9-4   创建 aom-rails 看板

创建新看板后，需要为其命名，这里是 aom-rails。首先单击 Manage dashboard 按钮，然后选择 Settings。在 Settings 选项卡中，更新 Dashboard info 框中的 Title 字段，如图 9-5 所示。

图 9-5　命名 aom-rails 看板

单击 Save dashboard 按钮。

接下来创建一个 Grafana 注释（Annotation）。注释是 Grafana 用特定事件装饰图表的方法，下面在 aom-rails.production.code_deploy 指标中创建这个注释。首先将指标发送到 Riemann，然后再发送到 Graphite。当将其发送给 Graphite 时，它的前缀是环境、指标的类型（productiona.hosts）和生成它的主机。因此，在 Graphite 中，应用程序示例的最终指标将是：

```
productiona.hosts.tornado.production-web1.aom-rails.code_deploy
```

为了创建注释，现在再次单击 Manage dashboard 按钮，然后选择 Annotations 菜单项，如图 9-6 所示。

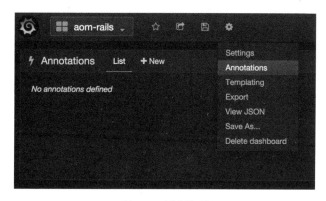

图 9-6　创建注释

单击+New 按钮来创建一个新的注释。

首先给注释命名，这里是 aom-rails deployed。然后，为注释选择一个数据源，本例中是默认的 graphite。还可以在这里配置注释的颜色和样式。

接着，使用指标 `productiona.hosts.tornado.production-web1.aom-rails.code_deploy` 来定义注释的数据源。也可以指定通配符，例如 `productiona.*.*.aom-rails.production.code_deploy`，选择与这些路径匹配的所有指标，如图 9-7 所示。

图 9-7　配置注释

单击 Update 按钮保存注释，然后通过单击 × 符号关闭 Annotations 界面。

现在，看板顶部将会出现一个注释，如图 9-8 所示。

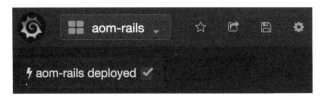

图 9-8　看板中的注释

如果单击特定注释旁边的复选框并取消勾号，该注释将不再显示在任何图表上。

现在，如果在这个看板中创建新的图表，那么在部署 aom-rails 应用程序时，可以在图表上得到一个注释。

提示：在 Graphite 中，使用 `drawAsInfinite` 函数来创建这些注释。

前文提到通过抓取/api端点 productiona.hosts.tornado-web1.curl_json-app.count-user_count获取了一个指标，现在使用该指标来创建一个图表。

同时，运行 Rake 任务并部署应用程序。下面是已创建好的图表，如图 9-9 所示。

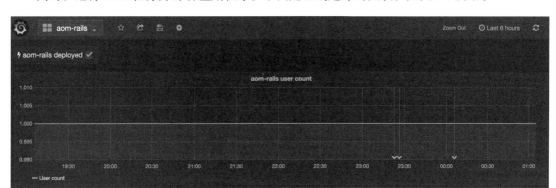

图 9-9　带注释的用户计数图表

注释以 3 条红线的形式标记在图表上，每条红线以白色箭头结束，标记了运行 Rake 部署任务的时间点。如果指标因其中一个部署而发生了变化，那么就可以确定部署时间和指标变化之间的联系。

9.6　跟踪

在结束本章之前，必须提及另一个用于应用程序监控的诊断工具——跟踪，更确切地说是分布式跟踪。这是一种有用的技术，用于识别分布式系统或微服务体系架构中的性能问题和延迟情况。本书不对该方面展开叙述，但是如果你沿着微服务的道路开展研究，那么应该意识到这一点。

Twitter 的 Zipkin 项目是关于分布式跟踪工具的很好的示例，它基于谷歌关于跟踪和 Dapper 的论文进行开发。

9.7　小结

本章首先探讨监控和测量应用程序及其工作流的几种方法，包括了解进行应用程序监控的位置。其次介绍如何将自己的指标构建到应用程序和服务中，并使用 StatsD 示范如何传输有用的指标。然后认识结构化日志的用处、如何生成自己的日志，以及如何使用 Logstash 解析现有日志。接着讨论如何将内部监控扩展到外部位置，以及如何生成和使用健康检查和端点。最后涉及如何测量应用程序的生命周期，以及如何使用注释来装饰图表，从而了解应用程序进行部署和变更的时间。

下一章将关注通知，结束关于框架部分的介绍。

第 10 章

通　知

我认为我们应该让这些人走出困境。

——《战争游戏》

在第 1 章和第 2 章中，我们讨论了一些关于通知的挑战。本章旨在使通知变得有用，即在正确的时间发送包含有用信息的通知。

发送过多的通知无异于常喊"狼来了"，收件人会对通知变得麻木，并将其拒之门外。重要的通知常常被淹没在无关紧要的通知洪流中。

即使出现通知，也并不总是包含有用信息，第 2 章曾谈到 Nagios 通知，如代码清单 10-1 所示。

代码清单 10-1　重温 Nagios 通知示例

```
PROBLEM Host: server.example.com
Service: Disk Space

State is now: WARNING for 0d 0h 2m 4s (was: WARNING) after 3/3 checks

Notification sent at: Thu Aug 7th 03:36:42 UTC 2015 (notification number 1)

Additional info:
DISK WARNING - free space: /data 678912 MB (9% inode=99%)
```

这个通知看起来很有用，但实际上并非如此。这是一个突然的增长还是逐渐的增长？膨胀速率是多少？例如，1GB 磁盘分区上 9% 的空闲空间不同于 1TB 磁盘上 9% 的空闲空间。是否可以忽略此通知？需要马上采取行动吗？

考虑到这个示例，接下来需要升级通知。其中，需要关注以下几个关键目标。

❑ 向通知添加适当的上下文，使通知变得有用。

❑ 处理维护和停机的情况。

❑ 对非关键通知做一些有用的事情，来帮助识别模式和趋势。

10.1　目前的通知

到目前为止，通知主要涉及在 Riemann 内部通过限流或汇总，来发送电子邮件并管理多个通知，这样的处理方式并不灵活。此外，当前的电子邮件通知是在第 3 章中配置的默认通知。因此，现在将现有的通知转换为一个框架，将更多的上下文附加到通知上，并提供针对多种目的地的选项。

下面利用 Riemann 的索引得到一些额外的上下文。注意，第 3 章提到发送到索引的事件根据其主机和服务的映射进行存储和索引，这些事件一直驻留在索引中，直到其 TTL 过期，然后生成一个 expired 事件。

使用 Riemann 函数查询当前在索引中的事件。此时将找到所有可能与生成通知的事件相关的事件，然后将这些相关事件作为通知的一部分输出。

10.2　更新 expired 事件配置

下面将使用 expired 事件，因此，现在重新查看/etc/riemann/riemann.config 中的过期配置，如代码清单 10-2 所示。

代码清单 10-2　Riemann 的过期配置

```
(periodically-expire 5 {:keep-keys [:host :service :tags]})
```

可以看到，事件收割机每 5 秒就会在索引上运行一次，并将:host 字段、:service 字段和:tags 字段复制到 expired 事件。此外，其他字段可能对通知有所帮助，所以它们也会复制到新的 expired 事件中，如代码清单 10-3 所示。

代码清单 10-3　Riemann 过期配置

```
(periodically-expire 5 {:keep-keys [:host :service :tags, :description, :metric]})
```

这里将:description 字段和:metric 字段添加到 expired 事件的字段中。

10.3　升级电子邮件通知

接下来看一下/etc/riemann/examplecom/etc/目录现有的 email.clj 配置，如代码清单 10-4 所示。

代码清单 10-4　原始的 email.clj

```
(def email (mailer {:from "reimann@example.com"}))
```

email 函数使用第 3 章中的默认格式，该格式可以在 email 函数的源代码中进行浏览[①]。

这将产生电子邮件通知，如图 10-1 所示。

①也可以从图灵社区下载相关文件：http://ituring.cn/book/1955。——编者注

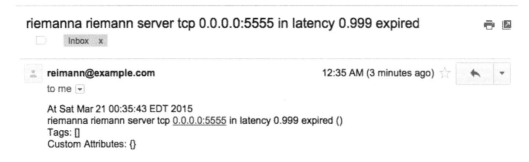

图 10-1　Riemann 电子邮件通知

现在通过向电子邮件通知添加一些新格式来扩展 email 函数。为了提供这种额外的格式和上下文，下面将使用 mailer 函数的:subject 选项和:body 选项。这些选项可以用来指定一个函数，该函数可以选择任意方式对传入事件进行格式化。现在来添加一些格式，如代码清单 10-5 所示。

注意： 可以在 GitHub 上本书第 10 章相关文档中找到新邮件通知的代码[①]。可以看到，在那段代码里，文件中函数的顺序基本上与这里研究它们的顺序相反。由于 Clojure 中的文件自顶向下进行解析，因此在这里，使用一个函数之前需要对其进行定义。这可以使用 declare 函数来解决。

代码清单 10-5　:subject 选项和:body 选项

```
(ns examplecom.etc.email
  (:require [clojure.string :as str]
            [riemann.email :refer :all]))

(def email (mailer {:from "reimann@example.com"
                    :subject (fn [events] (format-subject events)
                      )
                    :body (fn [events] (format-body events))
                    }))
```

这里引入了 clojure.string，并将其简写为 str。clojure.string 库中有一些有用的函数，可以用来对字符串进行操作和格式化，使输出更为顺畅。

同时，mailer 函数中添加了两个选项，如代码清单 10-6 所示。

代码清单 10-6　新的 mailer 选项

```
    ...
        :subject (fn [events] (format-subject events))
        :body (fn [events] (format-body events))
    ...
```

---

① 也可以从图灵社区下载相关文件：http://ituring.cn/book/1955。——编者注

这些选项采用一个函数,该函数接受传入的事件,然后将它们分别格式化为电子邮件的主题和正文。本例中创建了两个新函数 format-subject 和 format-body,来执行格式化。现在先来介绍 format-subject 函数。

10.3.1 格式化电子邮件主题

代码清单 10-7 format-subject 函数

```
(defn format-subject
  "Format the email subject"
  [events]
  (apply format "Service %s is in state %s on host %s" (str/join ", " (map :service events))
    (str/join ", " (map :state events)) (map :host events)))
```

在代码清单 10-7 中,format-subject 函数有一个 events 参数来传入事件,然后使用 apply 函数和 format 函数创建主题。因为 mailer 函数假定 events 参数是一系列事件,而不是单个事件,所以必须在各个字段上使用 apply 函数和 map,如代码清单 10-8 所示。

代码清单 10-8 新主题

```
(apply format "Service %s is in state %s on host %s" (str/join ",
  " (map :service events)) (str/join ", " (map :state events)) (
  map :host events))
```

这时,主题将发生更改,如代码清单 10-9 所示。

代码清单 10-9 应用新主题

```
Service collectd is in state critical on host tornado-web1
```

这个主题以服务为中心。如果要为其他情况设计主题,那么可以通过更新 format-subject 函数来实现。另外,可以为带有特定标记的事件或特定字段的内容选择格式。

10.3.2 格式化电子邮件正文

format-body 函数要复杂一些,并且包含部分支持变量和函数。接下来将在 format-body 函数中通过搜索 Riemann 索引来查找相关或有用的事件,并将它们与通知一起输出,从而添加额外的上下文,如代码清单 10-10 所示。

代码清单 10-10 format-body 函数

```
(defn format-body
  "Format the email body"
  [events]
  (str/join "\n\n\n"
        (map
```

```
(fn [event]
  (str
    header
    "Time:\t\t" (riemann.common/time-at (:time event)) "\n"
    "Host:\t\t" (:host event) "\n"
    "Service:\t\t" (:service event) "\n"
    "State:\t\t" (:state event) "\n"
    "Metric:\t\t" (if (ratio? (:metric event))
      (double (:metric event))
      (:metric event)) "\n"
    "Tags:\t\t[" (str/join ", " (:tags event)) "] \n" "\n"
    "Description:\t\t" (:description event) "\n\n"
    (if-not (riemann.streams/expired? event)
    (context event))
    footer))
  events)))
```

提示：\t 符号和\n 符号分别代表制表符和换行。

这里执行了多个操作，下面来进行分解。format-body 函数接受一系列事件作为参数，然后为每个事件输出一些字符串内容，它用 3 行新代码将 events 参数封装在一个 join 中。然后，映射 events 参数，从而生成一个 event，将其传递给构建输出的函数。

format-body 函数首先使用 header 变量，代码清单 10-11 展示了由该变量提供的头文本样板。

代码清单 10-11   header 变量

```
(def header "Monitoring notification from Riemann!\n\n")
```

可以根据需要对其进行调整。

然后将 event 分为几个部分，构建一些通知内容，如代码清单 10-12 所示。

代码清单 10-12   format-body 函数

```
"Time:\t\t" (riemann.common/time-at (:time event)) "\n"
"Host:\t\t" (:host event) "\n"
"Service:\t\t" (:service event) "\n"
"State:\t\t" (:state event) "\n"
"Metric:\t\t" (if (ratio? (:metric event))
  (double (:metric event))
  (:metric event)) "\n"
"Tags:\t\t[" (str/join ", " (:tags event)) "] \n"
"\n"
"Description:\t\t" (:description event)
"\n\n"
(context event)
footer))
```

首先使用 riemann.common 名字空间中的 time-at 函数,该函数可以将 Unix 纪元时间戳转换为更人性化、更易读的日期。下面利用该函数把事件的纪元时间转换成更容易理解的内容,例如,将事件的:time 字段中的 1458385820 转换为 Sat Mar 19 18:59:48 UTC 2016。

然后返回主机、服务名称和服务状态(分别取自:host 字段、:service 字段和:state 字段),同时从:metric 字段返回指标,检测:metric 是否是一个比率。如果是,则使用 double 函数强制其变为 double。

接着将事件上的所有标记加入一个列表中,并返回事件的:description。

接下来是格式化中最复杂的部分,即向通知中添加有用的上下文。这里有一个 context 函数,可以在 Riemann 索引中查找上下文事件。

现在看一下 context 函数,如代码清单 10-13 所示。

代码清单 10-13 context 函数

```
(defn context
  "Add some contextual event data"
  [event]
  (str
    "Host context:\n"
    " CPU Utilization:\t"(round (+ (:metric (lookup (:host event
      ) "cpu/percent-system")) (:metric (lookup (:host event) "
      cpu/percent-user")))) "%\n"
    " Memory Used:\t"(round (:metric (lookup (:host event) "
      memory/percent-used"))) "%\n"
    " Disk(root) %:\t\t"(round (:metric (lookup (:host event) "
      df-root/percent_bytes-used"))) "% used "
    " ("(round (byte-to-gb (:metric (lookup (:host event) "dfroot/
      df_complex-used")))) " GB used of "
    (round (+ (byte-to-gb (:metric (lookup (:host event) "df-root
      /df_complex-used")))
    (byte-to-gb (:metric (lookup (:host event) "df-root/
      df_complex-free")))
    (byte-to-gb (:metric (lookup (:host event) "df-root/
      df_complex-reserved"))))) "GB)\n\n"))
```

context 函数接受我们正在通知的 event 的参数,然后创建一个字符串,该字符串由生成事件的主机的部分上下文信息组成,比如系统和用户 CPU 使用率。通过使用 lookup 函数,context 函数可以在 Riemann 索引中查找事件,从而获取这些数据。下面来探索一下,如代码清单 10-14 所示。

代码清单 10-14 lookup 函数

```
(defn lookup
  "Lookup events in the index"
  [host service]
  (riemann.index/lookup (:index @riemann.config/core) host service))
```

可以看到，lookup 函数接受两个参数：host 和 service。其中，host 派生自 event 的 :host 字段，service 包含目标指标的服务名称，例如 memory/percent-used，标记主机上的已用内存。它使用 lookup 函数从 riemann.index 中搜索索引，找到匹配所指定的主机和服务的事件，然后将此事件返回给 context 函数。

提示：除了 riemann.index/lookup 函数，还有一个 riemann.index/search 函数，可以用来查询多个事件。

接着在 context 函数下，从新事件中（在索引中获取）提取 :metric 值，并将其放入 round 函数中。

round 函数将指标格式化为两位小数，如代码清单 10-15 所示。

代码清单 10-15　round 函数

```
(defn round
  "Round numbers to 2 decimal places"
  [metric]
  (clojure.pprint/cl-format nil "~,2f" metric))
```

我们还使用了 bytes-to-gb 函数。上下文中显示了 root 挂载上已用的和空闲的百分比和容量（以 GB 为单位），bytes-to-gb 函数将 collectd 中的 df 插件指标报告的字节转换为 GB，如代码清单 10-16 所示。

代码清单 10-16　bytes-to-gb 函数

```
(defn bytes-to-gb [bytes] (/ bytes (* 1024.0 1024.0 1024.0)))
```

一旦 context 函数查找了所有事件，它将把字符串返回给 format-body 函数，从而出现在电子邮件正文中。

format-body 函数通过返回 footer 变量（另一个样板文本）的内容来结束，如代码清单 10-17 所示。

代码清单 10-17　footer 变量

```
(def footer "This is an automated Riemann notification. Please do not reply.")
```

综上所述，此时形成了一个电子邮件正文，如代码清单 10-18 所示。

代码清单 10-18　新格式的电子邮件通知

```
Monitoring notification from Riemann!


Time:     Mon Dec 28 16:32:37 UTC 2015
```

```
Host:        graphitea
Service:     rsyslogd
State:       critical
Metric:      0.0
Tags:        [notification, collectd]

Description: Host graphitea, plugin processes (instance rsyslogd)
  type ps_count: Data source "processes" is currently 0.000000.
  That is below the failure threshold of 1.000000.

Host context:
  CPU Utilization:  16.84%
  Memory Used:      8.46%
  Disk(root):       32.02% used. (18.85GB used of 58.93GB)

This is an automated Riemann notification. Please do not reply.
```

> 提示：可以使用类似 Selmer 的模板工具创建基于 HTML 的电子邮件，也可以将其中许多概念用于非电子邮件通知。

10.4　为通知添加图表

很多情况下，仅仅在电子邮件中引用几个指标不足以支撑上下文。是否可以直接连接到通知中特定主机的源数据？我们可以使用 Grafana 的看板脚本功能（dashboard scripting），连接到一些关于特定主机的图表。

看板脚本是一个 JavaScript 应用程序，它根据发送给 Grafana 的查询参数加载特定的看板和图表。然后，我们可以通过特定的 URL 对其进行浏览，例如在 scripted.js 文件中与 Grafana 同时安装的脚本化看板示例。

此脚本化看板生成的图表可通过传递给 URL 的查询参数进行自定义，可以参考 Grafana 上安装的主机的/usr/share/grafana/public/dashboards 目录，其中有几个示例。

现在来创建自己的脚本化看板，然后在 Riemann 通知中插入它的链接。但是，首先需要在/usr/share/grafana/public/dashboards 目录下创建自己的 JavaScript 应用程序，如代码清单 10-19 所示。

代码清单 10-19　创建新的脚本化看板

```
$ sudo touch /usr/share/grafana/public/dashboards/riemann.js
```

这个看板可以显示少量关键状态图表，这些图表有助于了解主机的健康状况，下面将展示以下图表。

❑ CPU
❑ Memory（内存）
❑ Load（负载）
❑ Swap（页交换）
❑ Disk usage（磁盘使用率）

我们需要为特定的应用程序或主机组添加其他图表或创建看板，这一点很容易实现。脚本化看板的功能很强大，它们可以通过多种方法进行构建。目前已经构建了一个看板应用程序示例，其中展示了一种方法。当然，也可以参考 Grafana 附带的看板示例，本章稍后也会展示其他示例。

看板包含在 riemann.js 文件中，由于篇幅原因，不能在这里完整展示，现在来逐步了解一下它的功能。大体上，Grafana 脚本化看板有 4 个主要部分。

注意：可以在 GitHub 上本书第 10 章相关文档中找到完整的应用程序[①]。

❑ 定义数据源。
❑ 定义查询参数。
❑ 定义图表面板和行。
❑ 绘制看板。

接下来看一下在应用程序的上下文中每个组件的要点。

10.4.1　定义数据源

首先从定义数据源开始，riemann.js 看板将使用第 4 章中安装的 Graphite-API 直接查询 Graphite 指标。现在需要定义名为 `graphite` 的变量来保存 Graphite 连接，如代码清单 10-20 所示。

代码清单 10-20　查询 Graphite-API

```
var graphite = 'http://graphitea.example.com:8888';
```

本例正在连接到 graphitea.example.com 主机上的端口 8888，也就是 Graphite-API 运行的地方。可以使用配置管理工具更新此文件或对文件进行模板化，从而为环境插入适当的主机名。

然后需要对 Graphite-API 配置文件做一个小的修改，方便直接与它建立连接。Graphite-API 借助 CORS（跨域资源共享）来确保只有正确的主机与其建立连接，这里可以在 Graphite-API 配置中定义符合条件的主机。为此，下面需要更新 Graphite 主机上的/etc/graphite-api.yaml 配置文件，如代码清单 10-21 所示。

---

① 也可以从图灵社区下载相关文件：http://ituring.cn/book/1955。——编者注

代码清单 10-21 向 Graphite-API 添加 CORS

```
...
allowed_origins:
  - graphitea.example.com:3000
```

注意，配置文件添加了新的配置指令 `allowed_origins`。可以利用这个指令列出允许连接到 Graphite-API 的主机，现在已经指定了在端口 3000 上运行的 Grafana 服务器 graphitea.example.com，它需要重新启动 Graphite-API 来进行启用，如代码清单 10-22 所示。

代码清单 10-22 为 CORS 重新启动 Graphite-API

```
$ sudo service graphite-api restart
```

注意：我们在第 4 章中已经代理了连接，这里无须对 Grafana 本地数据源配置进行上述操作。

10.4.2 定义查询参数

接下来定义查询参数，如代码清单 10-23 所示。它们是将要传递的 URL 参数，可以用来查询特定的主机、时间范围或其他属性。Grafana 将此查询传递给 Graphite，来检索指标数据并绘制图表。同时，每个参数要定义默认值，这样即使没有指定查询参数，图表也可以加载。

代码清单 10-23 riemann.js 查询参数

```
var arg_host = 'graphitea';
var arg_span = 4;
var arg_from = '6h';
var arg_env = 'productiona';
var arg_stack = 'hosts';

if (!_.isUndefined(ARGS.span)) {
  arg_span = ARGS.span;            // 图表宽度
}
if (!_.isUndefined(ARGS.from)) {
  arg_from = ARGS.from;            // 展示 x 轴的时间数据
    until now
}
if (!_.isUndefined(ARGS.host)) {
  arg_host = ARGS.host;            // 主机名
}
if (!_.isUndefined(ARGS.env)) {
  arg_env = ARGS.env;              // 环境
}
if (!_.isUndefined(ARGS.stack)) {
  arg_env = ARGS.stack;            // 栈
}
```

这里指定了几个查询参数。

❑ span：图表跨越的范围，默认值为 4。

❑ from：数据要展示的时间，默认为 6 小时。

❑ host：要查询的特定主机，默认为 graphitea 主机。

❑ env：要查询的环境，默认为 productiona 环境。

❑ stack：栈，一台普通的主机或一个 Docker 容器，默认为普通主机。

span 参数和 from 参数很容易理解。host 参数、env 参数和 stack 参数可以用来构建将要运行的查询，从而在 Graphite 中检索指标数据。它们还将用于装饰和配置看板。现在来看一个示例。

可以像下面这样使用查询参数指定主机：http://graphitea.example.com:3000/riemann.js?host=riemanna。

Grafana 会把特定的主机（这里是 riemanna）传递给 riemann.js。接着 riemann.js 将构建一个查询来返回所有相关指标。这里可以将 stack 参数添加到 URL 参数中，从而以类似的方式指定 Docker 容器：http://.../riemann.js?host=dockercontainer?stack=docker。

这将指定名为 dockercontainer 的主机，并更新查询，从而搜索 docker 指标名字空间。

为了运行这些查询参数，riemann.js 看板使用一些特别定义的参数和默认值为 Graphite 构建了一个查询。其中使用了两个变量：prefix 和 arg_filter，如代码清单 10-24 所示。

代码清单 10-24　查询构造变量

```
var prefix = arg_env + '.' + arg_stack + '.';
var arg_filter = prefix + arg_host;
```

prefix 变量包含指标名称的第一部分。记住，Graphite 指标以这样的方式进行构建：environment.stack.host.metric.value。

prefix 变量使用查询参数或默认值中填充的 arg_env 参数和 arg_stack 参数，来构建该查询的 environment.stack 部分。然后，将其与主机名称结合起来，通过 arg_host 变量设置主机名称。这样便可以使用查询函数来形成要查询的指标名称，如代码清单 10-25 所示。

代码清单 10-25　find_filter_values 查询函数

```
function find_filter_values(query) {
  var search_url = graphite + '/metrics/find/?query=' + query;
  var res = [];
  var req = new XMLHttpRequest();
  req.open('GET', search_url, false);
  req.send(null);
  var obj = JSON.parse(req.responseText);
  var key;
  for (key in obj) {
    if (obj.hasOwnProperty(key)) {
      if (obj[key].hasOwnProperty("text")) {
```

```
      res.push(obj[key].text);
    }
  }
}
return res;
}
```

这个查询函数使用 Graphite 中两个变量定义的连接信息，以及对 Graphite-API 端点/metrics/find/的调用。query 变量将包含要搜索的指标名称，例如 productiona.hosts.graphitea，如代码清单 10-26 所示。

代码清单 10-26　Graphite-API 指标查询

```
http://graphitea.example.com:8888/metrics/find/?query=productiona.hosts.graphitea
```

这将返回该路径中的所有指标，也就是 productiona.hosts.graphitea 下面的所有指标。

现在可以使用这些指标来填充特定的图表。

10.4.3　定义图表面板和行

接下来定义一系列函数来创建放置图表的行，以及这些行中单独的图表面板。这些函数为 Grafana 提供要呈现的行或图表的配置。现在来看一下内存图表的函数，如代码清单 10-27 所示。

代码清单 10-27　panel_memory 函数

```
function panel_memory(title, prefix) {
  return {
    title: title,
    type: 'graphite',
    span: arg_span,
    y_formats: ["none"],
    grid: {max: null, min: 0},
    lines: true,
    fill: 2,
    linewidth: 1,
    stack: true,
    tooltip: {
      value_type: 'individual',
      shared: true
    },
    nullPointMode: "null",
    targets: [
      { "target": "aliasByNode(" + prefix + "[[host]].memory.used ,4)" }
    ],
    aliasColors: {
      "used": "#ff6666",
    }
  }
};
```

这里定义了带有一系列属性的新图表，这些属性与图表面板的配置选项相对应。关键属性是 targets，即要显示的具体指标，如代码清单 10-28 所示。

代码清单 10-28   targets 属性

```
targets: [
  { "target": "aliasByNode(" + prefix + "[[host]].memory.used,4)"
    }
],
```

这里通过将 Graphite 相关函数、查询函数和 Grafana 模板功能组合起来，构建了要显示的指标。再来看一下这些变量，将会得到 aliasByNode(productiona.hosts.graphitea.memory.used,4)。

首先，可以看到第 6 章介绍的 Graphite 上的 aliasByNode 函数，它在指标名称的某个元素上创建别名。现在把它和之前构建的 prefix 变量结合起来，然后，可以看到一个 Grafana 模板变量[[host]]，这将通过 arg_host 选项填充到看板应用程序中。当绘制图表时，[[host]]将被替换为正在查询的特定主机。接着，可以看到指标名称的末尾是 memory.used，它返回主机上内存的使用百分比。这里使用指标名称中从 0 计数的第 4 个元素 used 作为别名。

现在可以将图表面板添加到某一行中。记住，Grafana 看板由行组成，行可以包含一系列不同的组件，每一行定义了一个新函数，如代码清单 10-29 所示。

代码清单 10-29   row_cpu_memory 函数

```
function row_cpu_memory(title, prefix) {
  return {
    title: title,
    height: '250px',
    collapse: false,
    panels: [
      panel_cpu('CPU %', prefix),
      panel_memory('Memory', prefix),
      panel_loadavg('Load avg', prefix)
    ]
  };
}
```

这一行中定义了 3 个图表面板：panel_memory（参见代码清单 10-27）、panel_cpu 和 panel_loadavg，可以在本书的源代码中进行查看。后两者分别定义了 CPU 和负载的图表面板。

10.4.4   绘制看板

现在应用程序包含一个回调函数，它定义了一些属性，比如[[host]]模板变量、看板标题和其他项目，然后开始绘制看板。如果运行默认的脚本化看板，那么将会看到类似图 10-2 中的内容。

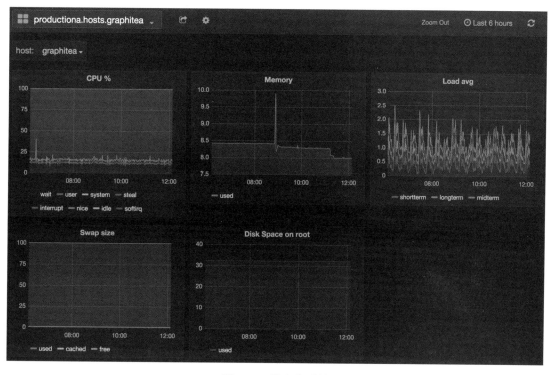

图 10-2　脚本化看板

这里有两行图表，展示了图表面板中定义的 5 种类型的数据。现在看一下如何将其添加到通知中。

注意：图 10-2 中的脚本化看板源自 Bimlendu Mishra 在 GitHub 上创建的示例，这里对其进行了部分调整。

10.4.5　将看板添加到 Riemann 通知中

现在 email.clj 文件中有了 context 函数。下面对该函数稍作扩展，从而向看板添加一个链接，如代码清单 10-30 所示。

代码清单 10-30　向 context 函数中添加一个看板

```
(defn context
  "Add some contextual event data"
  [event]
  (str
    "Host context:\n"
    " CPU Utilization:\t"(round (+ (:metric (lookup (:host event
```

```
) "cpu/percent-system")) (:metric (lookup (:host event) "
   cpu/percent-user")))) "%\n"
" Memory Used:\t"(round (:metric (lookup (:host event) "
   memory/percent-used"))) "%\n"
" Disk(root):\t\t"(round (:metric (lookup (:host event) "df-
   root/percent_bytes-used"))) "% used.\n\n"
"Grafana Dashboard:\n\n" "http://graphitea.example.com:3000/
   dashboard/script/riemann.js?host="(:host event)"\n"))
```

注意此时 context 函数中添加了下面几行代码，如代码清单 10-31 所示。

```
"Grafana Dashboard:\n\n"
" http://graphitea.example.com:3000/dashboard/script/riemann.js?
 host="(:host event)"\n"
```

这将为脚本化看板添加一个 URL，并从 :host 事件字段中插入相关的主机名。代码清单 10-32
显示了当前收到的通知。

```
Monitoring notification from Riemann!

Time:          Wed Dec 30 17:22:56 UTC 2015
Host:          graphitea
Service:       rsyslogd
State:         critical
Metric:        0.0
Tags:          [notification, collectd]

Description: Host graphitea, plugin processes (instance
  rsyslogd) type ps_count: Data source "processes" is currently
  0.000000. That is below the failure threshold of 1.000000.

Host context:
  CPU Utilization:  16.27%
  Memory Used:      8.18%
  Disk(root):       32.13% used.

Grafana Dashboard:

   http://graphitea.example.com:3000/dashboard/script/riemann.js?host=graphitea

This is an automated Riemann notification. Please do not reply.
```

当收到通知时，可以点击电子邮件中的嵌入链接，并打开看板，获得有关主机问题的更多上
下文信息。

10.4.6   一些脚本化看板示例

为了帮助构建不同的看板，这里收集了一些 Grafana 脚本化看板示例。

❑ Graphite 和 InfluxDB 的示例看板：https://github.com/anryko/grafana-influx-dashboard。
❑ 其他两个看板示例：https://github.com/om732/grafana-scripted-dashboards。
❑ 构建脚本化看板的实用方法：https://github.com/knomedia/graf-dash。
❑ 用于构建脚本化看板的模板：https://github.com/knomedia/grafana_scripted_starter。

10.4.7 其他上下文

还可以考虑在通知的上下文中添加其他内容。

❑ 更长期的指标，使用 Graphite-API 用更多的历史指标数据填充通知。
❑ 应用程序或特定业务的指标，以及以主机为中心的指标。记住，可以在索引或 Graphite 中检索所有内容。
❑ 运行手册、文档或 wiki 的链接。
❑ 直接嵌入到通知中的图表。可以使用 Graphite-API 绘制图表。
❑ 使用有关主机和服务的上下文配置信息装饰通知。例如，从配置管理存储（如 PuppetDB）、分布式配置工具（如 Zookeeper）或传统的 CMDB 中提取。
❑ 从 Riemann 中退出，来采集额外的上下文。如果是磁盘空间的通知，那么通常应该首先在主机上运行 df-h 命令。可以让 Riemann 通过 MCollective、PSSH 或 Fabric 等工具在受影响的主机上运行该命令，并将最终输出添加到通知中。

提示：此领域中，Nagios Herald 也值得关注，它用于装饰 Nagios 通知。另外，它提供了一些优秀的示例和想法，为通知添加适当的上下文。

10.5 添加 Slack 作为目的地

电子邮件通知虽然得到了改进，但是只有一种类型的通知还是会有些限制。现在向 Riemann 添加另一种类型的通知，即 Slack 通知。Slack 是一种基于 SaaS 的团队通信服务，具有频道和私有消息的概念。向类似 Slack 的服务发送通知，可以通知一个频道（channel）或者一个群组（room）中的收件人，对于需要即时响应的情况，这种实时通知非常有用。

10

提示：这只是向 Riemann 添加聊天通知的一个示例，不必局限于使用 Slack 通知，Riemann 中还有许多其他服务的插件，如 Campfire 和 Hipchat。

现在从创建一个新函数开始，通过该函数向 Slack 发送通知。首先在 Riemann 配置中添加新文件 slack.clj，然后在该文件下创建新函数，如代码清单 10-33 所示。

代码清单 10-33   添加 slack.clj 文件

```
$ touch /etc/riemann/examplecom/etc/slack.clj
```

接下来填充这个文件，如代码清单 10-34 所示。

代码清单 10-34   slack 通知配置

```
(ns examplecom.etc.slack
  (:require [riemann.slack :refer :all]))

(def credentials {:account "examplecom", :token "123ABC123ABC"})

(defn slack-format
  "Format our Slack message"
  [event]
  (str "Service " (:service event) " on host " (:host event) " is
    in state " (:state event) ".\n"
   "See http://graphitea.example.com:3000/dashboard/script/
    riemann.js?host="(:host event)))

(defn slacker
  "Send notifications to Slack"
  [& {:keys [recipient]
      :or {recipient "#monitoring"}}]
  (slack credentials {:username "Riemann bot"
                      :channel recipient
                      :formatter (fn [e] { :text (slack-format e) } )
                      :icon ":smile:"}))
```

这里首先引入了 `riemann.slack` 函数，它包含 Riemann 的 slack 连接器。

提示：也可以连接到其他服务，比如 Campfire 或者 Hipchat。

其次使用 def 语句来定义一个名为 credentials 的变量，其中包含 Slack 安全凭证。要连接到 Slack，需要 Slack 组织的名称（这里是 examplecom）以及一个令牌。Slack 连接使用 Incoming Webhook（传入网络钩子）来接收 Riemann 通知。因此，这里为 Riemann 监控通知定义了一个 Slack Incoming Webhook。

在创建 Webhook 时得到了一个 URL，如代码清单 10-35 所示。

代码清单 10-35   Slack Webhook URL

```
https://hooks.slack.com/services/T037T0K31/B048W3VQY/123ABC123ABC
```

令牌是 Slack Webhook URL 的最后一部分，这里是 123ABC123ABC。

然后定义另一个名为 slack-format 的函数，它将格式化实际的 Slack 通知，如代码清单 10-36 所示。

代码清单 10-36 slack-format 函数

```
(defn slack-format
  "Format our Slack message"
  [event]
  (str "Service " (:service event) " on host " (:host event) " is
    in state " (:state event)   ".\n"
   "See http://graphitea.example.com:3000/dashboard/script/
   riemann.js?host="(:host event)))
```

这个函数构建一个要发送的消息，它接受一个标准的 Riemann 事件作为参数，然后使用 str 函数将后面的所有内容转换为一个字符串。可以在这个字符串的 event 中提取:service 字段、:host 字段和:state 字段的值来创建通知，如代码清单 10-37 所示。

代码清单 10-37 Slack 通知

```
Service rsyslog on host graphitea is in state critical.
See http://graphitea.example.com:3000/dashboard/script/riemann.js?host=graphitea
```

很快可以看到如何应用这个函数。

接着定义另一个名为 slacker 的函数，负责向 Slack 实例发送事件。slacker 函数有一个全新的参数结构，如代码清单 10-38 所示。

代码清单 10-38 默认参数

```
(defn slacker
  "Send notifications to Slack"
 [& {:keys [recipient]
     :or {recipient "#monitoring"}}]
 ...
```

这里看似为函数指定了一个可选参数，由&表示，但它实际上是一个默认参数。我们使用:keys 选项和:or 选项指定 recipient 参数，该参数指定了接收通知的 Slack 群组，默认值为 #monitoring。同时对 Clojure 进行了如下设置：将#monitoring 作为收件人群组，可以指定任何参数，即 recipient 参数或默认参数，来运行这个函数。

现在函数调用 slack 插件，传入所需的 credentials 变量，并配置通知的细节。除了收件人，还可以配置以下选项。

- ❑ 通知 Riemann 事件的机器人的:username 选项。
- ❑ 定义机器人所用图标的:icon 选项。

另外，还定义了名为:formatter 的选项，如代码清单 10-39 所示。

代码清单 10-39 Slack formatter 选项

```
:formatter (fn [e] { :text (slack-format e) } )
```

10

:formatter 选项非常有用，可以用来构建 Slack 频道接收的实际消息，与为电子邮件主题和正文所做的格式化十分类似。本例中将 slack-format 函数传递给:formatter 的:text 选项，其变量为 e，即 event 的缩写。:text 选项将 Slack 消息格式化。另外，消息中还可以添加附件或更复杂的格式，这一点可以参考 Slack 插件源代码。

新目的地的使用方式如代码清单 10-40 所示。

代码清单 10-40   使用 Slack 通知

```
(slacker "#operations")
```

如果想使用默认设置的#monitoring 群组，那么可以省略收件人，如代码清单 10-41 所示。

代码清单 10-41   使用 Slack 通知默认值

```
(slacker)
```

10.6   添加 PagerDuty 作为目的地

现在使用名为 PagerDuty 的服务添加最后一种通知类型。PagerDuty 是一个商业通知平台，可以用于创建用户、团队、on-call（待命）日程表和升级策略[①]。然后，可以向平台发送通知，这些通知可以通过各种机制路由到这些团队，比如电子邮件、SMS，甚至通过语音呼叫。

PagerDuty 是这类服务中很好的示例，因此这里选择它进行介绍。如果 PagerDuty 不适合个人情况，Riemann 还支持其他几个商业替代方案，包括 VictorOps 和 OpsGenie。

下面在 Riemann 配置中的/etc/riemann/examplecom/etc/目录下的 pagerduty.clj 文件里，创建一个新函数，用于向 PagerDuty 发送通知。首先来添加 pagerduty.clj 文件，如代码清单 10-42 所示。

代码清单 10-42   添加 pagerduty.clj 文件

```
$ touch /etc/riemann/examplecom/etc/pagerduty.clj
```

然后填充这个文件，如代码清单 10-43 所示。

代码清单 10-43   填充 pagerduty.clj 文件

```
(ns examplecom.etc.pagerduty
  (:require [riemann.pagerduty :refer :all]
            [riemann.streams :refer :all]))

(defn pd-format
  [event]
```

---

① 这里是指如果某个通知无人响应，则进行升级，比如扩大通知范围，或者从短信升级到电话等。——译者注

```
          {:incident_key (str (:host event) " " (:service event))
           :description (str "Host: " (:host event) " "
                            (:service event) " is "
                            (:state event) " ("
                            (:metric event) ")")
           :details (assoc event :graphs (str "http://graphitea.example.com:3000/
             dashboard/script/riemann.js?host="(:host event)))})

(def pd (pagerduty { service-key: "ABC123ABC" :formatter pd-format}))

(defn page
  []
  (changed-state {:init "ok"}
    (where (state "ok")
    (:resolve pd)
    (else (:trigger pd)))))
```

在 pagerduty.clj 文件中，首先添加名字空间 examplecom.etc.pagerduty，并引入 riemann.pagerduty 库。

然后定义一个名为 pd-format 的函数，该函数用于格式化 PagerDuty 消息。这里有一个默认格式，因此无须为此指定函数，但是需要稍微改动一下消息。函数以 event 为参数，返回包含以下内容的 map。

- incident_key：PagerDuty 的 incident key 标识一个特定的事件。这里使用主机和服务的组合。
- description：对问题的简短描述。
- details：整个事件。

在这个函数中，可以调整 PagerDuty 格式，本例中只做了一处改动，如代码清单 10-44 所示。

代码清单 10-44　带有图表 URL 的 :details key

```
:details (assoc event :graphs (str "http://graphitea.example.com
  :3000/dashboard/script/riemann.js?host="(:host event)))
```

这里使用 assoc 函数向 event map 添加了一个新条目。新条目被称为 :graphs，包含指向 Grafana 脚本化看板的 URL。如果情况需要，还可以使用类似电子邮件通知中的 context 函数将上下文添加到 PagerDuty 通知中。

接下来定义一个名为 pd 的变量来配置 pagerduty 插件。它有两个参数，分别是 PagerDuty 服务密钥（这里用伪密钥 ABC123ABC 表示）和 formatter 函数的名称 pd-format。要创建服务密钥，需要向 PagerDuty 添加 API 服务并选择 Riemann 类型，然后将得到的服务密钥添加到 Riemann 配置中。

这里还定义了一个名为 page 的函数来执行适配器。page 函数中使用了在第 6 章中介绍的 changed-state 变量，检测事件的:state 字段值的变化。它还有一个 by 流，通过:host 字段和:service 字段分割事件，为每台主机和每个服务的组合生成一个事件。

现在初始状态已经指定，假设其为 ok。当 Riemann 第一次看到服务时，初始状态可以让我们从已知状态开始。通过这种配置，Riemann 假定看到的新服务（:state 为 ok）处于正常状态，且不采取任何操作。

在 pagerduty 适配器中，可以对传入事件执行 3 个操作，这些操作与 PagerDuty 的事件管理流程有关。

- :trigger：触发事故。
- :acknowledge：确认现存事故，但不解决它。
- :resolve：解决事故。

在示例中，我们希望所有:state 为 ok 的事件都能解决一个事故（incident），同时所有:state 不是 ok 的事件都触发一个事故。这里使用 where 流完成了这一操作，其中，where 流匹配事件的:state 字段。

注意：这里没有使用:acknowledge 操作。

下面在通知中使用 page 目的地，如代码清单 10-45 所示。

代码清单 10-45　使用 PagerDuty 通知

```
(require '[examplecom.etc.pagerduty :refer :all])

...

(tagged "notification"
  (changed-state {:init "ok"}
    (adjust [:service clojure.string/replace #"^processes-(.*)\/
      ps_count$" "$1"]
      (page))))
```

其中需要引入 examplecom.etc.pagerduty 中的 Pagerduty 函数。

这里在标记为 notification 的事件中使用了 page 函数来触发或解决 PagerDuty 事故。如果检测到流程失败，则会触发 PagerDuty 事故，如图 10-3 所示。

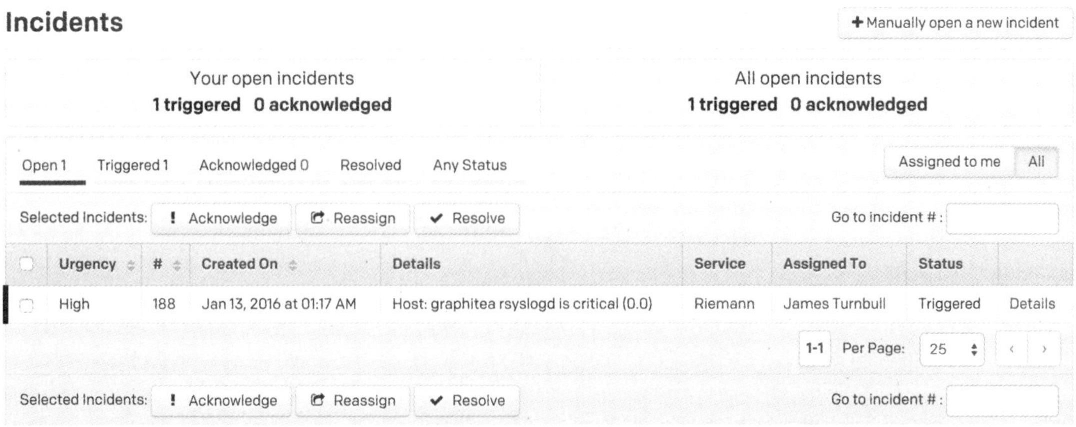

Incidents

+ Manually open a new incident

| | Your open incidents
1 triggered 0 acknowledged | All open incidents
1 triggered 0 acknowledged |

Open 1   Triggered 1   Acknowledged 0   Resolved   Any Status   Assigned to me   All

Selected Incidents: ! Acknowledge   ↻ Reassign   ✔ Resolve   Go to incident # :

	Urgency	#	Created On	Details	Service	Assigned To	Status	
☐	High	188	Jan 13, 2016 at 01:17 AM	Host: graphitea rsyslogd is critical (0.0)	Riemann	James Turnbull	Triggered	Details

1-1   Per Page: 25 ↕   ‹ | ›

Selected Incidents: ! Acknowledge   ↻ Reassign   ✔ Resolve   Go to incident # :

图 10-3　PagerDuty 事故

如果被监控的进程恢复，则将解析此通知。

10.7　维护和停机

关于通知，接下来应该考虑何时不再发送它们。在许多情况下，因为正在对主机或服务进行维护，所以不希望触发通知。在这些情况下，可以预知服务可能会失败或被故意停止，所以不需要发送通知。

在 Riemann 中，可以通过注入维护事件来解决这个问题。维护事件是一个正常的 Riemann 事件，通过主机、服务或特定标签进行标识，有无限的 TTL。如果想启动一个维护窗口，可以向 Riemann 发送一个 :state 为 active 的维护事件。如果想关闭维护窗口，则发送一个 :state 不是 active 的事件。

为了检测维护事件，现在构建一个在通知之前执行的检测，用于在 Riemann 索引中搜索所有维护事件。如果该检测找到与触发通知的主机和服务匹配的事件，那么它将检测该事件的 :state。一旦检测到 :state 为 active 的事件，它将终止通知。

下面从执行检测的函数开始，先来创建文件/etc/riemann/examplecom/etc/maintenance.clj，然后用代码清单 10-46 中的函数填充文件。

代码清单 10-46　maintenance-mode? 函数

```
(ns examplecom.etc.maintenance
  (:require [riemann.streams :refer :all]))

(defn maintenance-mode?
  "Is it currently in maintenance mode?"
  [event]
```

```
(->> '(and (= host (:host event))
           (= service (:service event))
           (= (:type event) "maintenance-mode"))
     (riemann.index/search (:index @core))
     first
     :state
     (= "active")))
```

接着创建名字空间 examplecom.etc.maintenance，引入 riemann.streams 库来提供对 Riemann 中的流的访问。

这个新函数称为 maintenance-mode?，只接受一个事件作为参数。然后使用一个宏（macro），即 ->>，->>宏重新排列了一系列表达式，颠倒了顺序并遍历表单，如代码清单 10-47 所示。

代码清单 10-47   ->>扩展表达式

```
(= "active" (:state (first (riemann.index/search (:index (clojure.core/deref core))
  (quote (and (= host (:host event)) (= service (:service event)) (= (:type event)
  "maintenance-mode")))))))))
```

这一系列表达式的意思是：“如果索引中搜索返回的第一个事件的:state 字段是 active，那么它有对应匹配的主机和服务，以及一个自定义字段:type 且字段值为 maintenance-mode。”

索引搜索使用本章前面讨论过的 riemann.index/search 函数来完成。

然后用新函数来封装通知，如代码清单 10-48 所示。

代码清单 10-48   在通知之前检测维护

```
(tagged "notification"
  (where (not (maintenance-mode? event))
    (changed-state {:init "ok"}
      (adjust [:service clojure.string/replace #"^processes-(.*)
        \/ps_count$" "$1"]
        (page)))))
```

现在安排一些维护。可以通过许多方法来实现，比如使用 Riemann Ruby 这样的 Riemann 客户端手动提交事件。下面来安装 Ruby 客户端，如代码清单 10-49 所示。

代码清单 10-49   安装 Riemann Ruby 客户端

```
$ sudo gem install riemann-client
```

使用 irb shell 发送手动事件，如代码清单 10-50 所示。

代码清单 10-50   发送 Riemann 维护事件

```
$ irb
irb(main):001:0> require 'riemann/client'
=> true
irb(main):002:0> client = Riemann::Client.new host: 'riemanna.example.com',
```

```
port: 5555, timeout: 5
irb(main):003:0> client << {service: "nginx", host: "tornado-web1",
  type: "maintenance-mode", state: "active", ttl: Float::INFINITY}
=> nil
irb(main):003:0>
```

这里引入了 riemann/client，然后创建一个连接到 Riemann 服务器的 client。接着为相关主机 tornado-web1 发送一个:service 为 nginx 的手动事件，并将自定义字段:type 设置为 maintenance-mode，:state 字段设置为 active，事件的 TTL 设置为永久。现在如果在 tornado-web1 主机上触发一个通知，那么 Riemann 将检测到活动的维护事件，并停止发送通知。

如果维护窗口已经关闭，可以对其进行禁用操作，如代码清单 10-51 所示。

代码清单 10-51　禁用维护窗口

```
irb(main):002:0> client << {service: "nginx", host: "tornado-web1",
  type: "maintenance-mode", state: "inactive", ttl: Float::INFINITY}
=> nil
```

直接使用 Riemann 客户端不太方便，所以我们实际上编写了一个工具让这个过程实现自动化。这个工具是一个 Ruby gem，名称为 maintainer，可以通过 gem 命令进行安装，如代码清单 10-52 所示。

代码清单 10-52　安装 maintainer gem

```
$ sudo gem install maintainer
```

然后使用 maintainer gem，如代码清单 10-53 所示。

代码清单 10-53　使用 maintainer gem 生成活动的事件

```
$ maintainer --host riemanna.example.com --event-service nginx
```

这时将为当前主机生成一个维护事件（或者可以使用--event-host 参数指定具体的主机），代码清单 10-54 展示了事件的内容。

代码清单 10-54　maintainer 活动的事件

```
{:host tornado-web1, :service nginx, :state
active, :description Maintenance is active, :metric nil, :tags nil,
:time 1457278453, :type maintenance-mode, :ttl Infinity}
```

也可以禁用维护事件，如代码清单 10-55 所示。

代码清单 10-55　使用 maintainer gem 禁用维护事件

```
$ maintainer --host riemanna.example.com --event-service nginx -- event-state inactive
```

此时将生成下面的事件，如代码清单 10-56 所示。

代码清单 10-56　maintainer 活动的事件

```
{:host tornado-web1, :service nginx, :state
inactive, :description Maintenance is inactive, :metric nil, :tags nil,
:time 1457278453, :type maintenance-mode, :ttl Infinity}
```

现在可以将这个二进制文件封装在配置管理工具、cron 作业或其他触发维护窗口的工具中。

10.8　从通知中学习

本章旨在说明如何提升通知的质量，另外书中创建了一小部分检测，接下来的章节将把这些全部组合到一起，那时可以看到应用程序栈的检测和通知量，从而能够推断出环境的全局情况。

通过环境中的全部检测和通知，可能会发现通知通常分为两类。

❑ 有用且需要采取措施的通知。
❑ 已经删除的通知。

这也是一个渐进过程而不是直接过程。有时，在某一时刻有用的通知可能会在一个月后变成"哦，又来了……删除"，有时，通知是关于不再重要或关键但仍然存在的主机、服务或应用程序的，有时，通知针对主机、服务或应用程序的某个组件或某个方面，这些组件或方面仍然很重要，但还没有上升到需要立即采取行动的级别，这种情况更为隐蔽。关于这几种通知的解决办法，一般是在待办事项列表中记录一个待办项，或者把它们放在一边，有时间的时候再回头查看。

也可以采用其他方法来处理这几种通知，最显而易见的就是删除，当然，也可以关闭这些主机、服务或应用程序的通知，甚至可以让它们堆积起来。大多数人有一个邮件过滤规则，就是将来自监控工具的虚假通知放入特定文件夹。

不过，这里要采取的方法是制定一条规则，对这些不必采取行动的通知进行计数。然后，使用这些伪通知来检测趋势，并突出应用程序和基础设施中的潜在问题。

为此，现在创建一个名为 count-notifications 的新函数，并创建一个文件来保存该函数，如代码清单 10-57 所示。

代码清单 10-57　添加 count-notifications.clj 文件

```
$ touch /etc/riemann/examplecom/etc/count-notifications.clj
```

接下来填充这个文件，如代码清单 10-58 所示。

代码清单 10-58　添加 count-notifications 函数

```
(ns examplecom.etc.count-notifications
  (:require [riemann.streams :refer :all]))

(defn count-notifications
```

```
"Counts notifications"
[& children]
(adjust [:service #(str % ".alert_rate")]
  (tag "notification-rate"
    (rate 5
      (fn [event]
        (call-rescue event children))))))))
```

这里创建了名字空间 examplecom.etc.count-notifications，并引入了 riemann 流。可以看到，我们定义了新函数 count-notifications。除了传递给它的子流，它没有任何参数（稍后将涉及绘制通知率的图表）。首先调整传入函数的所有 :service 字段，在服务后添加后缀 .alert_rate。另外，使用 tag 变量向 :tags 字段添加标记 notification-rate，这样会更容易处理新事件。

其次使用 rate 变量从事件中计算一个比率。rate 变量在指定的时间间隔（这里是 5 秒）计算 :metric 的总和，然后除以时间间隔，最后会得到一个比率，并且这个比率会作为事件在每个时间间隔内发出。这个比率在接收到事件时立即开始，在最近的事件过期时停止。

因此，本例中在 5 秒内对 :metric 求和，然后除以 5 来计算比率，最后每 5 秒发出一个 :service 字段后缀为 .alert_rate 的事件。

下面看一下如何使用新函数。假设有这样一个检测，如代码清单 10-59 所示。

代码清单 10-59　内存使用情况检测

```
(by :host
  (where (and (service "memory/percent-used") (>= metric 80.0))
    (email "james@example.com")))
```

该检测使用 by 流，通过 :host 分割事件，然后在 collectd 中检测 memory/percent-used 指标。如果内存使用指标超过 80.0（80%），它将通过电子邮件通知。假如收到了很多这样的通知，而且它们被放置在电子邮件文件夹中没有进行处理，这时可以对其进行更新，从而使用新的 count-notifications 函数，而不是删除检测或禁止通知。下面是更新后的检测，如代码清单 10-60 所示。

代码清单 10-60　内存使用情况检测通知计数

```
(by :host
  (where (and (service "memory/percent-used") (>= metric 80.0))
    (count-notifications (smap rewrite-service graph))))
```

注意，这里已经用 count-notifications 函数替换了 email 函数，并将输出定向到子流（smap rewrite-service graph），该子流将把新事件写到 Graphite 中。现在，当一个通知被触发时，可以看到一个新的指标被创建。例如，对于 graphitea 主机，采用第 6 章中构建的重写规则。

productiona.hosts.graphitea.memory.used.alert_rate

这是 5 秒间隔内的通知率。然后，在图表中或通过创建另一个监控速率阈值的检测来使用此速率，下面看一下操作方法，如代码清单 10-61 所示。

代码清单 10-61   内存使用情况检测重新注入

```
(by :host
  (where (and (service "memory/percent-used") (>= metric 80.0))
    (count-notifications reinject (smap rewrite-service graph))))

(tagged "notification-rate"
  (by :service
    (where (>= metric 100)
      (with { :state "warning", :description "Notification count warning" }
        (email "james@example.com")))))
```

明显可以看到，之前的内存使用检测中添加了一个 `reinject` 变量，该变量将事件发送回 Riemann 内核，然后重新注入的事件会流经所有顶级流，就像刚刚从网络到达一样。

这里在检测下面创建了另一个检测。这个检测使用 `tagged` 流选择所有事件，包括重新注入的带有 `notification-rate` 标记的事件。然后，使用 by 流来按 `:service` 字段分割事件，并使用 `where` 流来匹配所有 `:metric` 值大于或等于 100 的事件。这将匹配所有特定通知率的服务，即每 5 秒处理 100 个通知，通常也意味着发生某种问题。

接着，使用 with 流为事件创建一个新副本，其中包含某些字段的新值。这里将 `:state` 字段的值更改为 warning，并添加值为 Notification count warning 的 `:description` 字段，然后将新事件通过电子邮件发送到 james@example.com，代码清单 10-62 显示了事件的最终形式。

代码清单 10-62   通知计数的警告通知

```
Monitoring notification from Riemann!

Time:        Wed Jan 06 01:05:12 UTC 2016
Host:        graphiteb
Service:     memory/percent-used.alert_rate
State:       warning
Metric:      100.986363814988014
Tags:        [notification-rate, collectd]

Description: Notification count warning

Host context:
  CPU Utilization:  78.50%
  Memory Used:      88.31%
  Disk(root):       78.49% used.

Grafana Dashboard:

  http://graphitea.example.com:3000/dashboard/script/riemann.js?host=graphiteb

This is an automated Riemann notification. Please do not reply.
```

现在，当通知率异常或超过指定阈值时，我们将会收到通知。

提示：也可以关注 OpsWeekly 这个工具，它由 Etsy 团队编写，可以作为运维环境中动态的生命周期报告和全局情况视图。

10.9　其他告警工具

❑ Flapjack：一个监控通知路由器。
❑ Prometheus Alertmanager：Prometheus 监控框架的一部分，可以用作独立的告警管理器。

10.10　小结

本章对电子邮件通知进行了扩展，使其能够提供额外的上下文和信息，然后使用 Riemann 索引中的数据，向读者提供有关该主机或服务周围环境的当前状态的通知，并且添加了从各种来源引用外部数据的功能，例如为主机或服务提供自定义看板。

同时，添加了对不同类型的通知有用的新目的地，例如 Slack，发往这类目的地的通知对于共享需要快速即时响应的实时通知非常有用。还可以使用类似 PagerDuty 这样的商业通知服务，来管理用户团队、on-call 日程表和升级策略，从而更容易管理通知。

另外，提到了添加一种方法，这种方法可以用来处理主机和服务上的维护和停机时间，并对如何在无须采取行动的告警中获取信息进行了说明。

下一章将涉及使用本书中介绍的有关框架的所有元素，并演示如何针对整个应用程序栈上的主机指标和业务指标进行管理、测量和通知。

10

第 11 章

监控之巅：监控 Tornado

前几章涉及构建监控的基础框架。其中涉及许多内容，首先，从 Riemann 服务器开始接收和路由事件，添加 Graphite 服务器来存储指标，并添加 Grafana 来实现其可视化。其次，在主机上安装 collectd（包括 Docker 容器），从而采集指标并将其发送到 Riemann。然后，通过 Syslog 采集日志并将其提供给 ELK 技术栈，讨论如何测量应用程序来更好地了解其状态和性能。接着，更新通知并添加了一些新的通知目的地。

图 11-1 展示了目前的监控框架架构。

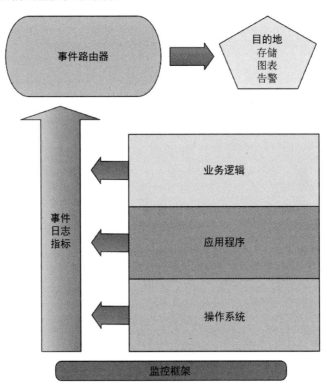

图 11-1　当前的监控框架架构

从本章开始，我们将把所有这些内容组合在一起，并监控一个应用程序栈：从业务指标到应用程序状态再到主机指标。这样并不是为了展示如何监控特定的工具或服务，而是基于之前构建的框架演示可用的技术。接下来将为不同类型的服务提供独立、适应性强的监控技术，这些技术可以轻松地用于监控类似的服务或工具。然后，可以在整个环境中使用这些技术，或者将其进行扩展，来规定监控范围。

为此，现在来研究一个多层、多主机、多服务的应用程序，并利用它来展示如何组合前几章所介绍的内容。下面将查看正在监控的应用程序的具体问题，并演示如何深入了解这些问题。

11.1　Tornado 应用程序

这里介绍的 Tornado 应用程序是涉及物品交易的订单处理系统。该应用程序的负责人关心以下几个方面。

❑ Tornado 可以进行物品交易。
❑ Tornado 为买家和卖家提供的用户体验可被接受。
❑ 可以看到待交易物品的数量和价值。

管理 Tornado 应用程序的工程师根据业务负责人考虑事件的优先级构建了他们的关注点。

❑ Tornado 应用程序必须是可用的，当它不可用时，需要通知相关应用程序工程师。
❑ 至少有一台 Tornado Web 服务器具备高可用性。
❑ Tornado Web 服务器上的 5xx[①]错误率小于 1%。
❑ Tornado 应用程序延迟的第 99 百分位数不超过 100 毫秒。
❑ Tornado 数据库写入延迟的第 99 百分位数不超过 3 毫秒。

另外将添加一些额外的检测和指标，来演示有关监控框架的更多功能。

现在来看一下 Tornado 应用程序的架构。

应用程序架构

图 11-2 展示了 Tornado 应用程序的架构。

11

---

① 指以 5 开头的服务器端错误状态码。——译者注

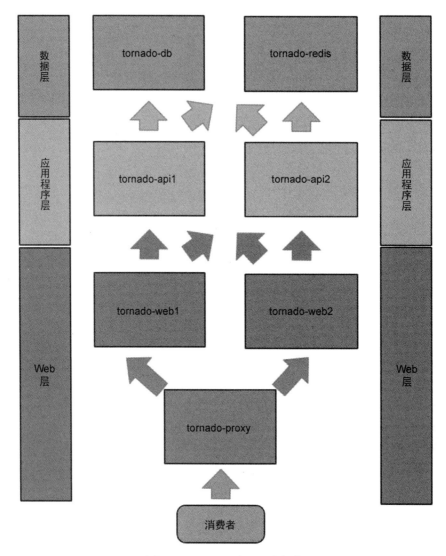

图 11-2　Tornado 应用程序架构

Tornado 应用程序由 3 层组成。

1. Web 层

Web 层由 3 台主机组成，分别是 tornado-proxy、tornado-web1 和 tornado-web2。其中，tornado-proxy 主机运行 HAProxy，并且实现 tornado-web1 主机和 tornado-web2 主机的负载均衡，tornado-web1 主机和 tornado-web2 主机上运行 Nginx。本章将研究如何监控 Web 层。

2. 应用程序层

应用程序层由 tornado-api1 主机和 tornado-api2 主机组成，其中，每台主机都包含一个基于 Clojure 的 API，该 API 在 JVM 中运行，即托管的网站的后端。第 12 章会讨论针对应用程序层的监控。

3. 数据层

数据层为 API 提供数据库存储和数据存储。它由 2 台主机组成，分别为运行 MySQL 的 tornado-db 和运行 Redis 数据库的 tornado-redis。第 13 章讨论关于数据层的监控。

11.2　监控策略

本章及接下来的两章将逐步介绍针对每一层的监控。这里先从 Web 层开始，主要介绍监控主机、主机上的 Web 服务器或数据库等服务，以及主机上所有的应用程序组件。

与第 5 章、第 6 章和第 8 章中进行的演示一样，下面假设每台主机都安装了一个 collectd 守护进程，并配置了 Syslog 来向 Logstash 发送日志。

建议对应用程序进行少量的初始检测，重点关注应用程序的性能和状态。书中将构建这些检测，针对其他应用程序的检测，可以直接对这些设计进行扩展或复制。这些初始检测只是关于检测 Tornado 应用程序组件的一些可选项，具体要视情况而定，有可能环境不同，也有可能关注点不同。因此，这里的示例仅供参考，不能直接复制粘贴。

提示：本章将编辑许多文件并更改一些设置。在实际环境中，请勿手动执行，务必使用配置管理工具来管理配置文件。

11.3　标记 Tornado 事件

首先在所有的主机上告诉 Riemann 这些事件来自 Tornado。第 5 章在为 collectd 安装 write_riemann 插件时，添加了一些配置，如代码清单 11-1 所示。

代码清单 11-1　第 5 章中的 write_riemann 配置

```
<Plugin "write_riemann">
    <Node "riemanna">
        Host "riemanna.example.com"
        Port "5555"
        Protocol TCP
        StoreRates true
    </Node>
    Tag "collectd"
</Plugin>
```

注意，这里指定了一个 Tag 选项来将 collectd 标签添加到 Riemann 事件的 :tags 字段。然后添加另一个标签来标识在这些主机上监控的特定应用程序，如代码清单 11-2 所示。

代码清单 11-2　为 Tornado 添加一个新标签

```
<Plugin "write_riemann">
    <Node "riemanna">
        Host "riemanna.example.com"
        Port "5555"
        Protocol TCP
        StoreRates true
    </Node>
    Tag "collectd"
    Tag "tornado"
</Plugin>
```

这里将 tornado 标签添加到 collectd。也可以将标签添加到现有的 Tag 选项中，如代码清单 11-3 所示。

代码清单 11-3　添加到现有选项中

```
Tag "collectd" "tornado"
```

为了便于阅读，下面将使用第 2 个 Tag 选项。

现在，当 collectd 生成事件并将其发送到 Riemann 时，其 :tags 字段如代码清单 11-4 所示。

代码清单 11-4　Tornado 的 Riemann :tags 字段

```
:tags [collectd tornado]
```

注意：这是一个主机级标签。如果希望在主机上标记其他应用程序或组件，可以通过添加更多 Tag 选项来指定更多标签。

11.4　监控 Tornado：Web 层

这里的第一层是 Web 层，这是一个使用 HAProxy 和 Nginx 实现负载均衡的网站。下面是关于 Tornado 的 Web 层所需要注意的具体问题。

- ❑ HAProxy 和 Nginx 在主机上正常运行。
- ❑ 网站已实现负载均衡，相关节点已启动，并且至少有两台 Tornado Web 服务器始终处于可用状态。
- ❑ Tornado Web 服务器上的 5xx 错误率小于 1%。

现在首先为 HAProxy 和 Nginx 配置监控，然后使用监控生成的事件和指标来解决这些问题。

11.4.1 监控 HAProxy

接下来要监控的第一个服务是 HAProxy。HAProxy 为基于 TCP 和 HTTP 的应用程序提供高可用性、负载均衡和代理，其借助 C 语言进行编写，虽然已经存在了很长时间，但仍然被许多站点和组织广泛使用。

本例中，HAProxy 在 tornado-proxy 主机上进行配置，来监控这个实例。

HAProxy 有几种方法可以用来监控自身的状态。

❑ 创建 Unix 套接字，来查询统计数据。
❑ 创建包含统计数据和状态信息的管理网页。
❑ 生成日志。

下面使用第一个方法和最后一个方法来监控 HAProxy，从而在本地 Unix 套接字中提取统计数据和状态信息，并且采集 HAProxy 的日志并将它们发送到 Logstash。

第一个 Unix 套接字方法能够输出运行中的 HAProxy 守护进程当前状态的 CSV 转储，其本质上是 HAProxy 统计管理 HTTP 控制台中显示的相同数据的 CSV 转储，如图 11-3 所示。

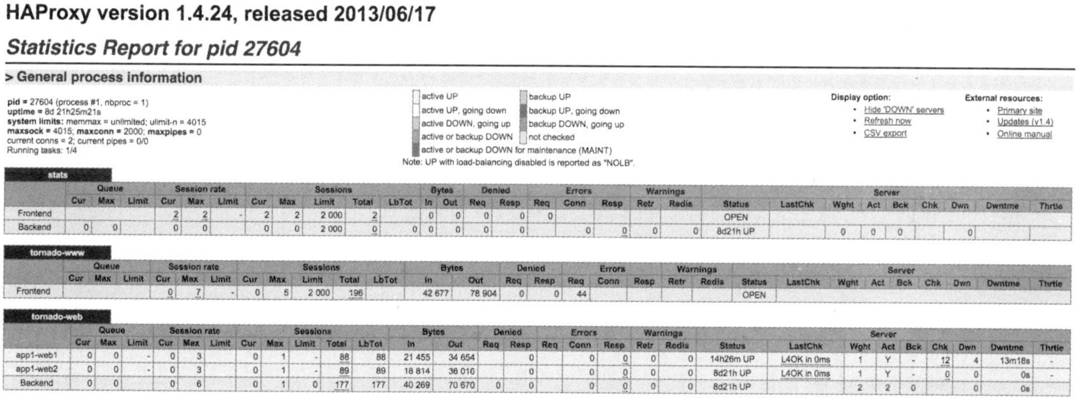

HAProxy version 1.4.24, released 2013/06/17

Statistics Report for pid 27604

> General process information

pid = 27604 (process #1, nbproc = 1)
uptime = 8d 21h25m21s
system limits: memmax = unlimited; ulimit-n = 4015
maxsock = 4015; maxconn = 2000; maxpipes = 0
current conns = 2; current pipes = 0/0
Running tasks: 1/4

图 11-3 HAProxy HTTP 控制台

该转储包含监控 HAProxy 所需的所有指标和信息。

从第 5 章开始，主机上已经安装并配置了 collectd，它将基于主机的指标和事件发送到 Riemann。下面将利用此安装过程来安装监控 HAProxy 的自定义插件。

1. 添加统计信息的套接字

在使用自定义插件进行监控之前，需要启用 HAProxy 的统计 Unix 套接字，这一操作在 tornado-proxy 上的 HAProxy 配置中执行，通常位于/etc/haproxy 目录。现在看一下 HAProxy 的配置文件，它通常位于/etc/haproxy/haproxy.cfg 文件中。有关 Tornado 的操作，主要是 global 配置部分，如代码清单 11-5 所示。

代码清单 11-5　HAProxy 配置

```
global
    log /dev/log      local0
    log /dev/log      local1 notice
    chroot /var/lib/haproxy
    user haproxy
    group haproxy
    daemon
```

global 配置块是 HAProxy 守护进程的全局配置项，需要向该配置块添加名为 stats 的新选项，如代码清单 11-6 所示。

代码清单 11-6　将 stats 选项添加到 HAProxy 配置中

```
global
    log /dev/log  local0
    log /dev/log  local1 notice
    chroot /var/lib/haproxy
    user haproxy
    group haproxy
    daemon
    stats socket /var/run/haproxy.sock mode 600
    stats timeout 5s
```

可以看到，这里添加了以 stats 开头的两行代码。第一行在/var/run/haproxy.sock 中配置 Unix 套接字，并将套接字的权限设置为 600。第二行设置查询套接字的超时时间为 5 秒。

接下来重新启动 HAProxy 服务，如代码清单 11-7 所示。

代码清单 11-7　重启 HAProxy 服务

```
$ sudo service haproxy restart
```

可以在/var/run 目录下看到可用的套接字，如代码清单 11-8 所示。

代码清单 11-8　/var/run/haproxy.sock 套接字

```
james@tornado-proxy:/var/run# ls -l /var/run/haproxy.sock
srw------- 1 root root 0 Mar 29 23:22 /var/run/haproxy.sock
```

现在来配置 collectd，从而在套接字中读取信息。

2. 安装 HAProxy 插件

第 5 章提到 collectd 使用读取插件和写入插件来采集和写入指标，其中包括 collectd 借助 helper 插件来执行的由社区提供的插件。在第 7 章启用 Docker 监控时，可以看到其中一个示例。本例中的 HAProxy 插件是另一个 Python 插件，下面使用 collectd 的 Python 插件来执行它。

首先来获取插件，创建/usr/lib/collectd/haproxy 目录，然后将插件下载到目录下，如代码清单 11-9 所示。

代码清单 11-9　下载 haproxy.py 插件

```
$ mkdir /usr/lib/collectd/haproxy
$ cd /usr/lib/collectd/haproxy
$ wget https://raw.githubusercontent.com/turnbullpress/collectd-haproxy/master/haproxy.py
```

注意：Michael Leinartas、German Gutierrez 和 SignalFx 为最初插件的出现提供了很大的帮助，可以在 GitHub 上根据关键词进行搜索。

这里已经创建了目录，并将其更改为/usr/lib/collectd/haproxy 目录（在 Red Hat 上，应更改为/usr/lib64/collectd/haproxy 目录）。然后在 GitHub 上下载此插件，可以看一下它的源代码，其中定义了一个指标列表和一些可配置选项，还有一系列读取套接字并解析指标的方法。

提示：可以在 collectd Python 手册页面上了解如何编写个性化的 Python 插件。

3. 配置 HAProxy 插件

安装完插件后，需要告诉 collectd 有关插件的信息并进行配置。为此，需要在/etc/collectd.d 目录下为插件添加 haproxy.conf 配置文件，如代码清单 11-10 所示。

代码清单 11-10　创建 haproxy.conf 配置文件

```
$ sudo vi /etc/collectd.d/haproxy.conf
```

填充此文件，如代码清单 11-11 所示。

代码清单 11-11　填充 haproxy.conf 配置文件

```
<LoadPlugin python>
    Globals true
</LoadPlugin>

<Plugin python>
    ModulePath "/usr/lib/collectd/haproxy/"

    Import "haproxy"

    <Module haproxy>
      Socket "/var/run/haproxy.sock"
    </Module>
</Plugin>

LoadPlugin processes
<Plugin "processes">
```

11

```
        Process "haproxy"
    </Plugin>
```

配置文件可以加载 Python 插件。`Globals true` 这一行启用主机上所有的 Python 标准库，因此可以在插件中进行使用。

接下来配置 Python 插件。首先，设置 collectd 找到插件的位置，这里是/usr/lib/collectd/haproxy（同样，在 Red Hat 上对应为/usr/lib64/collectd/haproxy）。导入刚刚安装的 haproxy 插件，在 collectd 上加载此插件。

然后，配置插件，设置该插件找到之前创建的 HAProxy 套接字的位置（/var/run/haproxy.sock）。

最后，配置第 5 章中添加的 processes 插件。processes 插件一般用于监控主机上的进程，但也可以配置为向下钻取特定进程并监控特定进程的更多细节。本例中将其配置为监控 haproxy 进程。

一旦配置就绪，便可以通过重新启动 collectd 来启用它，如代码清单 11-12 所示。

代码清单 11-12　重启 HAProxy 的 collectd 守护进程

```
$ sudo service collectd restart
```

4. 在 Riemann 中调整 HAProxy 指标名称

现在，HAProxy 事件进入了 Riemann 服务器，任选其中一个进行查看，如代码清单 11-13 所示。

代码清单 11-13　Riemann 中的 HAProxy 事件

```
{:host tornado-proxy, :service haproxy/derive-backend.stats.response_4xx, :state ok,
    :description nil, :metric 0, :tags [collectd tornado], :time 1453656413, :ttl 60.0,
    :ds_index 0, :ds_name value, :ds_type derive, :type_instance backend.stats.
    response_4xx, :type derive, :plugin haproxy}
```

可以看到事件有 `collectd` 标记和 `tornado` 标记。它来自 tornado-proxy 主机，在这种情况下，`:service` 字段是 `haproxy/derive-backend.stats.response_4xx`。

其转换为后端的 4xx HTTP 响应码。根据当前的配置，该指标将进入 Graphite 并绘制成图表。

而且，与其他 collectd 指标一样，解析指标名称可能有点复杂。下面使用第 6 章中构建的 collectd 指标名称进行重写，使其更易于接受。编辑 Riemann 主机上的/etc/riemann/examplecom/etc/collectd.clj 文件，并向列表中添加新的服务重写操作，如代码清单 11-14 所示。

代码清单 11-14　在 Riemann 中更新 HAProxy 指标

```
(def default-services
  [{:service #"^load/load/(.*)$" :rewrite "load $1"}

  ...

  {:service #"^haproxy/(gauge|derive)-(.*)$" :rewrite "haproxy $2"}])
```

这里在 `default-services` 变量的底部添加了一个条目，重写 HAProxy 指标名称。它使用正则表达式捕获指标前面的 `gauge` 语句或 `derive` 语句，然后通过捕获操作重写剩余的路径。此时指标的 `:service` 字段将从 `haproxy/derive-backend.stats.response_4xx` 变成 `haproxy.backend.stats.response_4xx`，更易于查看。现在需要重新启动或重新加载 Riemann 来启用这个更新后的重写操作，如代码清单 11-15 所示。

代码清单 11-15   重新加载 Riemann 来启用 HAProxy 重写操作

```
$ sudo service riemann reload
```

5. 采集 HAProxy 日志

默认情况下，HAProxy 将日志记录到 Syslog 中。对大多数发行版来说，这在 /etc/haproxy/haproxy.cfg 文件中进行配置，如代码清单 11-16 所示。

代码清单 11-16   HAProxy 日志配置

```
global
        log /dev/log        local0
        log /dev/log        local1 notice
...
```

可以看到 `global` 配置项 `log`，该配置项将所有事件发送到/dev/log，然后将它们写入 Syslog。

这里对该配置稍作调整，从而帮助识别 Tornado 应用程序的特定事件。为此，需要修改 HAProxy 发送的 Syslog 程序名称。这通常默认为 haproxy，但接下来将在 haproxy.cfg 文件中使用 `log-tag` 配置指令对其进行更改。下面来更新这个文件，如代码清单 11-17 所示。

代码清单 11-17   更新后的 HAProxy 日志配置

```
global
        log /dev/log        local0
        log /dev/log        local1 notice
        log-tag tornado-haproxy
...
```

现在需要重新启动 HAProxy 来使此更改生效，如代码清单 11-18 所示。

代码清单 11-18   重新启动 HAProxy 来更改日志标记

```
$ sudo service haproxy restart
```

11

提示：HAProxy 的 `log` 指令还可以通过 Syslog 守护进程直接发送事件，例如 `log logstasha.example.com:5514`。因此如果情况需要，无须经过本地 Syslog，也可以将这些事件直接发送到 Logstash。

第 9 章和第 10 章提到，RSyslog 倾向于将这些日志条目发送到 Logstash。因为 Logstash 端目前没有执行任何特殊处理来解析它们，所以 grok 将它们作为标准的 Syslog 消息处理。

然后通过在 Logstash 中解析这些事件来改变这种情况，以便从中提取有用的上下文。HAProxy 具有相当复杂的结构化日志格式，即 HTTP 日志格式。下面来看一个典型的 HAProxy 事件，如代码清单 11-19 所示。

代码清单 11-19　HAProxy 日志条目

```
Jan 18 23:21:03 tornado-proxy tornado-haproxy[27604]:
  66.108.110.85:57896 [18/Jan/2016:23:21:03.239] tornado-www
  tornado-web/tornado-web2 218/0/1/1/220 200 447 - - ----
  2/2/0/1/0 0/0 "GET / HTTP/1.1"
```

可以看到事件由 Syslog 消息的典型组件作为前缀，包括日期、主机、程序（现在更新为 tornado-haproxy，代替默认的 haproxy）以及 PID。并且，它包含来自 HAProxy 的 HTTP 连接或类似事件，如源 IP 地址和端口、响应请求的前端和后端、HTTP 状态码和其他数据。

将此事件发送到 Logstash，接着向 Logstash 配置添加特定的 grok 过滤器来解析组件，同时在 logstasha 主机上打开/etc/logstash/conf.d/logstash.conf 配置文件并编辑 `filter` 部分，如代码清单 11-20 所示。

代码清单 11-20　更新后的 Logstash 配置

```
filter {
  if [type] == "syslog" {
    grok {
      match => { "message" => "(?:%{SYSLOGTIMESTAMP:
        syslog_timestamp}|%{TIMESTAMP_ISO8601:syslog_timestamp})
        %{SYSLOGHOST:syslog_hostname} %{DATA:syslog_program
        }(?:\/%{DATA:container_name}\/%{DATA:container_id})
        ?(?:\[%{POSINT:syslog_pid}\])?: %{GREEDYDATA:
        syslog_message}" }
      remove_field => ["message"]
    }
    syslog_pri { }
    date {
      match => [ "syslog_timestamp", "MMM d HH:mm:ss", "MMM dd HH:mm:ss", "ISO8601" ]
    }
    if [syslog_program] == "tornado-haproxy" {
      grok {
        match => ["syslog_message", "%{HAPROXYHTTPBASE}"]
        remove_field => ["syslog_message"]
        add_field => { "tags" => "tornado" }
      }
    }
  }
}
```

可以看到现有的 `if` 条件语句检查事件 type 是否为 `syslog`，然后解析 Syslog 消息，从而产生一个新事件，其中包含许多前缀为 `syslog_` 的字段。

其中 `syslog_message` 字段包括不含 Syslog 组件前缀（如日期、程序和 PID）的事件消息。现有的 Syslog 解析能够根据其自身创建的 `syslog_program` 字段的内容来选择事件，考虑到这一点，前面的条件中新添加了 `if` 条件语句，实现对 Syslog 解析的利用。这里匹配了 `tornado-haproxy`。所有匹配的事件都会传递给第二个 grok 过滤器。这个过滤器使用 `match` 属性来匹配 `syslog_message` 字段。幸运的是，我们已经有名为 HAPROXYHTTPBASE 的 grok 模式可以用于从事件中解析和提取组件，该模式与 Logstash 一起安装，能够解析事件并返回一个新事件，如代码清单 11-21 所示。

代码清单 11-21　新解析的 HAProxy 事件

```
{
...
                        "client_ip" => "66.108.110.85",
                      "client_port" => "57896",
                      "accept_date" => "18/Jan/2016:23:21:03.239",
                "haproxy_monthday" => "18",
                    "frontend_name" => "tornado-www",
                     "backend_name" => "tornado-web",
                     "time_request" => "218",
             "time_backend_connect" => "1",
            "time_backend_response" => "1",
                    "time_duration" => "220",
                 "http_status_code" => "200",
                       "bytes_read" => "447",
          "captured_request_cookie" => "-",
         "captured_response_cookie" => "-",
                "termination_state" => "----",
                          "actconn" => "2",
                          "retries" => "0",
                        "srv_queue" => "0",
                    "backend_queue" => "0",
                        "http_verb" => "GET",
                     "http_request" => "/",
                     "http_version" => "1.1"
                             "tags" => "tornado"
}
```

注意：grok 过滤器还将从事件中删除 `syslog_message` 字段，该字段现在没有任何作用，可以进行删除，从而节省空间，方便阅读。

注意，这里添加了名为 `tags` 的字段，其值为 `tornado`，稍后在识别 Tornado 事件时会提到这一点。

更新后的事件现在包含了用于诊断或识别特定问题所需的大量数据。从这里开始，该事件将进入 Elasticsearch 中进行索引，然后在 Kibana 中进行搜索或绘图。

还可以在 Riemann 中使用 Logstash HAProxy 事件，这里用第 8 章介绍的 riemann 输出插件，将 HAProxy 事件发送到 Riemann。为此，需要在 Logstash 的 output 配置块中构建发送给 Riemann 的特定事件。下面打开 riemann 输出插件以及 Logstash 服务器上的/etc/logstash/conf.d/logstash.conf 配置文件，如代码清单 11-22 所示。

代码清单 11-22   向 Riemann 发送 HAProxy 事件

```
...
output {
  if [syslog_program] == "tornado-haproxy" {
    riemann {
      host => "riemanna"
      sender => "%{syslog_hostname}"
      map_fields => true
      riemann_event => {
        "service"    => "tornado.proxy.request"
        "metric"     => "%{time_duration}"
        "state"      => "ok"
      }
    }
  }
...
}
```

通过使用 if 条件语句选择了所有 syslog_program 是 tornado-haproxy 的事件。接下来将这些事件传递给 riemann 插件，这里指定目标 Riemann 服务器（riemanna）以及 sender 指令，从而设置 Riemann 事件中:host 字段的值，并将其设置为 Logstash 事件的 syslog_hostname 字段。

同时使用了 map_fields=>true 指令，自动将 Logstash 字段映射到同名的 Riemann 字段。例如，Logstash 中的 http_status_code 字段将成为 Riemann 事件中的:http_status_code 字段。然而，这会映射全部字段，在许多情况下，需要对其进行适当的控制。可以选择在 riemann_event 指令中设置特定的字段。这里使用它将:service 字段设置为 tornado.proxy.request，并将:metric 字段映射到 time_duration 字段（注意，此时字段包装在%{field}中，表示它们是事件的一部分）。time_duration 字段是指 HAProxy 处理请求所需要的全部时间。然后，可以使用此值来绘制或通知 HAProxy 响应时间。另外，还将:state 字段设置为 ok。

如果现在重新启动 Logstash，应该可以看到 Riemann 中的 HAProxy 事件，如代码清单 11-23 所示。

代码清单 11-23   Riemann 中的 HAProxy 事件

```
{:host tornado-proxy1, :service tornado.proxy.request, :state ok, :description nil,
 :metric 1.0, :tags tornado, :time 1453995163, :ttl 60, :frontend_name tornado-www,
 :time_queue 0, :srvconn 1, :termination_state ----, :haproxy_month Jan, :http_version 1.1,
```

```
:captured_response_cookie -, :syslog_severity_code 5, :client_port 56855, :bytes_read 447,
:time_duration 1, :time_backend_response 1, :syslog_facility user-level, :retries 0,
:client_ip 85.17.156.11, :haproxy_monthday 28, :time_request 0, :haproxy_time 15:32:43,
:type syslog, :actconn 1, :syslog_timestamp Jan 28 15:32:43, :port 58985, :srv_queue 0,
:syslog_severity notice, :beconn 0, :backend_name tornado-web, :haproxy_hour 15,
:http_request /, :accept_date 28/Jan/2016:15:32:43.241, :feconn 1, :captured_request_cookie -,
:haproxy_year 2016, :syslog_facility_code 1, :syslog_pid 27604, :syslog_program tornado-haproxy,
:server_name tornado-web1, :haproxy_second 43, :http_status_code 200, :backend_queue 0,
:haproxy_minute 32, :http_verb GET, :syslog_hostname tornado-proxy, :time_backend_connect 0,
:haproxy_milliseconds 241}
```

可以看到，这里有非常多的字段。可以在 riemann_event 指令中只对相关的字段进行设置，从而缩小范围，而不是使用 map_fields=>true 指令。然后，使用此指标来绘制图表，如代码清单 11-24 所示。

代码清单 11-24　在 Riemann 中绘制 HAProxy 事件

```
(where (service "tornado.proxy.request")
  (smap rewrite-services graph))
```

11.4.2　监控 Nginx

现在已经在 tornado-proxy 主机上监控了 HAProxy。接下来监控 tornado-web1 主机和 tornado-web2 主机上的 Nginx。与 HAProxy 类似，下面将通过两种方式监控 Nginx。

- 从正在运行的 Nginx 守护进程中采集指标和状态数据。
- 从 Nginx 中采集日志并将其发送到 Logstash。

就像 tornado-proxy 主机一样，这些主机上已经安装了 collectd 并针对日志采集进行了配置，接下来将再次使用这些已有的工具。

1. 添加 Nginx 状态页面

使用 Nginx 状态页面从 Nginx 守护进程中采集指标。Nginx 状态页面提供关于当前运行的 Nginx 守护进程的指标和状态。然后，让 collectd 使用一个插件从该页面采集数据。

Nginx 状态页面由名为 ngx_http_stub_status_module 的可选模块提供。

状态页面是一个 HTTP 页面，如代码清单 11-25 所示。

代码清单 11-25　Nginx 状态页面

```
Active connections: 291
server accepts handled requests
 16630948 16630948 31070465
Reading: 6 Writing: 179 Waiting: 106
```

stub 状态模块提供关于活动连接、接受和处理的请求以及客户端请求数量的信息。在大多数发行版上，该模块是和 Nginx 一起提供的。其可用状态可以进行确认，如代码清单 11-26 所示。

代码清单 11-26   确认状态模块可用

```
$ 2>&1 nginx -V | tr -- - '\n' | grep status
http_stub_status_module
```

如果看到 http_stub_status_module，就说明 stub_status 模块处于可用状态。

可以在 Nginx 配置中指定一个位置来启用它，如代码清单 11-27 所示。

代码清单 11-27   Nginx 状态页面

```
location /nginx_status {
    stub_status on;
    access_log off;
    allow 127.0.0.1;
    deny all;
}
```

这里定义了一个名为/nginx_status（也可以将它随意命名）的 location 配置块，借助 stub_status on;启用了状态模块。另外，因为不希望对状态页面的访问生成不必要的日志条目，所以关闭了访问日志记录。同时，添加了一些访问控制，只允许从 127.0.0.1 访问，防止其他主机上的人查询状态页面。deny all 配置块拒绝了所有其他访问，也可以启用 Nginx 的基本身份验证。

接着需要重新加载或重启 Nginx 来启用状态页面，如代码清单 11-28 所示。

代码清单 11-28   重启 Nginx 服务

```
$ sudo service nginx restart
```

在其中一台 Web 服务器上查看状态页面，例如http://tornado-web1/nginx_status，可以看到如代码清单 11-29所示的指标。

代码清单 11-29   Nginx 状态页面

```
Active connections: 3
server accepts handled requests
 3 3 2
Reading: 0 Writing: 1 Waiting: 2
```

2. 启用 Nginx collectd 插件

启用状态页面后，现在配置 collectd 来抓取页面，可以使用 Nginx 插件来实现。当在 Ubuntu 和 Red Hat 的发行版上安装 collectd 时，会默认安装 Nginx 插件。接下来加载并配置插件，首先需要在/etc/collectd.d 目录下添加插件的配置文件 nginx.conf，如代码清单 11-30 所示。

代码清单 11-30   创建 nginx.conf 配置文件

```
$ sudo vi /etc/collectd.d/nginx.conf
```

然后填充这个文件，如代码清单 11-31 所示。

代码清单 11-31 nginx.conf collectd 配置

```
LoadPlugin nginx

<Plugin nginx>
  URL "http://127.0.0.1/nginx_status"
</Plugin>

LoadPlugin processes
<Plugin "processes">
    Process "nginx"
</Plugin>
```

这里加载了 nginx 插件，并且通过指定 Nginx 状态页面的 URL 对其进行配置。

nginx 进程也添加了 processes 插件的配置，这样可以对其进行深入研究和利用，确保 Nginx 正在运行。

一旦配置就绪，就可以通过重新启动 collectd 来启用它，如代码清单 11-32 所示。

代码清单 11-32 重启 collectd 守护进程来启用 Nginx 插件

```
$ sudo service collectd restart
```

可以看到 Nginx 事件从两台 Web 服务器流入 Riemann，如代码清单 11-33 所示。

代码清单 11-33 Riemann 中的 Nginx 插件事件

```
{:host tornado-web1, :service nginx/connections-accepted, :state ok, :description nil,
 :metric 306, :tags [collectd tornado], :time 1453658444, :ttl 60.0, :ds_index 0, :ds_name value,
 :ds_type derive, :type_instance accepted, :type connections, :plugin nginx}
```

这一部分展示了 tornado-web1 主机接受的 Nginx 连接。像使用 HAProxy 指标一样，这里可以重写路径。但是它通常非常易于读取，所以在这种情况下将跳过重写。

提示：如果正在使用 Apache，可以对 `mod_status` 模块采用类似的方法。也可以在 Apache mod_status 文档中找到更多信息，另外，collectd 也有相应的 Apache 插件。

11

3. 记录 Nginx 事件

除了 HAProxy 事件外，还可以从 Web 服务器上获得 Nginx 的日志事件。标准的 Nginx 日志有下面两种类型。

❑ 访问日志：显示传入请求的日志。
❑ 错误日志：显示 Nginx 服务器和应用程序错误的日志。

访问日志文件的格式由 `log_format` 指令在 Nginx 配置中进行预定义，默认格式称为 combined 格式，包含调试问题可能需要的大部分信息，如来源和目标、请求路径、HTTP 状态码和请求大小等。

可以使用 `error_log` 指令对错误日志进行控制。不能调整其格式，但可以调整日志的详细级别。

与 HAProxy 不同，在默认情况下，Nginx 不会在 Syslog 中进行记录。但是，在大多数发行版中，Nginx 将日志写入/var/log/nginx 目录，也就是将访问日志和错误日志分别放入/var/log/nginx/access.log 和/var/log/nginx/error.log 中。Nginx 还可以配置为输出特定站点或位置的日志，可以扩展此处的示例来做进一步的解释。

提示：也可以选择将 Nginx 配置为记录到 Syslog。

由于 Nginx 的当前日志不会进入 Syslog，因此这里需要通过 RSyslog 的 `imfile` 模块来采集它们。第 8 章讨论过这个模块，在默认情况下，该模块不会加载，但是下面将通过添加一个新的配置文件来实现加载和配置。现在来创建一个配置文件，采集 Nginx 的访问日志和错误日志。

首先，在/etc/rsyslog.d/目录下创建一个文件来配置日志集合。RSyslog 以字母数字顺序加载配置文件。通常，在文件名称前面加上数字前缀（00-filename）可以帮助指定加载顺序。例如，第 8 章提到，Ubuntu 上的 RSyslog 默认配置会加载到名为 50-default.conf 的文件中。其次创建并填充名为 35-nginx.conf 的文件来保存 Nginx 配置。

创建这个文件，如代码清单 11-34 所示。

代码清单 11-34　创建 Nginx 日志配置文件

```
$ sudo touch /etc/rsyslog.d/35-nginx.conf
```

对文件进行填充，如代码清单 11-35 所示。

代码清单 11-35　RSyslog Nginx 配置

```
module(load="imfile" PollingInterval="10")

input(type="imfile"
      File="/var/log/nginx/access.log"
      StateFile="nginx_access"
      Tag="tornado-nginx-access:"
      Severity="info"
      Facility="local7")

input(type="imfile"
      File="/var/log/nginx/error.log"
      StateFile="nginx_error"
      Tag="tornado-nginx-error:"
```

```
      Severity="error"
      Facility="local7")
```

第一步是加载 `imfile` 模块，并让它轮询列出的文件。`PollingInterval` 指令设置了 RSyslog 每隔 10 秒轮询所有列出的文件。

然后，在 `input` 配置块中指定任意要采集事件的文件。`input` 配置块中有一个 `type`（这里是 `imfile`）和一系列指令。`File` 指令指定了采集日志事件的文件，通常是完全限定路径。`StateFile` 文件跟踪 RSyslog 在文件中的位置，该文件一般有专门的名称，换句话说，如果用相同的名称命名两个状态文件，那么可能会发生奇怪的状态冲突情况。无须指定路径，RSyslog 通常会将其保存在/var/spool/rsyslog 中。

接下来，指定 `Tag` 指令来标记事件，在 Logstash 中使用该指令来过滤事件。注意标签末尾的:，这对正确解析标签非常重要。最后，指定事件的 `Severity`（严重性信息）和 `Facility`（设施），控制 Syslog 对传入事件的处理方式。这里 Nginx 访问日志的严重性为 info，Nginx 错误日志的严重性为 `error`。另外，设施指定为 local7，local0 到 local7 为记录特定的守护进程或应用程序保留。在大多数发行版上，local0 到 local7 不会被处理，因此也不会写入/var/log/目录的文件中。

提示：这里假设更新至 RSyslog 6 或以上版本。早期版本使用了不同的配置文件格式。

接着，重启 tornado-web1 主机和 tornado-web2 主机上的 RSyslog，如代码清单 11-36 所示。

代码清单 11-36　重启 Nginx 的 RSyslog 服务

```
$ sudo service rsyslog restart
```

这将启动对 Nginx 访问日志和错误日志的采集操作，它们将作为传统的 Syslog 事件发送到 Logstash。代码清单 11-37 展示了典型的 Nginx 访问日志条目。

代码清单 11-37　Nginx 访问日志条目

```
45.55.148.142 - - [21/Jan/2016:05:01:44 +0000] "GET / HTTP/1.1" 200 219 "-"
  "Mozilla/5.0 (Macintosh; Intel Mac OS X 10_11_3) AppleWebKit/537.36
  (KHTML, like Gecko) Chrome/47.0.2526.111 Safari/537.36"
```

其中包含源 IP、HTTP 动词、路径、状态码和其他各种有用信息。现在更新 Logstash 配置来解析这些事件并提取一些有用的信息，如代码清单 11-38 所示。

代码清单 11-38　更新后的 Nginx Logstash 配置

```
}
filter {
  if [type] == "syslog" {

...
```

11

```
      if [syslog_program] == "tornado-haproxy" {
        grok {
          match => ["syslog_message", "%{HAPROXYHTTPBASE}"]
          remove_field => ["syslog_message"]
          add_field => { "tags" => "tornado" }
        }
      }
      if [syslog_program] == "tornado-nginx-access" {
        grok {
          patterns_dir => "/etc/logstash/patterns"
          match => { "syslog_message" => "%{NGINXACCESS}" }
          remove_field => ["syslog_message"]
          add_field => { "tags" => "tornado" }
        }
      }
    }
  }
```

为了利用 Syslog 处理的优势，这里再次在父条件语句中添加了另一条 if 条件语句，从而匹
配 syslog_program 字段，并特别查找 tornado-nginx-access，该值通过在 imfile 配置中设
置 Tag 指令来提供。grok 过滤器中指定了新属性 patterns_dir，该属性指定了存储自定义模式
的目录。与 HAProxy 不同，这里没有一个标准模式来解析 Nginx 访问日志，因此需要创建自己
的模式。下面在 logstasha 主机上创建这个目录，如代码清单 11-39 所示。

代码清单 11-39   创建模式目录

```
$ sudo mkdir /etc/logstash/patterns
```

现在使用 Nginx 访问日志模式在该目录下创建并填充名为 nginx 的文件，如代码清单 11-40
所示。

代码清单 11-40   Nginx 模式

```
NGINXACCESS %{IPORHOST:remote_addr} - %{USERNAME:remote_user}
  \[%{HTTPDATE:time_local}\] "%{WORD:http_method} %{URIPATHPARAM:http_request}
  HTTP/%{NUMBER:http_version}" %{INT:http_status} %{INT:body_bytes_sent}
  %{QS:http_referer} %{QS:http_user_agent}
```

文件中列出了各个模式，每个模式有名称（这里是 NGINXACCESS），然后是模式本身。现有
的模式与 Nginx 访问日志条目相匹配，并提取了有用的数据，比如远程 IP 地址、请求方法、请
求以及状态。它会改变 Nginx 访问日志的状态，如代码清单 11-41 所示。

代码清单 11-41   解析后的 Nginx 访问日志事件

```
{
        "syslog_hostname" => "tornado-web2",
         "syslog_program" => "tornado-nginx-access",
...
            "remote_addr" => "45.55.148.142",
```

```
        "remote_user" => "-",
         "time_local" => "21/Jan/2016:05:01:44 +0000",
              "method" => "GET",
             "request" => "/",
         "httpversion" => "1.1",
              "status" => "200",
      "body_bytes_sent" => "219",
        "http_referer" => "\"-\"",
     "http_user_agent" => "\"Mozilla/5.0 (Macintosh; Intel
        Mac OS X 10_11_3) AppleWebKit/537.36 (KHTML, like
        Gecko) Chrome/47.0.2526.111 Safari/537.36\""
        "tags"              => "tornado"
}
```

> 注意：grok 过滤器还将从事件中删除 syslog_message 字段，该字段现在没有任何作用，可以进行删除，从而节省空间，方便阅读。

可以看到，更新后的事件现在包含了用于诊断或识别 Nginx 特定问题所需的大量数据。从这里开始，事件将进入 Elasticsearch 进行索引，然后可以在 Kibana 中进行搜索或绘图。或者可以像处理 HAProxy 事件一样，将其发送到 Riemann。下面是 riemann 输出插件的配置示例，如代码清单 11-42 所示。

代码清单 11-42　将 Nginx 日志发送到 Riemann

```
...

output {
  if [syslog_program] == "tornado-nginx-access" {
    riemann {
      host => "riemanna"
      sender => "%{syslog_hostname}"
      map_fields => true
      riemann_event => {
        "service" => "tornado.web.request"
        "metric"  => "%{body_bytes_sent}"
        "state"   => "ok"
      }
    }
  }

...
}
```

这里根据 syslog_program 的值 tornado-nginx-access 选择 Nginx 日志事件，并通过 host 指令将它们传递到 riemanna 服务器。另外，利用 syslog_hostname 字段的值指定了 Riemann 的:host 字段的源主机，通过 map_fields 指令来映射 Nginx 日志条目中的所有字段，但这里可以在 riemann_event 指令中选择性地指定字段。现在 Riemann 的:service 字段的值设置为 tornado.web.request，:metric 字段的值设置为 body_bytes_sent，该字段包含作为请求的一部分而发送的总字节数。另外，`:state` 字段设置为 ok。

重新启动 Logstash，可以看到 Riemann 中的 Nginx 事件，如代码清单 11-43 所示。

代码清单 11-43　Riemann 中的 Nginx 事件

```
{:host tornado-web1, :service tornado.web.request, :state ok, :description nil, :metric nil,
  :tags tornado, :time 1454008963, :ttl 60, :http_version 1.1, :syslog_severity_code 5,
  :http_status 200, :syslog_facility user-level, :type syslog, :syslog_timestamp Jan 28
  19:22:43, :port 57762, :syslog_severity notice, :http_request /, :remote_addr 45.55.148.142,
  :http_method GET, :syslog_facility_code 1, :syslog_program tornado-nginx-access,
  :body_bytes_sent 219, :http_referer "-", :remote_user -, :syslog_hostname tornado-web1,
  :time_local 28/Jan/2016:19:22:43 +0000}
```

这里有很多字段，可以在 `riemann_event` 指令中只设置目标字段，缩小这个范围。然后，扩展用于 Nginx 事件的 `where` 流，将此事件定向到绘制图表，如代码清单 11-44 所示。

代码清单 11-44　在 Riemann 中绘制 Nginx 事件

```
(where (or (service "tornado.proxy.request") (service "tornado. web.request"))
  (smap rewrite-services graph))
```

现在 Nginx 事件将通过 Riemann 传递到 Graphite 中。

注意：与 grok Nginx 错误日志不同，它们是最适用于诊断，并且格式是高度可变的。这里只是将它们直接存储在 Elasticsearch 中，使它们可用于搜索。

11.4.3　解决 Web 层的监控问题

实现对 HAProxy 和 Nginx 的监控以及数据发送后，下一步考虑这些数据的用途。本章前面提出了 Tornado Web 层的一系列问题，主要涉及以下几个方面。

❑ HAProxy 和 Nginx 在主机上正常运行。
❑ 任何时候至少有两台 Tornado Web 服务器可用。
❑ Tornado Web 服务器上的 5xx 错误率小于 1%。

下面看一下如何解决这些问题。

第 5 章和第 6 章已经解决了第一个问题。另外，这两章配置了 collectd 的 processes 插件，在任何被监控的进程低于阈值时发送通知，在示例中，每台主机至少有一个进程。这里对第二个问题也有所帮助，即进程检测保证了节点正常工作。可以对其进行专门调整，从而为特定进程添加阈值，比如调整 Nginx 进程的数量。现在先来更新/etc/collectd.d/nginx.conf 配置文件，如代码清单 11-45 所示。

代码清单 11-45　匹配多个 Nginx 进程

```
...

LoadPlugin processes
<Plugin "processes">
    Process "nginx"
</Plugin>

<Plugin "threshold">
  <Plugin "processes">
    Instance "nginx"
      <Type "ps_count">
        DataSource "processes"
        WarningMin 4
        FailureMin 1
      </Type>
  </Plugin>
</Plugin>
```

这里已指定，如果 Nginx 进程数低于 4，则生成警告通知。如果进程数低于 1，则发送失败通知。

这些通知将通过现有的逻辑在 Riemann 中进行处理。记住，可以在围绕 collectd 事件的包装器中，进一步选择所有带有 notification 标签的事件，如代码清单 11-46 所示。

代码清单 11-46　为 Riemann 配置添加 collectd 监控

```
...
      (tagged "collectd"
        (tagged "notification"
          (changed-state {:init "ok"}
            (adjust [:service clojure.string/replace #"^processes
            -(.*)\/ps_count$" "$1"]
            (page))))

      (where (and (expired? event)
                  (service #"^processes-.+\/ps_count\/processes"))
        (adjust [:service clojure.string/replace #"^processes-
        (.*)\/ps_count\/processes$" "$1"]
            (page))))
...
```

接着看一下通知的逻辑。它检测事件的状态变化（默认值为 ok），如果事件的状态发生改变，则调整 :service 字段来获取被监控的进程。调整后的事件将传入第 10 章中创建的 PagerDuty 的 page 函数。

注意 expired 事件的逻辑，它检测 processes 插件指标从 Riemann 索引中消失的时间。这里再次调整事件以获取进程名称并将其传入 page 函数。

11

提示：记住，与默认配置一样，从 collectd 发送的每个指标都将发送到 Graphite 并绘制成图表，无须通过特定操作来实现。

11.4.4   在 Riemann 中设置 Tornado 检测

现在对 Tornado 事件定义一些检测。为了保持配置的清晰和完整，这里将在一个单独的名字空间中定义新的流，并将其包含到主配置中。

下面从为事件通知构建一些基本逻辑开始，在新目录/etc/riemann/examplecom/app 下创建新文件 tornado.clj。该文件将用来保存 Tornado 的监控配置。现在来创建新的目录和 tornado.clj 文件，如代码清单 11-47 所示。

代码清单 11-47   创建目录和 tornado.clj 文件

```
$ sudo mkdir -p /etc/riemann/examplecom/app
$ sudo touch /etc/riemann/examplecom/app/tornado.clj
```

接着用一些监控流填充这个文件，创建名为 checks 的核心函数来将事件划分到每一层，并且为每一层创建一个函数来对该层中的主机和服务执行检测，首先从 Web 层开始。

然后看一下这些初始流，如代码清单 11-48 所示。这里查看文件的一部分，可以在本书的源代码中看到完整的文件。

代码清单 11-48   tornado.clj 文件

```
(ns examplecom.app.tornado
  "Monitoring streams for Tornado"
  (:require [riemann.config :refer :all]
            [clojure.tools.logging :refer :all]
            [riemann.folds :as folds]
            [riemann.streams :refer :all]))


...

(defn checks
  "Handles events for Tornado"
  []
  (let [web-tier-hosts #"tornado-(proxy|web1|web2)"
        app-tier-hosts #"tornado-(api1|api2)"
        db-tier-hosts #"tornado-(db|redis)"]

  (splitp re-matches host
    web-tier-hosts (webtier)
    app-tier-hosts (apptier)
    db-tier-hosts (datatier)
    #(info "Catchall - no tier defined" (:host %) (:service %)))))
```

可以看到这里添加了新的函数以及名为 `examplecom.app.tornado` 的名字空间。这里的库或应用程序主要负责应用程序的监控，可以把它叫作 app。最后，这里将函数组称为 `tornado`，其与 Example.com Application Tornado 的字面意思相同，也与上面创建的路径相匹配。

接下来添加文档字符串来描述名字空间的作用。在本例中，它提供了用于监控 Tornado 应用程序的流。

首先，使用 `require` 函数来引入 Clojure 和 Riemann 的部分基础函数，如代码清单 11-49 所示。Clojure 中包含了用于记录事件的 clojure.tools.logging 库，其中就有 `info` 函数。这里还引入了 riemann.config 库、riemann.folds 库和 riemann.streams 库，其中，riemann.streams 库包含 `expired` 过滤流和 `where` 过滤流，riemann.folds 库包含稍后将使用的 `folds` 流。

代码清单 11-49　引入 Riemann 函数

```
...

  (:require [riemann.config :refer :all]
            [clojure.tools.logging :refer :all]
            [riemann.folds :as folds]
            [riemann.streams :refer :all]))
...
```

这里的 `require` 函数引入了 riemann.config 库和 riemann.streams 库，此时执行 `:refer :all` 操作将加载这些库中的所有函数。riemann.folds 库可以访问 Riemann 的 `folds` 流，因此这里使用 `:as` 选项为该库起了别名 `folds`，这样便能访问名字空间中处理 Tornado 事件所需的函数。

其次，使用 `defn` 语句定义名为 `checks` 的新函数。可以在附录中看到 `defn` 函数，它结合了定义变量的 `def` 语句和创建函数的 `fn` 语句，负责创建函数并将其绑定到符号，接下来调用这个符号来处理事件。

在这个初始函数中，创建第一个用于处理 Tornado 事件的流，如代码清单 11-50 所示。

提示：可以在附录和 Riemann 网站上 HOWTO 页面的 Organizing with Functions 部分中阅读更多关于编写函数的内容。

代码清单 11-50　Tornado 的 `checks` 函数

```
(defn checks
  "Handles events for Tornado"
  []
  (let [web-tier-hosts #"tornado-(proxy|web1|web2)"
        app-tier-hosts #"tornado-(api1|api2)"
        db-tier-hosts #"tornado-(db|redis)"]

    (splitp re-matches host
      web-tier-hosts (webtier)
```

11

```
app-tier-hosts (apptier)
db-tier-hosts (datatier)
#(info "Catchall - no tier defined" (:host %) (:service %)))))
```

首先看一下 checks 函数。我们定义了这个函数接受的参数（在本例中没有参数），另外添加了一个文档字符串来说明这个函数的功能。

其次定义了一个 let 表达式。记住，let 绑定具有词法限定范围，即限制在表达式本身的范围内。在这个表达式之外，任何符号都是未定义的。同时定义了一系列包含正则表达式的符号，用来匹配构成 Tornado 应用程序的主机。它们包括 3 个符号：web-tier-hosts、app-tier-hosts 和 db-tier-hosts。每个符号都包含一个正则表达式，其中包含应用程序每一层中的主机列表。

提示：还可以为这个应用程序架构查询数据存储或服务发现，比如 Zookeeper 或 PuppetDB。

在 let 表达式中只有一个 splitp 流，如代码清单 11-51 所示。splitp 函数是一个 Riemann 流，使用二元谓词和表达式将流分成子流。本例中使用正则表达式匹配来分割 :host 字段上的流。

代码清单 11-51   splitp 谓词和表达式

```
(splitp re-matches host
```

这个匹配使用 Clojure 的 re-matches 函数，该函数根据模式返回相应的匹配内容。splitp 函数用测试表达式指定子句，如代码清单 11-52 所示。

代码清单 11-52   splitp 子句

```
web-tier-hosts (webtier)
```

这里传递测试表达式 web-tier-hosts，这是一个符号，其中包含 Tornado 应用程序某一层中主机的正则表达式列表。另外，let 表达式中定义了符号。如果符号与主机字段匹配，则将事件发送到 webtier 函数。剩下的子句将事件发送给另外的 apptier 函数和 datatier 函数。

还需要指定 catchall 子句。如果省略了一个 catchall，且传入的事件不匹配任何子句，那么 Riemann 将提示出错。示例中将所有与子句不匹配的事件发送到日志文件，并附带一条消息，指明对某个偏离主题的事件出现在流中的原因进行调查。

接下来看一下 webtier 函数，它在 tornado.clj 文件中进行定义，优先于 checks 函数。

11.4.5   webtier 函数

webtier 函数匹配 web-tier-hosts 正则表达式中的所有事件，即来自 tornado-proxy 主机、tornado-web1 主机和 tornado-web2 主机的事件，涉及 HAProxy 服务器和 Nginx 服务器。webtier 函数定义了两个检测，指明 HAProxy 和 Nginx 是否正常工作。

❑ 如果 HAProxy 可用的后端服务器少于两台，则第一个检测会进行提醒，从而可以了解 HAProxy 是否正常运行以及是否可以连接到 Web 服务器。

❑ 第二个检测能够在所返回的 5xx HTTP 状态码的百分比高于阈值时发送报告。这样可以知道应用程序是否正确运行并且没有产生错误。

依次看一下每个检测，了解如何进行构建，如代码清单 11-53 所示。

代码清单 11-53　webtier 函数

```
(defn webtier
  "Checks for the Tornado Web tier"
  []
  (let [active_servers 2.0]
    (sdo
      (where (and (service "haproxy/gauge-backend.tornado-web.active_servers")
                  (< metric active_servers))
        (adjust #(assoc % :service "tornado-web active servers"
                          :type_instance nil
                          :state (condp = (:metric %)
                                   0.0 "critical"
                                   1.0 "warning"
                                   2.0 "ok"))
          (changed :metric {:init active_servers}
            (slacker))))
      (check_ratio "haproxy/derive-frontend.tornado-www.response_5xx"
                   "haproxy/derive-frontend.tornado-www.request_total"
                   "haproxy.frontend.tornado-www.5xx_error_percentage"
                   0.5 1
        (sdo
          (changed-state {:init "ok"}
            (where (state "critical")
              (page))
            (where (state "warning")
              (slacker)))
          (smap rewrite-service graph))))))
```

这里首先定义了 let 表达式来保存一个变量，即 HAProxy 配置中活动的 Nginx 服务器的数量。该数字虽然进行了硬编码处理，但可以通过配置管理系统实现模板化，或在类似 Zookeeper 的数据存储中进行提取。

sdo 变量获取一个函数列表，并向每个函数提交一个事件副本，实现将事件发送到多个子流。同时，每个检测都将成为一个子流，这使检测的构建更为简单，并且确保事件将被分配到每个检测。

第一个检测与前面章节中配置的检测保持一致，如代码清单 11-54 所示。

代码清单 11-54　第一个 webtier 检测

```
(where (and (service "haproxy/gauge-backend.tornado-web.active_servers")
            (< metric active_servers))
```

11

```
(adjust #(assoc % :service "tornado-web active servers"
                  :type_instance nil
                  :state (condp = (:metric %)
                           0.0 "critical"
                           1.0 "warning"
                           2.0 "ok"))
    (changed-state {:init "ok"}
      (slacker))))
```

使用 where 流有两个条件。第一个是 haproxy/gauge-backend.tornado-web.active_servers 服务，该服务指明 HAProxy 检测到的处于活动状态的后端服务器的数量。第二个是小于 active_servers 变量的 :metric 值。其中，:service 由 collectd 中的 haproxy 插件生成，变量在 let 表达式中进行设置。

然后，使用 adjust 变量结合 assoc 来更新事件字段。这里将服务名称更改为 tornado-web active servers，删除 :type_instance 字段来整理事件，并且对 :state 字段进行了更改，即使用 condp 条件语句根据 :metric 字段的值设置 :state 字段的值，这一点很重要。如果没有处于活动状态的服务器（0.0），那么状态将是 critical。如果只有一台服务器处于活动状态，则状态为 warning。如果所有服务器都处于活动状态，则状态为 ok。接着，将这个新事件传递到 changed-state 流中，默认状态为 ok。这里是新事件的示例，如代码清单 11-55 所示。

代码清单 11-55   Tornado 检测和通知功能

```
{:host tornado-proxy, :service tornado-web active servers, :state ok, :description nil,
 :metric 2.0, :tags [collectd tornado], :time 1453671310, :ttl 60.0, :ds_index 0,
 :ds_name value, :ds_type gauge, :type gauge, :plugin haproxy}
```

如果事件状态发生变化，例如从 ok 变为 warning，那么 Riemann 将向 Slack 发送一个通知，如图 11-4 所示。

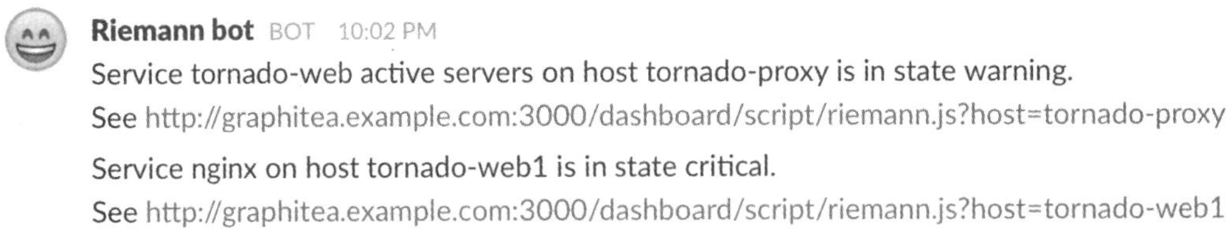

Riemann bot BOT   10:02 PM
Service tornado-web active servers on host tornado-proxy is in state warning.
See http://graphitea.example.com:3000/dashboard/script/riemann.js?host=tornado-proxy

Service nginx on host tornado-web1 is in state critical.
See http://graphitea.example.com:3000/dashboard/script/riemann.js?host=tornado-web1

图 11-4   Nginx 和 HAProxy 的 Tornado Slack 通知

第二个检测通过确定 5xx HTTP 状态码占正常请求的百分比来检测应用程序的健康程度。现在来看一下这个检测，如代码清单 11-56 所示。

代码清单 11-56   第二个 webtier 检测

```
(check_ratio "haproxy/derive-frontend.tornado-www.response_5xx"
             "haproxy/derive-frontend.tornado-www.request_total"
```

```
                "haproxy.frontend.tornado-www.5xx_error_percentage"
                0.5 1
  (sdo
    (changed-state {:init "ok"}
      (where (state "critical")
        (page))
      (where (state "warning")
        (slacker)))
    (smap rewrite-service graph))))))
```

该检测使用了新的检测抽象，称为 check_ratio。这里在第 6 章中创建的 checks.clj 文件中添加了这个新的抽象。下面看一下该抽象并回到 Tornado 检测中，如代码清单 11-57 所示。

代码清单 11-57　check_ratio 函数

```
(defn check_ratio [srv1 srv2 newsrv warning critical & children]
  "Checks the ratio between two events"
  (project [(service srv1)
            (service srv2)]
    (smap folds/quotient-sloppy
      (fn [event] (let [percenta (* (float (:metric event)) 100)
                        new-event (assoc event :metric percenta
                          :service (str newsrv)
                          :type_instance nil
                          :state (condp < percenta
                                        critical "critical"
                                        warning  "warning"
                                        "ok"))]
        (call-rescue new-event children)))))))
```

check_ratio 函数比较两个服务的比率，例如，在 Tornado 示例中，这是 5xx 错误与正常响应的比例。它会发出新的事件，其中包含一个百分比作为 :metric 字段的值。

该函数接受 5 个参数和可选的子流。

❑ 前两个参数是 srv1 和 srv2，这是预期比较的两个事件的 :service 字段。
❑ newsrv 参数包含测量比率的新事件的 :service 字段的值。
❑ warning 参数和 critical 参数是将新事件的 :state 值更改为 warning 或 critical 的阈值。

就像在 checks.clj 中定义的其他检测一样，这里的检测接受一些子流。例如，可以将新事件发送到 Graphite 中进行存储。

check_ratio 函数使用名为 project 的流来比较两个事件。project 流接受谓词表达式的向量，与 where 流中使用的表达式非常类似。然后，维护某个最近的与每个谓词匹配的事件的向量。如果传入事件匹配，则替换现有事件，并将该向量传递给所有子流。

在本例中，子流是一个 smap 流，它将事件输入 quotient-sloppy fold 中。quotient-sloppy 将除

以向量中每个事件的:metric 值来产生新的事件。-sloppy 表示上面计算得出的商可以在指标中处理 nil 值。

提示：如果预先知道指标值不可能是 nil，那么可以用 folds/quotient fold。

接下来将新事件输入函数，对其内容进行一些更新，如代码清单 11-58 所示。

代码清单 11-58　展示新的 check_ratio 事件

```
(fn [event] (let [percenta (* (float (:metric event)) 100)
                  new-event (assoc event :metric percenta
                    :service (str newsrv)
                    :type_instance nil
                    :state (condp < percenta
                                  critical "critical"
                                  warning  "warning"
                                  "ok"))]
    (call-rescue new-event children))))))
```

这个接受 event 的函数的 let 表达式定义了两个符号。第一个符号 percenta 接受新事件的:metric 字段，并通过将其乘以 100 转换为百分数。quotient-sloppy fold 还将以 srv1_value/srv2_value 的形式发出:metric 事件，例如 1/10。因此这里需要将:metric 字段强转为 float 类型。第二个符号 new-event 使用 assoc 获取事件 map 并发出带有一些更新字段的新 map。首先，使用 newsrv 参数的值作为新的:service 字段。其次，将:type_instance 字段设置为 nil，从而适当整理一下事件。然后，在计算百分比之后，根据事件指标的值设置:state 字段的值。如果事件的百分比超过 critical 参数阈值，则将事件的:state 设置为 critical，以此类推。

最后，check_ratio 通过 call-rescue 函数将 new-event 符号传递给已定义的所有子流。

注意：现在已经定制了检测来发出百分比，可以将其配置为以各种格式发出指标。

现在再来看 Tornado 检测，了解它的情况，如代码清单 11-59 所示。

代码清单 11-59　返回的第二个 webtier 检测

```
(check_ratio "haproxy/derive-frontend.tornado-www.response_5xx"
             "haproxy/derive-frontend.tornado-www.request_total"
             "haproxy.frontend.tornado-www.5xx_error_percentage"
             0.5 1
  (sdo
    (changed-state {:init "ok"}
      (where (state "critical")
        (page))
      (where (state "warning")
        (slacker)))
    (smap rewrite-service graph))))))
```

首先可以看到检测经由两个服务对 check_ratio 函数进行调用，这两个服务分别为：haproxy/
derive-frontend.tornado-www.response_5xx 和 haproxy/derive-frontend.tornado-www.
request_total。

这些是来自 collectd 的 haproxy 插件的指标，它记录了 tornado-www 前端记录的 5xx 错误以
及对该前端的请求总数。然后，传入新事件的名称：service，用于比较事件。

haproxy.frontend.tornado-www.5xx_error_percentage

最后，分别传入 warning 和 critical 的阈值（分别为 0.5% 和 1%）。check_ratio 函数将
比较两个指标值并生成新的事件，如代码清单 11-60 所示。

代码清单 11-60　haproxy.frontend.tornado-www.5xx_error_percentage 事件

```
{:host tornado-proxy, :service haproxy.frontend.tornado-www.5xx_error_percentage, :state ok,
 :description nil, :metric 0.016398819570895284, :tags [collectd tornado], :time 1454109239,
 :ttl 60.0, :ds_index 0, :ds_name value, :ds_type derive, :type_instance nil, :type derive,
 :plugin haproxy}
```

注意，这里新事件的 :metric 值为 0.016398819570895284。这表明 5xx 错误约占总请求的
0.016%（正常范围），然后返回 ok 状态。

检测的最后一部分决定如何处理新事件。这里再次使用 sdo 函数将事件发送到多个子流。本
例中匹配了事件的 :state，如果事件状态是 warning（5xx 错误响应占总响应的比率在 0.5% 和
1% 之间），则发送 Slack 通知。如果是 critical（5xx 错误响应占总响应的比率超过 1%），那么
向 PagerDuty 发送通知。

11.5　向 Riemann 添加 Tornado 检测

在进一步研究其他层之前，看一下如何使用新的 Tornado 检测。这意味着在 riemann.config
配置文件的顶部添加新的 examplecom.app.tornado 名字空间。现在来对其进行更新，如代码
清单 11-61 所示。

代码清单 11-61　为 Riemann 配置添加新的名字空间

```
(require 'riemann.client)

...

(require '[examplecom.app.tornado :as tornado])
```

这里使用 require 函数将 examplecom.app.tornado 名字空间添加到了配置中，并且为引
用的 examplecom.app.tornado 名字空间起了别名 tornado。

提示：Clojure 有力证明了引用所需的名字空间的必要性，但本书不展开讨论。

11

然后，匹配 tornado 标记的事件的 where 流引用了这个名字空间，如代码清单 11-62 所示。

代码清单 11-62   发送要检测的 Tornado 事件

```
(tagged "tornado"
  (tornado/checks))
```

现在 Tornado 事件将流入 tornado 名字空间和 checks 函数。这样，Web 层便接受监控了。

11.6   小结

通过以上介绍，可以看到监控框架的所有部分都连成一个整体。本章实现了对 Web 层的监控，开始以简单和可伸缩的方式监控复杂的多层应用程序，研究了使用 collectd 插件监控 Tornado 应用程序中 Web 组件的方法，包括 HAProxy 和 Nginx，并且使用插件监控了服务本身及其内部，另外通过使用其日志输出来生成有用的指标和诊断信息，在 Riemann 中添加了一组检测，能够在出现问题时发出通知。

下一章将讨论应用程序层。

## 第 12 章

监控 Tornado：应用程序层

本章介绍监控 Tornado 的应用程序层。应用程序层由两台 API 服务器组成，在 JVM（Java 虚拟机）之上运行 Tornado API。对于 Tornado 的应用程序层应关注的问题，下面进行了一些分类。

- ❑ Tornado API 在主机上正常运行。
- ❑ Tornado 应用程序第 99 百分位延迟不超过 100 毫秒。
- ❑ JVM 堆内存使用百分比低于阈值。

注意：第 9 章也测量了 Tornado API 应用程序，这里的 Tornado 应用程序服务器也将发出那些指标。

现在首先为每个组件、底层 JVM 以及 Tornado API 配置监控，然后使用监控生成的事件和指标来解决问题。

12.1 监控应用程序层的 JVM

下面将从监控两台 API 服务器上的 JVM 开始。第 8 章介绍了如何使用 GenericJMX 插件监控 JVM 应用程序，其中，GenericJMX 插件由 collectd 上的 Java 插件执行，使用为 Java 资源提供监控和管理功能的 JMX 框架（Java 管理扩展）。这些资源由 MBean（Managed Bean）表示，MBean 表示 JVM 中运行的资源，例如应用程序。

本例将监控 JVM 的基本指标，包括内存、内存池、线程和垃圾回收。为了启用监控，下面需要采取两个步骤。

- ❑ 在 Tornado API 上启用 JMX。
- ❑ 在 collectd 中启用和配置 Java 插件。

首先来启用 JMX，使用适当的标志启动应用程序，更新 Tornado API 以启动相关组件，如代码清单 12-1 所示。

代码清单 12-1 更新 Tornado API 来运行 JMX

```
java -Dcom.sun.management.jmxremote -Dcom.sun.management.
  jmxremote.port=8855 -Dcom.sun.management.jmxremote.authenticate
  =false -Dcom.sun.management.jmxremote.ssl=false -jar tornado-api.jar
```

这里添加了以下标志，如代码清单 12-2 所示。

代码清单 12-2 JMX 启用选项

```
-Dcom.sun.management.jmxremote
-Dcom.sun.management.jmxremote.port=8855
-Dcom.sun.management.jmxremote.authenticate=false
-Dcom.sun.management.jmxremote.ssl=false
```

这将启用 JMX 并将其配置为本地报告，绑定到 localhost 的端口 8855 上。这里已经禁用了身份验证和 SSL，如果想使用用户名和密码，可以在 JMX 网站上找到说明。也可以启用 SSL，但在绑定到本地主机时无须启用。

为 JMX 配置 collectd

接下来配置 collectd 插件来从端点获取指标。collectd 守护进程使用基于 Java 的 GenericJMX 插件执行这个操作，这里通过同步执行 GenericJMX 插件与 Java 辅助插件，来运行 GenericJMX 插件。

创建一个文件来保存插件配置，如代码清单 12-3 所示。

代码清单 12-3 Tornado API 的 collectd JMX 配置文件

```
$ vi /etc/collectd.d/tornado-api.conf
```

现在填充该文件，如代码清单 12-4 所示。整个配置内容偏多，不能完整粘贴到书中，这里选取了一个示例来展示其运行方式，可以访问本书源代码浏览完整文件。

代码清单 12-4 tornado-api.conf 文件

```
LoadPlugin java
<Plugin "java">
JVMARG "-Djava.class.path=/usr/share/collectd/java/collectd-api.
  jar:/usr/share/collectd/java/generic-jmx.jar"
LoadPlugin "org.collectd.java.GenericJMX"
<Plugin "GenericJMX">

...

  <MBean "memory-heap">
  ObjectName "java.lang:type=Memory"
  InstancePrefix "memory-heap"
  <Value>
```

```
      Type "memory"
      Table true
      Attribute "HeapMemoryUsage"
    </Value>
  </MBean>

  ...

  <Connection>
    ServiceURL "service:jmx:rmi:///jndi/rmi://localhost:8855/ jmxrmi"
    Collect "memory_pool"
    Collect "memory-heap"
    Collect "memory-nonheap"
    Collect "gc-count"
    Collect "gc-time"
    Collect "thread"
    Collect "thread-daemon"
  </Connection>
  </Plugin>
</Plugin>
```

第一行加载 Java 插件。这是一个基础插件，可以为 collectd 启用所有相关的 Java 代码。然后在 <Plugin> 块中配置插件的操作，向 Java 插件指明 GenericJMX 插件的位置并进行加载。

然后，添加第二个 <Plugin> 块来配置 GenericJMX 插件。接下来，加载所有用于采集监控数据的 MBean。

这里为 GenericJMX 插件指定了两种类型的配置。正如第 8 章所说，MBean 块定义了属性到类型的映射，用于在 collectd 中生成指标。MBean 是被托管的 Java 对象，类似于 JavaBean 组件，但用于通过 JMX 暴露管理接口。可以为应用程序或 JVM 中的设备、应用程序或资源定义 MBean。每个 MBean 都公开可读或可写的属性、一组操作和一个描述，如代码清单 12-5 所示。

代码清单 12-5　MBean

```
<MBean "memory-heap">
  ObjectName "java.lang:type=Memory"
  InstancePrefix "memory-heap"
  <Value>
    Type "memory"
    Table true
    Attribute "HeapMemoryUsage"
  </Value>
</MBean>
```

MBean 块有一个名称，这里是 memory-heap，这是 collectd 中 MBean 定义的名称。然后指定 ObjectName，即 JMX 中 MBean 定义的名称。本例中，MBean 跟踪 JVM 中的内存状态。

接下来定义 InstancePrefix，这是一个可选项，用于为 MBean 的值添加前缀，因此本例中定义的所有值都将以 memory-heap 作为前缀。这有助于识别某个值的来源。

12

接着定义从 MBean 中获取的值，把这些值封装在<Value>块中。每个 MBean 至少需要一个<Value>块。<Value>块中的属性设置了指标的各个字段。

然后设置 Type，本例中这些值的类型都是 memory，这有助于构建指标类型和名称。Table 选项指定所获取的值是否是组合值。组合值是数据的集合，其中每个值都可以通过 key 来查找。如果为 true，则假定它为组合值。最后的 Attribute 选项是 MBean 中属性的名称，可以在其中进行值的读取。这里的第一个值将读取名为 HeapMemoryUsage 的属性。

那么，最终可以从这个<Value>块中获取哪些指标呢？在本例中，collectd 将查找 HeapMemoryUsage 属性，这是一个由多个值组成的复合属性。它将获取所有这些值，并向它们添加 InstancePrefix 前缀和 Type 前缀，然后生成一些指标，如代码清单 12-6 所示。

代码清单 12-6   GenericJMX Java 内存堆指标

```
GenericJMX-memory-heap/memory-committed
GenericJMX-memory-heap/memory-init
GenericJMX-memory-heap/memory-max
GenericJMX-memory-heap/memory-used
```

collectd 实例将把这些指标发送到 Riemann。

下面定义<Connection>块，控制插件在 JVM 中查找 JMX 服务器的位置范围，如代码清单 12-7 所示。

代码清单 12-7   <Connection>块

```
<Connection>
  ServiceURL "service:jmx:rmi:///jndi/rmi://localhost:8855/jmxrmi"
  Collect "memory_pool"
  Collect "memory-heap"
  Collect "memory-nonheap"
  Collect "gc-count"
  Collect "gc-time"
  Collect "thread"
  Collect "thread-daemon"
</Connection>
```

<Connection>块定义了 ServiceURL，指向在 localhost 的端口 8855 上运行的 JMX 实例，同时指定了一系列 Collect 选项，告诉 collectd 要为该连接处理哪些 MBean。本例中，需要检索所有的 MBean，包括刚刚看到的 memory-heap。

提示：riemann-jmx 同样值得关注，它直接将 JMX 事件发送到 Riemann。

现在添加 processes 插件，使用 tornado-api 标签将其配置为监控包含-jar tornado-api 的进程，如代码清单 12-8 所示。

代码清单 12-8　添加 tornado-api 进程监控

```
LoadPlugin processes
<Plugin "processes">
  ProcessMatch "tornado-api" "-jar tornado-api"
</Plugin>
```

这链接到第 5 章中设置的进程监控阈值，当 Tornado API 停止运行时，能够发出通知。

12.2　采集应用程序层的 JVM 日志

与 HAProxy 事件和 Nginx 事件一样，这里也希望获得 Tornado API 日志。在示例中，Tornado API 使用名为 timbre 的日志框架，这个框架与 Java 的 Log4j 框架非常类似，并且被配置为在/var/log/tornado-api.log 文件中记录错误和请求日志。

使用特定的格式来记录事件，大致与 Syslog 条目类似。应用程序当前的日志由于没有进入 Syslog，因此需要通过 RSyslog 的 `imfile` 模块进行采集。现在创建一个配置文件来采集应用程序日志。

首先，在/etc/rsyslog.d/目录下创建一个文件来配置日志采集。RSyslog 按文件名的字母数字顺序加载配置文件，文件名前面通常会有数字前缀（如 00-filename），从而指定加载顺序。然后创建并填充名为 35-tornado-api.conf 的文件来保存 Tornado API 配置，如代码清单 12-9 所示。

代码清单 12-9　RSyslog tornado-api 配置

```
module(load="imfile" PollingInterval="10")

input(type="imfile"
      File="/var/log/tornado-api.log"
      StateFile="tornado_api"
      Tag="tornado-api:"
      Severity="info"
      Facility="local7")
```

第一步，加载 `imfile` 模块，让其轮询列出的文件。第二步，指定标记事件的 Tag 指令，并在 Logstash 中使用该指令来过滤事件。注意标签末尾的:，这对正确解析标签非常重要。第三步，指定事件的 Severity 和 Facility，控制 Syslog 对传入事件的处理方式。这里应用程序日志的 Severity 级别为 info，Facility 为 local7。

提示：记住，从第 11 章开始假定使用 RSyslog 6 之后的版本，早期版本使用不同的配置文件格式。

12

接下来，重启 tornado-api1 主机和 tornado-api2 主机上的 RSyslog 服务，如代码清单 12-10 所示。

代码清单 12-10　重新启动 Tornado API 的 RSyslog 服务

```
$ sudo service rsyslog restart
```

这将启动应用程序日志采集。通过第 8 章中构建的 RSyslog 转发配置，它们将被发送到 Logstash。下面是一个典型的日志条目，如代码清单 12-11 所示。

代码清单 12-11　Tornado API 中的 timbre 日志条目

```
16-02-04 21:20:45 tornado-api1 INFO [ring.logger.timbre] - nil
  Finished :get /api for 66.108.110.85 in (956 ms) Status: 200
```

当它到达 Logstash 时，将被通用的 Syslog 解析处理，并成为一个事件，如代码清单 12-12 所示。

代码清单 12-12　最初解析的 Tornado API 事件

```
{
  ...
"syslog_timestamp" => "Feb 4 21:33:24",
"syslog_hostname" => "tornado-api1",
"syslog_program" => "tornado-api",
"syslog_message" => "16-02-04 21:33:23 tornado-api1 INFO [ring.logger.timbre] -
  nil Finished :get /api for 66.108.110.85 in (102 ms) Status: 200",
"syslog_severity_code" => 5,
"syslog_facility_code" => 1,
"syslog_facility" => "user-level",
"syslog_severity" => "notice"
}
```

然后，借鉴 HAProxy 事件和 Nginx 事件，使用 grok 过滤器进一步解析事件，如代码清单 12-13 所示。

代码清单 12-13　更新后的 Tornado API Logstash 配置

```
}
filter {
  if [type] == "syslog" {
...
    if [syslog_program] == "tornado-nginx-access" {
      grok {
        patterns_dir => "/etc/logstash/patterns"
        match => { "syslog_message" => "%{NGINXACCESS}" }
        remove_field => ["syslog_message"]
        add_field => { "tags" => "tornado" }
      }
    }
    if [syslog_program] == "tornado-api" {
      grok {
        patterns_dir => "/etc/logstash/patterns"
        match => { "syslog_message" => "%{TORNADOAPI}" }
```

```
                remove_field => ["syslog_message"]
                add_field => { "tags" => "tornado" }
            }
        }
    }
}
```

接着，在 Logstash 配置中添加新的条件块，选择 `syslog_program` 字段为 `tornado-api` 的所有事件，并且使用 grok 过滤器模式 **TORNADOAPI** 进一步解析日志消息，该模式将从 logstasha 主机上的/etc/logstash/patterns 目录加载。

使用 Tornado API 日志模式，在该目录下创建并填充名为 tornadoapi 的文件，如代码清单 12-14 所示。

代码清单 12-14　tornado-api 模式

```
TORNADOAPI %{TIMESTAMP_ISO8601:app_timestamp} %{URIHOST:app_host} %{DATA:app_severity}
  %{SYSLOG5424SD} - nil %{DATA: app_request_state} \:%{DATA:app_verb} %{DATA:app_path} for
  %{URIHOST:app_source} (?:in \(%{INT:app_request_time:int} ms\) Status:
  %{INT:app_status_code:int}|%{GREEDYDATA:app_request})
```

这里使用这个新模式，从输出中提取了一些新信息，并将其放入一些字段，包括请求路径、HTTP 动词、状态码和请求时间。

此外还添加了 `tags` 字段，并将其值设置为 `tornado`。`tags` 字段可以帮助识别 Logstash 和 Riemann 中的 Tornado 事件。

现在，如果查看事件，将可以看到这些新字段已被添加，如代码清单 12-15 所示。

代码清单 12-15　更新后的 Tornado API 事件

```
{
...
"app_timestamp" => "16-02-04 21:33:23",
"app_host" => "tornado-api1",
"app_severity" => "INFO",
"app_request_state" => "Finished",
"app_verb" => "get",
"app_path" => "/api",
"app_source" => "66.108.110.85",
"app_request_time" => 102,
"app_status_code" => 200
"tags" => "tornado"
}
```

其中的 `app_request_time` 字段非常值得关注。这个字段看起来就像要作为一个事件发送给 Riemann，因此下面为这个事件创建一个指标，可以借助 riemann 输出插件来实现，如代码清单 12-16 所示。

12

代码清单 12-16   向 Riemann 发送 Tornado API 事件

```
output {
  ...
    if [syslog_program] == "tornado-api" and [app_request_time] {
      riemann {
        host => "riemanna"
        sender => "%{syslog_hostname}"
        map_fields => true
        riemann_event => {
          "service" => "tornado.api.request"
          "metric"  => "%{app_request_time}"
          "state"   => "ok"
        }
      }
    }
  }
}
```

这里选择了所有 `syslog_program` 字段为 `tornado-api`，并且带有 `app_request_time` 字段的事件（if 条件语句不含条件意味着测试某一字段是否存在）。另外，添加了 `app_request_time` 字段条件，因为不是所有的日志事件都有这个字段（仅限完成请求的事件），所以这里只想发送那些完成请求的事件。

如果现在重新启动 Logstash，这些事件将被发送到 Riemann。现在来看一个发送到 Riemann 的事件，如代码清单 12-17 所示。

代码清单 12-17   Riemann 中的 Tornado API 请求

```
{:host tornado-api1, :service tornado.api.request, :state ok, :description nil, :metric 52.0,
  :tags tornado, :time 1454684082, :ttl 60, :syslog_severity_code 5, :app_request_time 52,
  :app_host tornado-api1, :app_status_code 200, :syslog_facility user-level, :type syslog,
  :syslog_timestamp Feb 5 14:54:42, :app_request_state Finished, :port 48367,
  :syslog_severity notice, :app_path /api, :app_severity INFO, :app_verb get,
  :syslog_facility_code 1, :syslog_program tornado-api, :syslog_hostname tornado-api1,
  :app_timestamp 16-02-05 14:54:42, :app_source 198.179.69.250}
```

该事件中，`:service` 字段的值是 `tornado.api.request`，`:metric` 字段的值为 `52.0`，即 Tornado API 应用程序的响应时间。

12.3   监控 Tornado API 应用程序

这里将使用两种方法来监控 API 应用程序。

❏ 查询 API，确保它正常返回数据。
❏ 测量 API 应用程序，确保其在运行时发出事件。

第一种方法将使用 collectd 的 curl_json 来检查 API 是否能正常提供数据。

Tornado API 在 tornado-api1 主机和 tornado-api2 主机上运行，这是一个 RESTful API，可以使用 POST 请求和 DELETE 请求买卖商品，在 URL 为/api 的端口 8080 上运行，例如http://tornado-api1:8080/api/。

注意：可以在 Tornado API 存储库中浏览 Tornado API 应用程序的源代码。

API 中已经添加了一个虚拟商品，下面查询该商品，确保 API 准确提供数据。为此，接下来通过其商品 ID 请求这个虚拟商品，其 ID 为 fffff3d1-835a-4f52-bf47-edc85345f4c5。

使用 curl 命令查询虚拟商品，如代码清单 12-18 所示。

代码清单 12-18　查询虚拟商品

```
$ curl http://tornado-api:8080/api/fffff3d1-835a-4f52-bf47-edc85345f4c5
{"id":"fffff3d1-835a-4f52-bf47-edc85345f4c5","title":"Dummy item",
  "text":"This is a dummy item.","price":666,"type":"stock"}
```

执行 GET 请求并返回 JSON 散列数据，其中包含商品的 id、title、text、price 和 type 等字段。由该事件的各个字段（特别是 price 字段）返回的正确结果，可以用来确定 API 正常工作。

可以使用 curl_json 插件根据这些数据创建一个事件。现在开始配置插件，将配置添加到现有的/etc/collectd.d/tornado-api.conf 配置文件中，如代码清单 12-19 所示。

代码清单 12-19　添加到 tornado-api.conf 配置文件

```
LoadPlugin curl_json
<Plugin curl_json>
  <URL "http://tornado-api1:8080/api/fffff3d1-835a-4f52-bf47-edc85345f4c5">
    Instance "tornado-api"
    <Key "price">
      Type "gauge"
    </Key>
  </URL>
</Plugin>
```

首先用 LoadPlugin 指令加载 curl_json 插件，然后在 Plugin 块中进行配置。这里为用于抓取数据的 Tornado API 端点添加了 URL 块。本例中查询 tornado-api，可以使用配置管理工具进行模板化并更新此服务名，这里是http://tornado-api1:8080/api/fffff3d1-835a-4f52-bf47-edc85345f4c5。

默认情况下，插件将使用全局设置的时间间隔来检测端点，本例中是每两秒一次。

URL 块中指定了 Instance 指令，该指令设置事件中:plugin_instance 字段的值。下面将它设置为应用程序的名称，这里是 tornado-api。接下来，指定 Key 块，控制将要从端点获取的 JSON 数据。Key 块匹配 JSON 散列数据的 price key，另外，其中指定了 Type 指令，这里是 gauge，

12

表示 price 值将被记录为一个指标。

现在需要重新启动 collectd 来启用新的检测，如代码清单 12-20 所示。

代码清单 12-20　为 curl_json 重新启动 collectd

```
$ sudo service collectd restart
```

看一下 Tornado API 中的事件状态，如代码清单 12-21 所示。

代码清单 12-21　Tornado API 的 curl_json 事件

```
{:host tornado-api1, :service curl_json-tornado-api/gauge-price, :state ok, :description nil,
 :metric 666, :tags [collectd tornado], :time 1457163125, :ttl 60.0, :ds_index 0, :ds_name value,
 :ds_type gauge, :type_instance price, :type gauge, :plugin_instance tornado-api,
 :plugin curl_json}
```

可以看到此事件的 :service 字段由插件名、Instance 指令、Type 指令，以及 Key 指令中指定的 JSON 散列密钥的名称组合而成：

```
curl_json-tornado-api/gauge-price
```

:metric 字段已填充为 price key 的值 666，下一节将使用这个事件确保 API 处于正常运行状态。

提示：还可以使用 collectd 的 threshold 插件为这个检测设置阈值，如果 price 字段返回了不同的结果，或者根本没有返回事件，那么这个阈值将生成一个通知。

另外，在设置针对 Tornado API 的监控时，对应用程序进行了测量，从而生成特定事件的 StatsD 指标。API 基于销售情况来创建、更新或删除环境中的商品，应用程序中已添加 Clojure 的 StatsD 客户端。接下来测量应用程序的相关 API 端点，如代码清单 12-22 所示。

代码清单 12-22　已测量的 Tornado API 设置

```
(ns tornado-api.handler
...
    (:require [compojure.handler :as handler]
              [clj-statsd :as statsd]
...
(def statsd-prefix "tornado.api.")
...
```

可以看到 Tornado API 需要 clj-statsd 客户端，然后定义了名为 statsd-prefix 的变量，其值为 tornado.api，使用这个变量作为所有 StatsD 指标的前缀。

目前已经测量了 3 个功能，分别为 buy-item、update-item 和 sell-item。下面依次来看一下，如代码清单 12-23 所示。

代码清单 12-23　已测量的 Tornado API 的 buy-item 方法

```
(defn buy-item [item]
    (let [id (uuid)]
      (sql/db-do-commands  db-config
        (let [item (assoc item "id" id)]
          (sql/insert! db-config :items item)
          (statsd/gauge (str statsd-prefix "item.bought.total")
            (item "price"))))
      (wcar* (car/ping)
        (car/set id (item "title")))
      (get-item id)))
```

每次调用这些函数时，StatsD 计量或计数器都会进行累加操作。假设用一个 POST 调用/api
API 端点，如代码清单 12-24 所示。

代码清单 12-24　调用 buy-item API 端点

```
$ curl -X POST -H "Content-Type: application/json" -d '{"title":" This is an item","text":"A Tornado
application item","price":"123.45"}' http://tornado-api1:8080/api
```

那么将生成一个类似于下面这样的新指标，并将其发送到 Riemann：

`tornado.api.item.bought.total 123.45`

这里对 update-item 方法和 sell-item 方法也做了相同的处理，如代码清单 12-25 所示。

代码清单 12-25　已测量的 Tornado API 的 update-item 方法和 sell-item 方法

```
(defn update-item [id item]
  (sql/db-do-commands db-config
     (let [item (assoc item "id" id)]
       (sql/update! db-config :items ["id=?" id] item)
       (statsd/increment (str statsd-prefix "update.item"))))
     (get-item id))


(defn sell-item [id]
  (sql/db-do-commands db-config
    (let [item (get-item id)
          price (get-in item [:body :price])
          item_state (get-in item [:body :type])]
      (when-not (= item_state "sold")
        (sql/update! db-config :items { :type "sold"} ["id=?" id])
        (statsd/gauge (str statsd-prefix "item.sold.total") price))))
    (get-item id))
```

要从该测量中采集指标，需要重新设置第 9 章讨论过的 collectd 中的 statsd 插件。

下面在每台 API 服务器上的/etc/collectd.d/目录下创建新的 collectd 配置文件 statsd.conf，并
进行填充，如代码清单 12-26 所示。

12

代码清单 12-26 statsd.conf 配置文件

```
LoadPlugin statsd

<Plugin statsd>
  Host "localhost"
  Port "8125"
  TimerPercentile 90
  TimerPercentile 99
  TimerLower true
  TimerUpper true
  TimerSum true
  TimerCount true
</Plugin>
```

首先加载 statsd 插件，然后配置插件并设置需要绑定 StatsD 服务器的主机和端口。本例将它绑定到 localhost 接口的端口 8125 上。

重新启动 collectd 来启用插件，如代码清单 12-27 所示。

代码清单 12-27 重启 collectd 来启用 statsd

```
$ sudo service collectd restart
```

现在 Riemann 服务器已经将 StatsD 指标视为事件，如代码清单 12-28 所示。

代码清单 12-28 Riemann 中的 Tornado API StatsD 指标

```
:host tornado-api2, :service statsd/gauge-tornado.api.item.bought.total, :state ok,
  :description nil, :metric 5, :tags [collectd tornado], :time 1454782475, :ttl 60.0,
  :ds_index 0, :ds_name value, :ds_type derive, :type_instance tornado.api.item.bought.total,
  :type derive, :plugin statsd}
```

现在已经生成了一个事件，展示了 API 端点上创建的商品总数的指标。

如果想在这些事件到达 Graphite 之前对其进行重写，需要再次在/etc/riemann/examplecom/etc/collectd.clj 文件中更新 collectd 的重写规则，如代码清单 12-29 所示。

代码清单 12-29 重写 Tornado API 事件

```
(def default-services
  [{:service #"^load/load/(.*)$" :rewrite "load $1"}
...
   {:service #"^statsd\/(gauge|derive)-(.*)$" :rewrite "statsd $1 $2"}])
```

这里添加了新的一行来更新重写规则，它将在 Tornado API 事件写入 Graphite 之前更新其:service 字段。例如从：

```
statsd/gauge-tornado.api.item.bought.total
```

变为更简单一点的：

```
statsd.gauge.tornado.api.item.bought.total
```

现在，这些指标在图表或检测中使用起来更为容易。

12.4　解决 Tornado 应用程序层监控的关注点

在监控了应用程序层并发送了数据后，如何处理这些数据呢？前面确定了 Tornado 应用程序层应关注的一系列问题，主要涉及以下几个方面。

- ❑ Tornado API 在主机上正常运行。
- ❑ Tornado 应用程序第 99 百分位延迟不超过 100 毫秒。
- ❑ JVM 堆内存使用百分比低于阈值。

下面看一下如何解决这些问题。

借助 processes 插件，可以根据第 5 章和第 6 章中配置的阈值实现对进程的监控和通知。这里无须做任何特定的更改，但是如果需要，可以根据正在运行的 API 后端服务数量调整进程的阈值。

还可以使用之前创建的检测来解决其他问题。在 tornado.clj 文件中添加新函数 apptier，此函数通过 splitp 变量进行调用，如代码清单 12-30 所示。

代码清单 12-30　Tornado 检测函数

```
...

(splitp re-matches host
  web-tier-hosts (webtier)
  app-tier-hosts (apptier)
  db-tier-hosts  (datatier)
  #(info "Catchall - no tier defined" (:host %) (:service %)))))
```

apptier 函数负责应用程序层的检测，如代码清单 12-31 所示。

代码清单 12-31　apptier 函数

```
(defn apptier
  "Checks for the Tornado App Tier"
  []
  (sdo
    (where (service "curl_json-tornado-api/gauge-price")
      (where (!= metric 666)
        (slacker))
      (expired
        (page)))
    (where (service #"^tornado.api.")
      (smap rewrite-service graph))
    (check_ratio "GenericJMX-memory-heap/memory-used"
                 "GenericJMX-memory-heap/memory-max"
                 "jmx.memory-heap.percentage_used"
```

12

```
                    80 90
              (alert_graph))
        (where (service "tornado.api.request")
          (with { :service "tornado.api.request.rate" :metric 1 }
            (rate 1
              (smap rewrite-service graph))))
        (check_percentiles "tornado.api.request" 10
          (smap rewrite-service graph)
          (where (and (service "tornado.api.request 0.99") (>= metric 100.0))
            (changed-state { :init "ok"}
              (slacker))))))))
```

第一个检测使用 curl_json 插件在虚拟商品中生成的事件来确认 API 服务正常运行。它匹配 :service 字段为 curl_json-tornado-api/gauge-price 的事件。

然后执行两个子检测。如果事件的 :metric 值不是 666（虚拟商品的价格），那么第一个子检测发送一个 Slack 通知，指明 API 出了问题。如果此事件在索引中过期，则第二个子检测将调用 page 函数。如果是第二种情况，这可能意味着无法查询 API，此时应该调查这个问题。

下一个检测并不是真正的检测。相反，这个检测将获取所有 :service 字段以 tornado.api. 开头的事件，然后将其发送到 Graphite。这将采集所有 API 指标，比如由 Tornado API 生成的 tornado.api.buy.item，并确保它们可以以图表形式提供。

接下来的检测使用了第 11 章创建的 check_ratio 抽象。这里用两个事件进行说明，JVM 已用堆内存和最大堆内存，对它们进行比较，然后生成一个新事件：jmx.memory-heap. percentage_used。

接着根据 warning 阈值和 critical 阈值检测该事件的 :metric 字段。如果 JVM 已用堆内存百分比超过 80%，那么将触发一个 Slack 警告，如果达到 90%，将调用 page 函数。这里将通知封装在 changed-state 变量中，确保只在状态发生实际变化时进行通知。

这些子流与之前在 webtier 函数中提到的 check_ratio 函数使用的子流相同。考虑到消除重复（DRY 原则），这组默认子流创建了 alert_graph 函数。

alert_graph 函数在 tornado.clj 文件中创建，优先于 webtier 函数，如代码清单 12-32 所示。

代码清单 12-32　DRY 的子流

```
(defn alert_graph
  []
  "Alert and graph on events"
  (sdo
    (changed-state {:init "ok"}
      (where (state "critical")
        (page))
      (where (state "warning")
        (slacker)))
    (smap rewrite-service graph)))
```

在之后的操作中，如果需要使用相同的子流，就可以使用 alert_graph 函数。也可以重构之前类似的使用模式。

最后一个检测创建了一个新指标，显示 API 每秒的请求速率，如代码清单 12-33 所示。

代码清单 12-33　创建速率指标

```
(where (service "tornado.api.request")
  (with { :service "tornado.api.request.rate" :metric 1 }
    (rate 1
      (smap rewrite-service graph)))))
```

首先选择所有 tornado.api.request 事件，使用 with 流创建一个新事件，其中 :metric 设置为 1，:service 字段为 tornado.api.request.rate。这里指标设为 1 可以节省计算请求时间，但这也意味着计算事件的每个实例。其次，将此事件传递到 rate 流。rate 流有一个时间段（这里是 1 秒），可以在这个时间段内计算速率。然后，通过 graph 变量把指标写入 Graphite，如代码清单 12-34 所示。

代码清单 12-34　tornado.api.request 的速率

```
{:host tornado-api1, :service tornado.api.request.rate, :state ok, :description nil,
  :metric 7, :tags [tornado], :time 1455322655207/1000, :ttl 60 ... }
```

接着，绘制每台 API 服务器的指标，如图 12-1 所示。

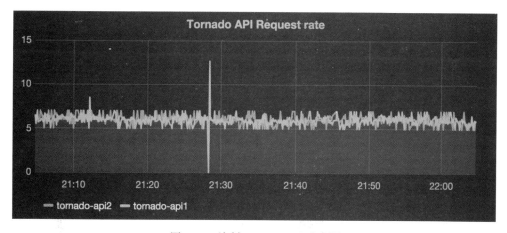

图 12-1　绘制 Tornado API 速率图

这个图表展示了这两台 API 服务器每秒的 API 请求率。

这个检测使用了第 6 章创建的 check_percentiles 检测抽象，它采用 Tornado API 日志生成的 tornado.api.request 事件，在 Logstash 中解析，然后发送到 Riemann，并在 10 秒的时间窗口内创建第 50 百分位数、第 95 百分位数、第 99 百分位数以及第 100 百分位数（最大值）。接着，

12

向检测添加了两个子流。第一个子流将新的百分位事件写入 Graphite，因此可以进一步绘制图表。第二个子流检查第 99 百分位事件的请求时间是否超过 100，如果超过 100，则发送一个 Slack 通知，该通知在 `changed-state` 变量中封装，确保只在适当的时候发送通知。

所有对应用程序层的初始检测应该确保了解应用程序服务何时出现问题，并提供它们当前性能的状态图。

12.5　小结

本章使用与第 11 章类似的技术来监控构成应用程序层的服务。首先讨论了业务和应用程序的性能指标，然后构建了检测和阈值，从而掌握 Tornado 应用程序层处于可用状态以及出现异常情况的时间。

下一章将转向数据层，不再讨论对 Tornado 应用程序层的监控，另外将为业务负责人、开发人员和运维团队提供一些可视化指标。

## 第 13 章

监控 Tornado：数据层

数据层由两台服务器组成，分别是运行 MySQL 的 tornado-db 和运行 Redis 的 tornado-redis，以下列出了关于 Tornado 的数据层应该关心的问题。

- ❑ MySQL 和 Redis 在各自的主机上正常运行。
- ❑ Tornado 数据库写入延迟的第 99 百分位数小于等于 3 毫秒。
- ❑ 最大 MySQL 连接数不超过可用连接的 80%。
- ❑ 可以测量与 MySQL 连接中断的速率。
- ❑ 可以正常从 MySQL 数据库的数据中生成应用程序指标。
- ❑ 可以测量关键查询，确保它们在预期范围内执行。

下面将首先为每个组件和底层数据库（或数据存储）配置监控，然后研究如何使用监控生成的事件和指标来解决这些问题。

13.1　监控数据层的 MySQL 服务器

现在从监控 MySQL 服务器开始。本例预期监控名为 items 的数据库，该数据库在 tornado-db 主机上运行。对 MySQL 监控来说，最佳方案是查看 MySQL 服务器本身的健康状况和指标，以及特定应用程序的查询性能。先来看一下监控 MySQL 服务器。

第 11 章提到了用于监控 HAProxy 的社区插件，这里将使用类似的插件来监控 MySQL。新插件是另一个基于 Python 的插件，本例使用 collectd 的 Python 插件来执行它。新插件与 MySQL 服务器连接并执行一系列命令，例如 SHOW GLOBAL STATUS、SHOW_GLOBAL_VARIABLES 和 SHOW PROCESSLIST，然后将这些命令的结果生成事件并提供给 collectd。

提示：这里主要关注 MySQL，当然还有很多其他可以用于各种数据库和数据存储的插件。

首先安装前提条件包，即 Python 与 MySQL 的绑定。在 Ubuntu 上，这是 python-mysqldb 包，如代码清单 13-1 所示。

代码清单 13-1　安装 python-mysqldb 包

```
$ sudo apt-get -qqy install python-mysqldb
```

在 Red Hat 上，应安装 mysql-python 包，如代码清单 13-2 所示。

代码清单 13-2　安装 mysql-python 包

```
$ sudo yum install mysql-python
```

接下来需要获取插件，创建/usr/lib/collectd/mysql 目录并保存该插件，如代码清单 13-3 所示。

代码清单 13-3　下载 mysql.py 插件

```
$ mkdir /usr/lib/collectd/mysql
$ cd /usr/lib/collectd/mysql
$ wget https://raw.githubusercontent.com/turnbullpress/collectd-python-mysql/master/mysql.py
```

/usr/lib/collectd/mysql 目录创建完成后（相当于 Red Hat 上的/usr/lib64/collectd/mysql 目录），从 GitHub 下载新插件。可以浏览它的源代码，其中定义了一个指标列表和一些可配置选项。

提示：可以访问 collectd Python 手册页面，了解 Python 插件的编写方法。

接下来使用 MySQL 的标准用户和权限系统，来创建 MySQL 用户，帮助插件实现对数据库的监控。下面创建名为 collectd 的用户，如代码清单 13-4 所示。

代码清单 13-4　创建 MySQL 采集用户

```
$ mysql -u root -p
Enter password: **********
mysql> CREATE USER 'collectd'@'localhost' IDENTIFIED BY 'strongpassword';
Query OK, 0 rows affected (0.00 sec)
mysql> GRANT PROCESS,USAGE,SELECT ON *.* TO 'collectd'@'localhost';
Query OK, 0 rows affected (0.00 sec)
```

可以看到，这里使用 mysql 命令连接到 MySQL 服务器，创建了新用户 collectd，其密码为 strongpassword（可以使用强密码进行替换），然后新用户获得了 USAGE 权限、PROCESS 权限和 SELECT 权限。其中，USAGE 权限级别是 MySQL 的最低访问级别，只允许用户与目标数据库进行交互。PROCESS 权限可以让用户查看 MySQL 服务器进程的状态。SELECT 权限能够查询特定数据库的指标，稍后将会涉及。现在，主机上所有 MySQL 数据库（*.*）已经获取了权限。在具体环境中，可以根据需要将其限制为数据库的子集，这一点很容易操作。

接下来，为 mysql 插件创建配置文件/etc/collectd.d/mysql.conf。

对其进行填充，如代码清单 13-5 所示。

代码清单 13-5　mysql.conf collectd 配置文件

```
<LoadPlugin python>
    Globals true
</LoadPlugin>
<Plugin python>
    ModulePath "/usr/lib/collectd/mysql/"
</Plugin>

<Plugin python>
    Import mysql
    <Module mysql>
        Host "localhost"
        Port 3306
        User "collectd"
        Password "strongpassword"
    </Module>
</Plugin>

LoadPlugin processes
<Plugin "processes">
    Process "mysqld"
</Plugin>
```

首先加载 Python 插件，然后打开 Globals，从而实现插件对本地 Python 库的访问。然后使用<Plugin>块向 collectd 指明 mysql 插件的位置及其加载方式。同时指定了插件的路径，并使用 Import 命令导入特定的插件文件 mysql。这是包含 Python 代码的文件名，去掉了.py 扩展名。

接着在<Plugin>块中指定<Module>块来配置 mysql 插件。使用 Host 选项来指定数据库主机，使用 Port 来指定端口。然后分别为刚才创建的用户名和密码指定 User 选项和 Password 选项，通过这些选项连接到 MySQL 服务器。

插件将连接到数据库，执行相关命令，从而返回关于数据库状态的详细信息。这展示了特定服务器的性能、命令、处理程序、查询、线程和流量等统计信息。

提示：如果对特定数据库中的数据感兴趣，可以关注稍后介绍的 dbi 插件。

在配置的最后，涉及加载并配置 processes 插件，从而监控 mysqld 进程，掌握其处于可用状态的时间。

如果现在重新启动 collectd，插件将连接到 MySQL 和 collectd，并将事件返回到 Riemann。下面看一个示例事件，如代码清单 13-6 所示。

代码清单 13-6　Riemann 中典型的 MySQL 事件

```
{:host tornado-db, :service mysql-innodb/counter-log_writes, :state ok, :description nil,
 :metric 8, :tags [collectd tornado], :time 1455399827, :ttl 60.0, :ds_index 0, :ds_name value,
 :ds_type counter, :type_instance log_writes, :type counter, :plugin_instance innodb,
 :plugin mysql}
```

13

可以看到，这个事件有：service 字段（前缀为 mysql-）、数据类型（这里是 InnoDB）、数据类别（counter），以及被记录的特定指标的名称。考虑到这种复杂性，可以在这些事件到达 Graphite 之前对其进行重写，这意味着再次更新/etc/riemann/examplecom/etc/collectd.clj 文件中的 collectd 重写规则，如代码清单 13-7 所示。

代码清单 13-7　重写 MySQL 事件

```
(def default-services
  [{:service #"^load/load/(.*)$" :rewrite "load $1"}
...
   {:service #"^mysql-(.*)\/(counter|gauge)-(.*)$" :rewrite " mysql $1 $3"}])
```

这里添加了新的一行来进行重写，该行将在 MySQL 事件写入 Graphite 前更新其：service 字段，例如把：

mysql-innodb/counter-log_writes

重写为简单的：

mysql.innodb.log_writes

现在，这些指标在图表或检测中使用起来更为方便。

13.1.1　使用 MySQL 数据作为指标

除了 MySQL 服务器的状态，还可以使用数据库和表中的数据作为指标。这将在多个层次上公开应用程序状态和性能，包括 Web 层、应用程序层、应用程序本身以及数据层内部。为了利用 Tornado 应用程序数据，下面使用另一个 collectd 插件：dbi。dbi 插件连接到数据库，运行查询来返回数据，并将数据转换为 collectd 指标。

提示：这里在 MySQL 中使用 dbi 插件，但该插件同样支持其他各种数据库。

首先来安装 dbi 插件所需的前提条件包，即 libdbi 绑定。在 Ubuntu 上，安装 libdbd-mysql 包，如代码清单 13-8 所示。

代码清单 13-8　安装 libdbd-mysql 包

```
$ sudo apt-get -qqy install libdbd-mysql
```

在 Red Hat 上，安装 libdbi 包，如代码清单 13-9 所示。

代码清单 13-9　安装 libdbi 包

```
$ sudo yum install libdbi
```

现在来查询一些数据。可以查询 MySQL 数据库中的 items 数据库，items 数据库由 Tornado API

服务器填充。下面查询该数据来返回一些关键指标，这需要在现有的配置文件中为 dbi 插件创建配置文件/etc/collectd.d/mysql.conf，如代码清单 13-10 所示。

代码清单 13-10　dbi 插件配置

```
LoadPlugin dbi
<Plugin dbi>
  <Query "get_item_count">
    Statement "SELECT COUNT(*) AS value FROM items;"
    MinVersion 50000
    <Result>
      Type "gauge"
      InstancePrefix "tornado_item_count"
      ValuesFrom "value"
    </Result>
  </Query>
...
  <Database "items">
    Driver "mysql"
    DriverOption "host" "localhost"
    DriverOption "username" "collectd"
    DriverOption "password" "collectd"
    DriverOption "dbname" "items"
    SelectDB "items"
    Query "get_item_count"
...
  </Database>
</Plugin>
```

这里为 dbi 插件添加了一条 LoadPlugin 语句，然后在<Plugin>块中定义了其配置。dbi 插件配置了 Query（查询）和 Database（数据库）两个配置块，Query 定义了将要从数据库中提取的 SQL 语句和数据，Database 为所有特定的数据库配置连接细节，以及这些数据库所要应用的查询。

首先来定义查询。因为该文件自顶向下解析，所以这些查询需要在相关数据库使用它们之前进行定义。每个查询都包含 Statement 语句，这是将要运行的 SQL 语句。同时使用 MinVersion 指令指定运行该语句的服务器的最低版本。如果这里连接的数据库服务器的版本没有更新到 MySQL 5.0 版本，那么查询将不能执行。另外语句将对 items 表中的商品进行计数，以别名 value 返回计数值。

然后，使用<Result>块中语句返回的结果来构建指标。这里使用了 3 个指令，包括 Type、InstancePrefix 和 ValuesFrom。Type 指令控制将要构建的指标的类型，本例中是 gauge。InstancePrefix 为指标名称添加前缀，这里是 tornado_item_count。最后，ValuesFrom 指令控制将使用何值作为指标值。本例的语句中使用 AS 子句为 items 表中的计数值起了别名 value，value 变量将包含商品的总数，这里将其赋值给 ValuesFrom 指令。

13

另外，数据库中也存储了当前正在创建的每个商品的价格。现在添加另一个查询来获取该信息，并返回一个指标来跟踪它，如代码清单 13-11 所示。

代码清单 13-11　价格查询

```
<Query "items_sold_total_price">
  Statement "SELECT SUM(price) AS total_price FROM items WHERE type = 'sold'"
  MinVersion 50000
  <Result>
    Type "gauge"
    InstancePrefix "items_sold_total_price"
    ValuesFrom "total_price"
  </Result>
</Query>
```

这里运行的查询将对 price 字段的总价值进行求和，并将其作为新字段返回，该字段名为 total_price。然后创建新的指标结果，其 InstancePrefix 为 items_sold_total_price。它的:metric 字段的值将会是 total_price 字段的内容。

还有一个查询用来记录购买的商品，它对应名为 items_bought_total_cost 的指标，这里没有展示，可以浏览本书源代码中的完整文件了解详细信息。

可以从这些数据中创建各种其他指标，包括每天添加的商品的总价、每天删除的商品的总价，以及其他指标。

提示：也可以在 API 的应用程序代码中添加这些指标，但因为这里有多台 API 服务器，而只有一个数据库作为数据中心来源，所以这里对它们进行查询而非添加。

<Database>块很容易理解，这里定义了数据库服务器的主机和端口（本例是本地主机），以及刚刚创建的用户和密码。此外，还指定了要连接的目标数据库。最后指定了 Query 指令，告诉 dbi 插件该数据库上所运行的查询，如代码清单 13-12 所示。

代码清单 13-12　Query 指令

```
  Query "get_item_count"
  ...
```

此时在 tornado-db 主机上重新启动 collectd 服务，可以看到所有查询将被执行，所有指标陆续生成并发送至 Riemann。现在研究一下 Riemann 中的这些事件，如代码清单 13-13 所示。

代码清单 13-13　Riemann 中的 items 数据库事件

```
{:host tornado-db, :service dbi-items/gauge-tornado_item_count, :state ok, :description nil,
 :metric 484621.0, :tags [collectd tornado], :time 1455747174, :ttl 60.0, :ds_index 0,
 :ds_name value, :ds_type gauge, :type_instance tornado_item_count, :type gauge,
 :plugin_instance items, :plugin dbi}
```

可以看到 dbi 插件中发出了一个事件，其 :service 字段是 dbi-items/gauge-tornado_item_count，:metric 是 484621.0，表示 items 数据库中的商品总数。

与针对 MySQL 指标执行的操作一样，我们希望这些事件在发送至 Graphite 之前能够进行重写，因此，这里再次更新/etc/riemann/examplecom/etc/collectd.clj 文件中的 collectd 重写规则，如代码清单 13-14 所示。

代码清单 13-14　重写 dbi 事件

```
(def default-services
  [{:service #"^load/load/(.*)$" :rewrite "load $1"}
...
  {:service #"^dbi-(.*)\/(gauge|counter)-(.*)$" :rewrite "dbi $1 $3"}])
```

这里添加了新的一行来进行重写，该行在 dbi 事件写入 Graphite 之前对其 :service 字段进行重写，例如从：

dbi-items/gauge-tornado_item_count

重写成更为简单的：

dbi.items.tornado_item_count

现在，可以在图表或检测中轻松使用这些指标。

13.1.2　查询的执行时间

在监控数据库时，理解查询的执行时间至关重要。这在 MySQL 中可以通过多种方法实现，具体如下。

- ❑ 解析慢查询日志：有用但难以解析，在日志量较大时，会给主机增加相当大的额外负担。
- ❑ 网络监控：设置复杂，需要构建自定义工具或使用第三方平台。
- ❑ 借助 performance_schema 数据库。

这里选取最后一个方法，这个方法可以利用现有的 dbi 插件检索 performance_schema 数据库中的统计信息。

performance_schema 数据库在 MySQL 5.5.3 中引入，是一种在底层监控 MySQL 服务器执行的机制。它包含一组表，这组表提供关于执行期间语句的执行方式信息。这里关注的表包含有关语句执行状态的当前数据和历史数据。接下来从 MySQL 5.6.3 中引入的 events_statements_history_long 表中提取关于 Tornado API 正在运行的查询信息，该表中包含最后 10 000 个语句事件，这是默认设置，也可以使用以下配置项来设置其他值。

performance_schema_events_statements_history_long_size

在开始之前，需要通过检测 performance_schema 变量的状态来确定 performance_schema 数据库已启用，这里使用 mysql 命令登录到 MySQL 控制台，如代码清单 13-15 所示。

代码清单 13-15   检测 performance_schema 变量

```
$ mysql -p
...
mysql> SHOW VARIABLES LIKE 'performance_schema';
+--------------------+-------+
* Variable_name       Value
+--------------------+-------+
* performance_schema | ON
+--------------------+-------+
1 row in set (0.00 sec)
```

如果 performance_schema 变量被设置为 ON，则表示它已经启用了。如果是 OFF，那么可以在 MySQL 配置文件中启用。这里还会启用一些 performance_schema 消费者来记录语句，如代码清单 13-16 所示。

代码清单 13-16   启用 performance_schema 数据库

```
[mysqld]
performance_schema=ON
performance-schema-consumer-events_statements_history=ON
performance-schema-consumer-events_statements_history_long=ON
```

现在需要重启 MySQL 来启用 performance_schema 数据库。如果发现该变量不存在，有可能是旧版本的 MySQL 不支持 performance_schema 数据库。

接下来向 dbi 插件配置添加另一个查询，从而返回一个 Tornado API 关键查询的执行时间，在本例中是 INSERT 语句，它向数据库添加了一条记录。下面来执行这个操作，如代码清单 13-17 所示。

代码清单 13-17   新查询

```
...
<Query "insert_query_time">
    Statement "SELECT MAX(thread_id), timer_wait/1000000000 AS exec_time_ms
  FROM events_statements_history_long
  WHERE digest_text = 'INSERT INTO `items` ( `title` , TEXT , `price` ,
    `id` ) VALUES (...)';"
    MinVersion 50000
    <Result>
      Type "gauge"
      InstancePrefix "insert_query_time"
      ValuesFrom "exec_time_ms"
    </Result>
  </Query>
```

```
...
  <Database "performance_schema">
    Driver "mysql"
    DriverOption "host" "localhost"
    DriverOption "username" "collectd"
    DriverOption "password" "collectd"
    DriverOption "dbname" "performance_schema"
    Query "insert_query_time"
  </Database>
</Plugin>
```

新的<Query>块定义了名为 insert_query_time 的新查询，并且包含查询 events_statements_history_long 表的语句。可以从该表中提取所有与 Tornado API INSERT 语句相匹配的语句，如代码清单 13-18 所示。

代码清单 13-18　Tornado API INSERT 语句

```
INSERT INTO `items` ( `title` , TEXT , `price` , `id` ) VALUES (...)
```

首先使用线程 ID 返回执行查询的最后一个线程，这是被测量线程的唯一标识符。其次返回 timer_wait 字段，这是执行查询所用的时间，以皮秒为单位。然后将 timer_wait（这里是 1000000000）计算单位皮秒转换为毫秒，更新字段为 exec_time_ms。接着使用<Result>块中的 exec_time_ms 字段作为:metric 字段的值，并为 Riemann 构建一个事件。最后指定另一个 <Database>块来执行新查询。

如果重新启动 collectd，就可以运行这个查询并向 Riemann 发送一个新指标。现在看一下这个事件示例，如代码清单 13-19 所示。

代码清单 13-19　Riemann 中的 INSERT 事件

```
{:host tornado-db, :service dbi-performance_schema/gauge-insert_query_time, :state ok,
 :description nil, :metric 0.370724, :tags [collectd tornado], :time 1455995585,
 :ttl 60.0, :ds_index 0, :ds_name value, :ds_type gauge, :type_instance insert_query_time,
 :type gauge, :plugin_instance performance_schema, :plugin dbi}
```

新事件的:service 字段为：

dbi-performance_schema/gauge-insert_query_time

:metric 字段为 0.370724（毫秒）。

注意：这里要求运行 MySQL 5.6 或更高版本。

13.2　监控数据层的 Redis 服务器

Redis 是要监控的最后一个服务，这里使用另一个 collectd 插件来执行。collectd 中的 redis 插

13

件使用 credis 库连接到 Redis 实例，并返回使用情况的统计数据。

在配置 redis 插件之前，需要添加一个配置文件，其中包含 Redis 实例的连接信息。下面在 tornado-redis 主机上创建/etc/collectd.d/redis.conf 文件，如代码清单 13-20 所示。

代码清单 13-20　redis.conf collectd 配置

```
LoadPlugin redis
<Plugin redis>
  <Node "tornado-redis">
    Host "localhost"
    Port "6379"
    Timeout 2
    Password "strongpassword"
  </Node>
</Plugin>

LoadPlugin processes
<Plugin "processes">
    Process "redis-server"
</Plugin>
```

首先加载 redis 插件，其次配置<Plugin>块，在<Plugin>块中为所有要监控的 Redis 实例配置<Node>块。每个<Node>块都需要有唯一的名称，并包含该 Redis 实例的连接设置。然后为连接指定主机、端口、超时时间和密码（可选）。

接着配置 processes 插件，从而监控 redis-server 进程。

当重新启动 collectd 时，要进行 Redis 指标的采集并将其报告给 Riemann，这些指标涵盖正常运行时间、连接、内存和操作。所有事件的:service 字段将根据插件名称以及<Node>块中提供的名称来命名。例如，对于 Redis 内存使用的指标，可以看到如代码清单 13-21 所示的事件。

代码清单 13-21　Riemann 中的 Redis 事件

```
{:host tornado-redis, :service redis-tornado-redis/memory, :state ok, :description nil,
 :metric 501248.0, :tags [collectd tornado], :time 1455055518, :ttl 60.0, :ds_index 0,
 :ds_name value, :ds_type gauge, :type memory, :plugin_instance tornado-redis, :plugin redis}
```

就像 MySQL 事件一样，下面在这些事件到达 Graphite 之前对其进行重写，这就需要编辑 Riemann 服务器上的/etc/riemann/examplecom/etc/collectd.clj 文件，如代码清单 13-22 所示。

代码清单 13-22　重写 Redis 事件

```
(def default-services
  [{:service #"^load/load/(.*)$" :rewrite "load $1"}
...
    {:service #"^redis-(.*)$" :rewrite "redis $1"}])
```

这将把 redis-tornado-redis/memory 之类的事件变成 redis.tornado-redis.memory。

这让解析和绘图更易于操作。

注意：也可以使用第 11 章和第 12 章介绍的技术从 MySQL 服务和 Redis 服务中采集日志，但目前监控的所有内容均不需要显式地采集日志。

13.3　解决 Tornado 数据层的监控

在监控了数据层并发送了数据后，如何处理这些数据呢？本章前面部分确定了 Tornado 数据层应关注的一系列问题，主要有以下几个方面。

❑ MySQL 和 Redis 在各自的主机上正常运行。
❑ Tornado 数据库写入延迟的第 99 百分位数小于等于 3 毫秒。
❑ 最大 MySQL 连接数不超过可用连接的 80%。
❑ 可以测量与 MySQL 连接中断的速率。
❑ 可以正常从 MySQL 数据库的数据中生成应用程序指标。
❑ 可以测量关键查询，确保它们在预期范围内执行。

接下来看一下如何解决这些问题。

与之前的 Web 层组件和应用程序层组件一样，可以根据第 5 章和第 6 章配置的阈值，实现对 processes 插件和通知中的进程的监控。这里无须做任何特定的更改，但是如果需要，可以根据正在运行的 Redis 实例或 MySQL 实例的数量调整进程的阈值。

也可以通过使用之前创建的检测来解决其他问题。在 tornado.clj 文件中添加新函数 datatier，该函数负责数据层检测，通过 splitp 变量进行调用，如代码清单 13-23 所示。

代码清单 13-23　Tornado 检测功能

```
...
  (splitp re-matches host
    web-tier-hosts (webtier)
    app-tier-hosts (apptier)
    db-tier-hosts  (datatier)
    #(info "Catchall - no tier defined" (:host %) (:service %)))))
```

datatier 函数将实现对数据层的检测，现在看一下这个检测，如代码清单 13-24 所示。

代码清单 13-24　datatier 函数

```
(defn datatier
  "Check for the Tornado Data Tier"
  []
  (sdo
```

13

```
(check_ratio "mysql-status/gauge-Max_used_connections"
             "mysql-variables/gauge-max_connections"
             "mysql.max_connection_percentage"
             80 90
    (alert_graph))
(create_rate "mysql-status/counter-Aborted_connects" 5)
(check_percentiles "dbi-performance_schema/gauge-insert_query_time" 10
  (smap rewrite-service graph)
  (where (and (service "dbi-performance_schema/gauge-insert_query_time 0.99")
    (>= metric 3.0))
  (changed-state { :init "ok"}
    (slacker))))))
```

这里定义了 3 个检测。第一个检测使用 check_ratio 函数，为最大使用连接数创建百分比指标。其中设置了一个阈值，如果百分比超过 80%，将生成一个警告通知，如果百分比超过 90%，将生成一个危险通知。该检测还使用通用的 alert_graph 函数来处理通知，并将结果百分比指标发送给 Graphite。

第二个检测为 MySQL 终止连接创建一个速率。由于前面已经创建了几个速率，因此这里创建一个新函数来管理这个过程。下面创建名为 create_rate 的函数，将其添加到/etc/riemann/examplecom/etc/checks.clj 文件中。现在来看一下这个新函数，如代码清单 13-25 所示。

代码清单 13-25　create_rate 函数

```
(defn create_rate [srv window]
  (where (service srv)
    (with {:service (str srv " rate")}
      (rate window index (smap rewrite-service graph)))))
```

可以看到，create_rate 函数首先以一个服务和一个时间窗口作为参数，其次使用 where 流根据服务过滤事件，然后使用 with 流创建事件的新副本，并通过调整:service 字段向该字段追加 rate，最后将这个新事件传递到 rate 流，在 rate 流中使用window参数计算速率，并通过 smap 流将其传递到 Graphite 中。也可以向这个函数添加其他子流或检测。

第三个检测使用了基于 dbi 插件创建的一个指标。在 10 秒时间窗口内，我们使用 check_percentiles 检测在 dbi-performance_schema/gauge-insert_query_time 指标中创建百分位数，并把它们写到 Graphite 中，然后使用得到的第 99 百分位数，如代码清单 13-26 所示。

代码清单 13-26　INSERT 查询检测

```
(check_percentiles "dbi-performance_schema/gauge-insert_query_time" 10
  (smap rewrite-service graph)
  (where (and (service "dbi-performance_schema/gauge-insert_query_time 0.99")
    (>= metric 3.0))
  (changed-state { :init "ok"}
    (slacker))))))
```

如果 INSERT 查询时间的第 99 百分位数超过 3 毫秒，那么将触发一个 Slack 通知。

这是一小部分针对数据层的检测，可以根据实际需要对其进行扩展。

13.4 Tornado 看板

随着所有的指标陆续发送至 Graphite，现在来构建一个特定于 Tornado 的看板，并与管理团队共享。这个看板应包含多个方面，包括一些业务指标和一些偏技术层面的可视化图表。

现在登录 Grafana 服务器并创建名为 Tornado 的新看板。我们将创建两个带有业务指标的初始面板，它们都基于使用 dbi 插件从 MySQL 数据库中提取的数据。但这里不是创建图表，而是创建 Single Stat 面板，如图 13-1 所示。

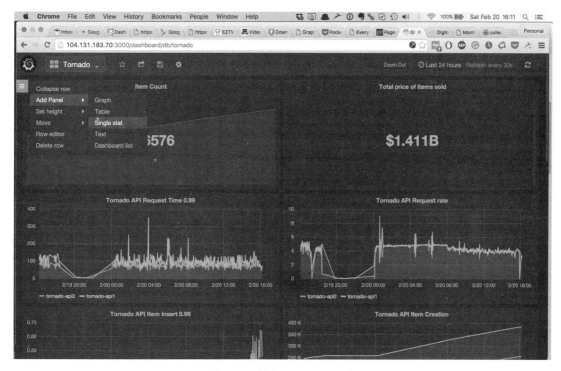

图 13-1　创建 Single Stat 面板

Single Stat 面板包含单个数字或指标，这里使用 Tornado 应用程序的当前商品计数创建第一个面板，如图 13-2 所示。

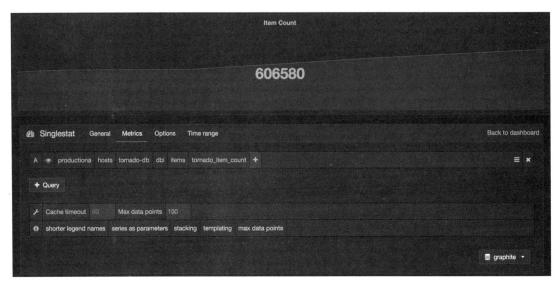

图 13-2　Tornado 商品计数面板

首先，将商品计数的指标名称指定为：

productiona.hosts.tornado-db.dbi.items.tornado_item_count

其次，将面板标题指定为 Item Count 并保存。针对总销售额执行同样的操作，此时使用指标：

productiona.hosts.tornado-db.dbi.items.items_sold_total_price

将面板标题指定为 Total price of items sold。接着使用指标：

productiona.hosts.tornado-db.dbi.items.items_bought_total_cost

将面板标题指定为 Total cost of items bought。

这将是 Tornado 看板的第一行，其中可以观察 Tornado 应用程序的业务指标，如图 13-3 所示。

图 13-3　Tornado 业务指标面板

下面继续创建一些图表，显示当前购买和出售的商品的美元价值。可以使用如代码清单 13-27 所示的方法。

代码清单 13-27　所购商品的当前价值

```
alias(sumSeriesWithWildcards(productiona.hosts.*.statsd.gauge.tornado.api.item.
  bought.total, 2), 'Tornado API servers')
```

这里使用通配符*来选择所有记录已购商品的 Tornado API 指标：

```
productiona.hosts.*.statsd.gauge.tornado.api.item.bought.total
```

我们使用了两个 Graphite 函数：alias 和 sumSeriesWithWildcards。第一个函数 alias 封装在公式的外部，将 tornado-api1 服务器和 tornado-api2 服务器合并为一个别名：Tornado API servers。第二个函数执行一系列指标的求和，在本例中是累加从 Tornado API 服务器购买的所有商品的指标。

然后，对购买商品指标和销售商品指标都使用这个公式来创建两个新的图表，如图 13-4 所示。

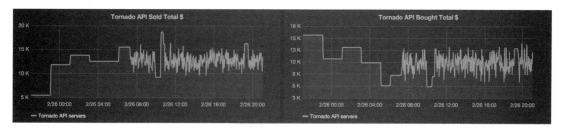

图 13-4　Tornado API 购买指标和销售指标面板

这些新图表显示了在 Tornado API 服务器上执行的所有交易的美元总价值。

下面添加更多的图表来满足开发团队和运维团队的需求。先来看一下 Tornado 的 5xx 错误百分比，这里使用第 11 章中创建的指标：

```
tornado-proxy.haproxy.frontend.tornado-www.5xx_error_percentage
```

按节点为其指定别名，从而方便查看主机名称，如代码清单 13-28 所示。

代码清单 13-28　Tornado 5xx 错误百分比

```
aliasByNode(productiona.hosts.tornado-proxy.haproxy.frontend.tornado-
  www.5xx_error_percentage,2)
```

将其转化为图表，如图 13-5 所示。

13

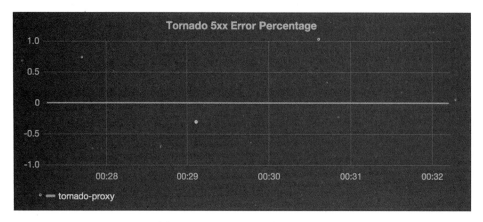

图 13-5　Tornado 5xx 错误百分比

接下来，为 tornado-db 上的 performance_schema 创建的插入查询计时创建一个图表。为了从指标中获取主机名，这里再次按节点指定别名，如代码清单 13-29 所示。

代码清单 13-29　MySQL 数据库插入查询计时

```
aliasByNode(productiona.hosts.tornado-db.dbi.performance_schema.insert_query_time.99,2)
```

然后创建图表，如图 13-6 所示。

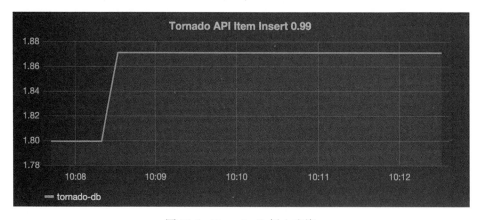

图 13-6　Tornado-db 插入查询

看板中的其余图表使用以下 9 个配置。

1. Tornado API 请求时长的第 99 百分位数

代码清单 13-30　Tornado API 请求时长的第 99 百分位数

```
aliasByNode(productiona.hosts.*.tornado.api.request.99,2)
```

2. Tornado API 请求速率

代码清单 13-31　Tornado API 请求速率

```
aliasByNode(productiona.hosts.*.tornado.api.request.rate,2)
```

3. Tornado 数据层 CPU 使用情况

代码清单 13-32　Tornado 数据层 CPU 使用情况

```
groupByNode(productiona.hosts.tornado-{redis,db}.cpu.{user,system},2,'sumSeries')
```

4. Tornado 应用程序层 CPU 使用情况

代码清单 13-33　Tornado 应用程序层 CPU 使用情况

```
groupByNode(productiona.hosts.tornado-{api1,api2}.cpu.{user,system},2,'sumSeries')
```

5. Tornado Web 层 CPU 使用情况

代码清单 13-34　Tornado Web 层 CPU 使用情况

```
groupByNode(productiona.hosts.tornado-{proxy,web1,web2}.cpu.{user,system},2,'sumSeries')
```

6. Tornado Swap 使用情况

代码清单 13-35　Tornado Swap 使用情况

```
aliasByNode(productiona.hosts.tornado-{proxy,web1,web2,api1,api2,redis,db}.swap.used, 2)
```

7. Tornado 内存使用情况

代码清单 13-36　Tornado 内存使用情况

```
aliasByNode(productiona.hosts.tornado-{proxy,web1,web2,api1,api2,redis,db}.memory.used,2)
```

8. Tornado Load（短期）

代码清单 13-37　Tornado Load（短期）

```
aliasByNode(productiona.hosts.tornado-{proxy,web1,web2,api1,api2,redis,db}.load.shortterm,2)
```

9. /分区上的 Tornado 磁盘使用情况

代码清单 13-38　/分区上的 Tornado 磁盘使用情况

```
aliasByNode(productiona.hosts.tornado-{proxy,web1,web2,api1,api2,redis,db}.df.root.
   percent_bytes.used, 2)
```

　　这就完成了 Tornado 的运维看板。可以看到，业务人员、运维人员和开发人员都可以使用看板了解 Tornado 应用程序的当前状态。

13

如果想了解更多细节，可以在本书的源代码中找到关于看板的 JSON 源代码。

13.5　扩展 Tornado 之外的监控

Riemann 最大的优势在于，许多配置和检测都可以跨应用程序和跨服务重用。如果 Tornado 应用程序进行了多次迭代，那么你就可以轻松地更新 checks 函数的 let 语句，从而选择所有相关的主机。假设 Tornado 应用程序已经编号（所有 Tornado 应用程序事件都由 collectd 标记），如代码清单 13-39 所示。

代码清单 13-39　扩展 Tornado

```
(defn checks
  "Handles events for Tornado applications"
  []
  (let [web-tier-hosts #"tornado(\d+)?-(proxy|web1|web2)"
        app-tier-hosts #"tornado(\d+)?-(api1|api2)"
        db-tier-hosts #"tornado(\d+)?-(db|redis)"]

    (splitp re-matches host
      web-tier-hosts (webtier)
      app-tier-hosts (apptier)
      db-tier-hosts  (datatier)
      #(info "Catchall" (:host %)))))
```

这将匹配 tornado-xxx 应用程序、tornado1-xxx 应用程序或 tornado10-xxx 应用程序的主机。

还可以用配置管理工具（如 PuppetDB）或服务发现工具（如 Zookeeper 或 Consul）查找外部数据源，从而替换查找 web-tier-hosts 的正则表达式，这种方法更为复杂。

使用这种方法，并通过修改正则表达式，还可以匹配来自各种应用程序的事件。例如，可以通过重命名 tornado 名字空间来创建一组通用的三层 Web 应用程序检测，如代码清单 13-40 所示。

代码清单 13-40　重命名 tornado 名字空间

```
(ns examplecom.app.webapps
  "Monitoring streams for Web Applications"
...
```

然后可以更新 riemann.config 中的流，实现从多个应用程序中选择事件，如代码清单 13-41 所示。

代码清单 13-41　发送要检测的 Tornado 事件

```
(tagged-any ["tornado" "avalanche"]
  (webapps/checks))
```

tagged-any 流将匹配带有任意所列标记的事件，这里，带有 tornado 标记或 avalanche 标记的事件都将被发送到 application/checks 函数。假设主机选择也更新了，那么事件将被路由到相关层的检测。然后，更新流中所有特定于应用程序的指标名称，使其成为通用名称。

可以使用 Riemann 配置重用或构建通用检测。

13.6 小结

本章介绍了如何监控 Tornado 应用程序的数据层，再次观察了业务指标和应用程序性能指标，并且建立了适当的检测和阈值，便于了解数据层处于可用状态或者相比预期出现异常的时间。

本章还为业务负责人在看板中公开了一些可视化的指标，并添加了满足开发团队和运维团队监控需求的其他图表。

总体来说，最后三章介绍了关于监控的最关键的操作，它们演示了如何结合前几章构建的工具和技术来构建一个全面的监控框架。有了这些工具、技术和书中提供的示例，你可以构建和扩展此框架，从而监控自己的环境。

13

附 录

浅谈 Clojure 和函数式编程

Riemann 使用基于 Clojure 的配置文件进行配置，这意味着配置文件实际上是作为 Clojure 程序来处理的。因此，你需要编写 Clojure 代码来处理事件并发送通知和指标。别慌！使用 Riemann 并不需要成为技能娴熟的 Clojure 开发人员，本书会教你使用 Riemann 所需的必要知识。此外，Riemann 提供了许多帮助程序和快捷方式，让编写 Clojure 代码来完成处理事件所需的操作变得更容易。

现在来看一下更多关于 Clojure 的知识，这能够帮助你快速入门 Riemann。Clojure 是一种针对 Java 虚拟机的动态编程语言。它是一种 Lisp 方言，主要是一种**函数式编程语言**（functional programming language）。

函数式编程是一种编程风格，侧重数学函数的计算，避免改变状态和修改可变数据。它具有高度声明式的特点，这意味着在编程时应描述程序应该完成的命令，而不是描述程序完成命令的方式。

注意：侧重描述完成方式的语言称为命令式语言。

声明式编程语言包括 SQL、CSS、正则表达式和配置管理语言（如 Puppet 和 Chef）。下面看一个简单的示例，如代码清单 1 所示。

代码清单 1　声明性语句

```
SELECT user_id FROM users WHERE user_name = "Alice"
```

在这个 SQL 查询中，我们在 users 表中查询 user_name 为 Alice 的 user_id。语句描述的是一个陈述性的问题，即"是什么"，我们并不真正关心"怎样查询"，数据库引擎负责处理这些细节。

除声明式特点之外，函数式编程语言还试图消除状态改变带来的所有副作用。当在函数式编程语言中调用函数时，其返回值只取决于输入函数的值。因此，如果用同一个参数值 x 反复调用函数 f，那么 f(x) 函数每次都会得到相同的结果。这使得函数式编程语言易于理解、测试和预测。

函数式编程语言比较像"纯"函数。

快速入门 Clojure 的最佳方法是了解其语法和类型的基础知识，现在来看一下关于这方面的介绍。

> **警告**：这部分内容是对 Clojure 的简要介绍，旨在帮助读者大致了解各种语法和表达式，方便使用 Riemann。本书不涉及如何在 Clojure 中开发程序。

Clojure

现在来逐步了解 Clojure 的基本语法和类型，同时，这里将介绍名为 REPL[①]的工具，该工具可以帮助你测试和构建 Clojure 代码片段。REPL 是一个交互式 shell，它接受单个表达式，执行计算并返回结果。这对学习 Clojure 很有帮助。

> **注意**：如果运行环境是 Ruby，那么 REPL 就像 irb 一样，或者就像在 Python 中交互启动 Python 二进制文件一样。

这里通过 Leiningen 工具来安装 REPL。Leiningen 是一个自动化工具，可用于自动化构建和管理 Clojure 项目。

安装 Leiningen

在安装 Leiningen 之前，需要在主机上安装 Java，之前在 Ubuntu 和 Red Hat 上针对 Riemann 安装的 Java 包在这里同样适用。

先来下载名为 lein 的 Leiningen 二进制文件并完成安装，将该文件下载到主目录下的 bin 目录下，如代码清单 2 所示。

代码清单 2　获取 lein

```
$ mkdir -p ~/bin
$ cd ~/bin
$ curl -o lein https://raw.githubusercontent.com/technomancy/leiningen/stable/bin/lein
$ chmod a+x lein
$ export PATH=$PATH:$HOME/bin
```

首先创建并打开名为~/bin 的新目录。然后，使用 `curl` 命令下载 lein 二进制文件，并使用 `chmod` 命令将其授权为可执行文件。最后将~/bin 目录添加到环境变量 PATH 中，便于搜索 lein 二进制文件。

---

① read-eval-print loop，即"读取–求值–输出"循环。——译者注

提示：假设使用 Bash shell 编程，那么把/bin 目录添加到 PATH 只是临时的，仅对当前 shell 有效。若想让其永久生效，需要将此路径添加到 shell 的.bashrc 或类似设置中。

接下来需要运行 lein 来自动安装其支持库，如代码清单 3 所示。

代码清单 3　使用 lein 自动安装

```
$ lein
...
```

这将自动下载与 Leiningen 相关的 Jar 文件。

最后使用 lein repl 子命令来运行 REPL，如代码清单 4 所示。

代码清单 4　运行 REPL

```
$ lein repl
...
user=>
```

这将下载 Clojure（以其 Jar 文件的形式）并启动交互式 Clojure shell。

Clojure 的语法和类型

我们使用这个交互式 shell 来试试刚刚介绍的一些语法和函数。首先打开 shell，如代码清单 5 所示。

代码清单 5　REPL shell

```
user=>
```

先来看一个简单的表达式，如代码清单 6 所示。

代码清单 6　第一个 Clojure 值

```
user=> nil
nil
```

nil 表达式是 Clojure 中最简单的值，表示空值。

还可以指定一个整数值，如代码清单 7 所示。

代码清单 7　第一个 Clojure 整数

```
user=> 1
1
```

也可以指定一个字符串，如代码清单 8 所示。

代码清单 8　第一个 Clojure 字符串

```
user=> "hello Ms Event"
"hello Ms Event"
```

或者指定一个布尔值，如代码清单 9 所示。

代码清单 9　第一个 Clojure 布尔值

```
user=> true
true
user=> false
false
```

Clojure 函数

虽然上面的操作让人眼前一亮，但并不能令人兴奋。我们可以使用 Clojure 函数执行一些更有趣的操作，其结构如代码清单 10 所示。

代码清单 10　Clojure 函数语法

```
(function argument argument)
```

提示：如果惯于使用 Ruby 环境或 Python 环境，那么这里的函数基本上等同于那里的方法。

下面通过对某些值执行一些操作来观察函数，比如将两个整数相加，如代码清单 11 所示。

代码清单 11　第一个 Clojure 函数

```
user=> (+ 1 1)
2
```

本例中使用+函数将 1 和 1 相加，得到 2。

如果你使用过其他编程语言，那么可能会对这个结构有些熟悉。函数看起来就像一个列表（list），其实它就是一个列表！上面的表达式可以将两个数字相加，但它也是列表数据结构中的 3 个元素。

注意：从技术层面讲，这是 s-expression 表达式。

这是 Clojure 的同像性（homoiconicity）特征，可以解释为"代码就是数据，数据就是代码"。这个概念继承自 Clojure 的父语言 Lisp。

同像性意味着程序的结构与其语法相似。在这种情况下，Clojure 程序以列表的形式进行编写。因此通过阅读程序的代码，就可以深入了解程序的内部工作原理。这也让元编程（metaprogramming）

变得容易上手，因为 Clojure 的源代码是一个数据结构，其语言可以视为数据结构。

现在来更深入地观察+函数。每个函数都是一个符号。符号是一串字符，如+或 inc，它有简称和全称，简称用于局部引用（例如+），全称即完全限定名，提供了一种更明确的符号引用方法。符号+的完全限定名是 clojure.core/+。clojure.core 是 Clojure 语言的基本库。下面是+函数的完全限定形式，如代码清单 12 所示。

代码清单 12　+函数的完全限定形式

```
user=> (clojure.core/+ 1 1)
2
```

符号是对事物的引用，通常指向值。可以把它们看作指向一个概念的名称或标识符，比如+是名称，"相加"是概念。当 Clojure 遇到一个符号时，它通过查找其定义并对其进行计算。如果找不到定义，就会生成错误消息，如代码清单 13 所示。

代码清单 13　无法解析符号

```
user=> (bob 1 2)
CompilerException java.lang.RuntimeException: Unable to resolve symbol: bob in this context,
  compiling:(NO_SOURCE_PATH:1:1)
```

Clojure 还有一个停止执行计算的语法，这就是所谓的引用，它通过在表达式前面加上引号'来实现，如代码清单 14 所示。

代码清单 14　引用一个符号

```
user=> '(+ 1 1)
(+ 1 1)
```

如代码清单 14 所示，代码将返回符号本身，而不是计算它。这很重要，因为经常会有一些操作需要执行，一些操作需要复审，或者一些无须计算的操作需要测试。

如果需要确定 Clojure 中某一操作的类型，可以按照以下方式引用 type 函数，如代码清单 15 所示。

代码清单 15　type 函数

```
user=> (type '+)
clojure.lang.Symbol
```

可以看到+是一个 Clojure 语言符号。

列表

Clojure 还有各种数据结构，其中，集合（collection）尤为重要。集合是一组值，例如列表或 map。

先来看一下列表。列表是所有基于 Lisp[①]的语言的核心。如前所述，Clojure 程序本质上就是列表，所以下面将会出现许多这样的情况！

列表包含零个或多个元素，用圆括号表示，如代码清单 16 所示。

代码清单 16　Clojure 列表

```
user=> '(a b c)
(a b c)
```

这里创建了一个包含 a、b 和 c 这 3 个元素的列表。然后，引用这个列表，这样它便无须执行计算。如果不进行引用，就会出现计算失败，因为没有定义元素 a、b 等。下面看一下这个列表，如代码清单 17 所示。

代码清单 17　未引用的 Clojure 列表

```
user=> (a b c)
CompilerException java.lang.RuntimeException: Unable to resolve symbol:
  a in this context, compiling:(NO_SOURCE_PATH:1:1)
```

可以针对列表做一些简单的试验，比如使用 conj 函数添加一个元素，如代码清单 18 所示。

代码清单 18　向列表中添加一个元素

```
user=> (conj '(a b c) 'd)
(d a b c)
```

可以看到，列表的起始位置添加了新元素 d。为什么在起始位置？因为列表实际上是一个链表，主要提供对列表中第一个值的直接访问。列表非常适用于小的元素集合以及需要以线性方式读取元素的场景。

还可以使用各种函数从列表中返回值，如代码清单 19 所示。

代码清单 19　从列表中返回值

```
user=> (first '(a b c))
a
user=> (second '(a b c))
b
user=> (nth '(a b c) 2)
c
```

这里返回了其中的第一个元素、第二个元素，并使用 nth 函数返回了第三个元素。

nth 函数是多参数函数。第一个参数是'(a b c)，第二个参数是要返回的元素的索引，这里是 2。

提示：与大多数编程语言一样，Clojure 从 0 开始计数。

[①] Lisp 相当于 List Processing，即 "列表处理"。——译者注

可以使用 `list` 函数创建一个列表，如代码清单 20 所示。

代码清单 20   创建列表

```
user=> (list 1 2 3)
(1 2 3)
```

向量

向量（vector）也是集合的一种情况。它与列表类似，但是做了一些优化，可以按索引随机访问元素，通过在方括号中添加零个或多个元素来创建，如代码清单 21 所示。

代码清单 21   Clojure 向量

```
user=> '[a b c]
[a b c]
```

与列表一样，这里再次使用 `conj` 来添加向量元素，如代码清单 22 所示。

代码清单 22   在向量中添加元素

```
user=> (conj '[a b c] 'd)
[a b c d]
```

注意，向量不像列表那样关注顺序访问，因此，元素 d 被添加到了末尾。

还可以在列表和向量上使用一些其他有用的函数，例如获取列表或向量中的最后一个元素，如代码清单 23 所示。

代码清单 23   获取向量中的最后一个元素

```
user=> (last '[a b c d])
d
```

或者计算其中元素的个数，如代码清单 24 所示。

代码清单 24   计算向量中元素的个数

```
user=> (count '[a b c d])
4
```

因为向量通过索引来查找元素，所以也可以直接把它们作为函数来使用，如代码清单 25 所示。

代码清单 25   使用向量作为函数

```
user=> ([1 2 3] 1)
2
```

这里获取了索引 1 指向的值 2。

也可以利用 `vector` 函数创建一个向量，或者利用 `vec` 函数将另一个数据结构转换为向量，如代码清单 26 所示。

代码清单 26　创建或转换向量

```
user=> (vector 1 2 3)
[1 2 3]
user=> (vec (list 1 2 3))
[1 2 3]
```

set

最后要介绍的与列表和向量相关的集合是 set[①]。set 是无序的值的集合，用前缀为#的大括号{ }来表示，最常用于在集合中检测是否存在一个或多个值，如代码清单 27 所示。

代码清单 27　Clojure set

```
user=> '#{a b c}
#{a c b}
```

可以看到，这个 set 返回的顺序与创建时有所不同。这是因为 set 侧重检测值的存在状态，所以顺序没有那么重要。

与列表和向量一样，使用 conj 函数向 set 中添加元素，如代码清单 28 所示。

代码清单 28　向 set 中添加元素

```
user=> (conj '#{a b c} 'd)
#{a c b d}
```

set 中不能存在重复元素，向 set 中添加一个已经存在的元素是无效的，但可以使用 disj 函数删除元素，如代码清单 29 所示。

代码清单 29　从 set 中删除一个元素

```
user=> (disj '#{a b c d} 'd)
#{a c b}
```

set 最常见的操作是检测特定值是否存在，这需要使用 contains?函数来实现，如代码清单 30 所示。

代码清单 30　检测 set 中的值

```
user=> (contains? '#{a b c} 'c)
true
user=> (contains? '#{a b c} 'd)
false
```

---

① 为了便于区分，我们称 collection 为集合，set 不翻译，使用英文。——译者注

与向量一样，也可以把 set 本身当作一个函数。如果值存在，则返回它。如果不存在，则返回 nil，如代码清单 31 所示。

代码清单 31   使用 set 作为函数

```
user=> ('#{a b c} 'c)
c
user=> ('#{a b c} 'd)
nil
```

可以使用 set 函数把其他任意集合转换为 set，如代码清单 32 所示。

代码清单 32   把其他任意集合转换为 set

```
user=> (set '[a b c])
#{a c b}
```

这里把向量转换为了 set。

map

map 是本书要介绍的最后一个数据结构，它是用大括号括起来的键–值对，可以把它们想象成散列表，如代码清单 33 所示。

代码清单 33   Clojure map

```
user=> {:a 1 :b 2}
{:a 1, :b 2}
```

这里定义了一个 map，其中包含 2 个键–值对，分别为:a 1 和:b 2。

注意，每个键的前缀都是一个:，这表示另一种类型的 Clojure 语法：关键字。关键字很像符号，但它只是一个名称或标签，不是另一个值的引用。在 map 这样的数据结构中进行查找非常高效，只需查找关键字便可返回值。

可以使用 get 函数来查找一个值，如代码清单 34 所示。

代码清单 34   获取 Clojure map 中的值

```
(get {:a 1 :b 2} :a)
1
```

这里指定了关键字:a，并查询它是否在 map 中出现。它返回键–值对中的值 1。

如果 map 中不存在这个键值，那么 Clojure 会返回 nil，如代码清单 35 所示。

代码清单 35   获取 map 中不存在的值

```
user=> (get {:a 1 :b 2} :c)
nil
```

get 函数也可以接受一个默认值，如果 map 中不存在键值，则返回这个默认值，而不是 nil，如代码清单 36 所示。

代码清单 36　从 map 中获取默认值

```
user=> (get {:a 1:b 2}:c:novalue)
:novalue
```

也可以使用 map 本身作为函数，如代码清单 37 所示。

代码清单 37　使用 map 作为函数

```
user=> ({:a 1:b 2}:a)
1
```

还可以使用关键字作为函数，在 map 中查找其本身，如代码清单 38 所示。

代码清单 38　使用关键字作为函数

```
user=> (:a {:a 1:b 2})
1
```

另外，可以使用 assoc 函数向 map 中添加键–值对，如代码清单 39 所示。

代码清单 39　使用 assoc 函数添加键–值对

```
user=> (assoc {:a 1 :b 2} :c 3)
{:a 1, :b 2, :c 3}
```

如果键值不存在，那么 assoc 函数会添加它。如果存在，那么 assoc 函数将替换该值，如代码清单 40 所示。

代码清单 40　用 assoc 函数替换键–值对

```
user=> (assoc {:a 1 :b 2} :b 3)
{:a 1, :b 3}
```

还可以使用 dissoc 函数来删除键–值对，如代码清单 41 所示。

代码清单 41　使用 dissoc 函数删除键–值对

```
user=> (dissoc {:a 1 :b 2} :b)
{:a 1}
```

注意：如果经常使用 Ruby 语言或 Python 语言，那么列表、set、向量和 map 这些概念可能会有些陌生，但是语法看起来很熟悉。你可以将列表、向量和 set 看作类似于数组，将 map 看作散列。

字符串

我们也可以处理字符串（string）。在 Clojure 中，可以使用 str 函数将几乎所有类型的值转换为字符串，如代码清单 42 所示。

代码清单 42　str 函数

```
user=> (str "holiday")
"holiday"
```

str 函数可以将任意指定内容转换为字符串，它还可以用来连接字符串，如代码清单 43 所示。

代码清单 43　连接字符串

```
user=> (str "james needs " 2 " holidays")
"james needs 2 holidays"
```

创建自定义函数

到目前为止，我们一直以独立表达式的方式运行函数。例如代码清单 44 中的 inc 函数，它将向其传递的参数累加。

代码清单 44　再次运行 inc 函数

```
user=> (inc 1)
2
```

除了演示函数的运行方式，这种调用方式没有其他实际用途。想要使用 Clojure 实现更多功能，需要实现自定义函数。Clojure 为此提供了名为 fn 的函数，如代码清单 45 所示。现在来创建第一个函数。

代码清单 45　fn 函数

```
user=> (fn [a] (+ a 1))
```

这里使用 fn 函数创建了一个新函数。fn 函数以一个向量作为参数，该向量包含了所有正在传递给函数的参数。然后，定义此函数要执行的实际操作。本例中模拟 inc 函数的操作。这个函数将取 a 的值，并将其加 1。

现在运行这段代码将没有任何效果，因为当前 a 是未绑定的，也就是说，我们还没有为它定义一个值。现在运行函数，如代码清单 46 所示。

代码清单 46　运行第一个 fn 函数

```
user=> ((fn [a] (+ a 1)) 2)
3
```

这里传入了参数 2 来运行此函数。这向我们分配了一个符号，并传递给函数。该函数把 a（现在设置为 2）和 1 相加，返回结果 3。

在自定义函数时，书中偶尔会出现简写，如代码清单 47 所示。

代码清单 47 fn 函数的简写

```
user=> #(+ % 1)
```

这个简写的函数相当于(fn [x] (+ x 1))，下面调用它来看一下结果，如代码清单 48 所示。

代码清单 48 调用简写的 fn 函数

```
user=> (#(+ % 1) 2)
3
```

创建变量

距离命名函数仍有一步之遥，现在还缺少一个重要的部分——如何定义自己的变量来保存值？Clojure 中的 def 函数可以实现这一点，如代码清单 49 所示。

代码清单 49 创建一个变量

```
user=> (def smoker "joker")
#'user/smoker
```

def 语句有两种用法。

❑ 创建名为变量的新对象类型。与符号一样，变量是对其他值的引用。可以看到 def 函数的输出结果是新变量#'user/smoker。
❑ 将符号绑定到特定变量上。在这里，符号 smoker 被绑定到值为 joker 的变量上。

当对一个指向变量的符号取值时，它会被替换为变量的值。但因为 def 同时也创建了一个符号，所以可以通过下面的方式引用变量，如代码清单 50 所示。

代码清单 50 对一个符号取值

```
user=> user/smoker
"joker"
user=> smoker
"joker"
```

user/源自哪里？这是 Clojure 的名字空间。名字空间是 Clojure 组织代码和程序结构的一种方式。在本例中，REPL 默认创建了名为 user/的名字空间。记住，前面曾提到，符号有一个简写（例如 smoker）和一个全名，前者可以用于局部引用。这里的全名 user/smoker 可以用于全局引用。本书已经深入地讨论了有关名字空间的内容，并使用它们来组织 Riemann 配置，如果想了解更多信息，可以阅读 "Organizing Your Project: A Librarian's Tale" 这篇文章，文章对相关内容展开了精彩的说明。

还可以使用 type 函数来查看符号所引用的值的类型，如代码清单 51 所示。

代码清单 51 针对符号使用 type 函数

```
user=> (type smoker)
java.lang.String
```

可以看到 smoker 被解析为一个字符串。

创建命名函数

现在，可以通过 def 和 fn 的组合来创建自己的命名函数，如代码清单 52 所示。

代码清单 52 创建第一个命名函数

```
user=> (def grow (fn [number] (* number 2)))
#'user/grow
```

首先，定义名为 grow 的变量以及一个符号。其中定义了一个函数，该函数接受单个参数 number，并将该参数传递给*函数（Clojure 中的数学乘法运算符），然后将其乘以 2。

现在调用函数，如代码清单 53 所示。

代码清单 53 调用 grow 函数

```
user=> (grow 10)
20
```

这里调用了 grow 函数并传入 10。grow 函数乘以该值并返回结果 20。

但是语法有点麻烦。幸运的是，Clojure 提供了一种快捷方式，可以在创建变量的同时将其绑定到 defn 函数。下面用这种形式重写函数，如代码清单 54 所示。

代码清单 54 使用 defn

```
user=> (defn grow [number] (* number 2))
#'user/grow
```

这样更加整洁和易读。现在来添加第二个参数，同时作为乘数和被乘数两个参数，如代码清单 55 所示。

代码清单 55 添加第二个参数

```
user=> (defn grow [number multiple] (* number multiple))
#'user/grow
```

再次调用 grow 函数，如代码清单 56 所示。

代码清单 56 再次调用 grow 函数

```
user=> (grow 10)
ArityException Wrong number of args (1) passed to: user/grow clojure.lang.AFn.
  throwArity (AFn.java:429)
```

似乎参数不够，加上第二个参数，如代码清单 57 所示。

代码清单 57 使用第二个参数调用 grow

```
user=>(grow 10 4)
40
```

还可以在函数中添加一个帮助字符串，使其功能更加明晰，如代码清单 58 所示。

代码清单 58 添加帮助字符串

```
(defn grow
  "Multiplies numbers - can specify the number and multiplier"
  [number multiple]
  (* number multiple)
)
```

可以使用 doc 函数访问函数的帮助字符串，如代码清单 59 所示。

代码清单 59 使用 doc 函数

```
user=> (doc grow)
-----------------------
user/grow
([number multiple])
  Multiplies numbers - can specify the number and multiplier
Nil
```

doc 函数指明了函数的全名以及它接受的参数，并且返回了帮助字符串。

以上就是关于 Clojure 的介绍，可以结合其他章节了解更多关于 Clojure 的知识。

学习更多的 Clojure 知识

为了充分地使用 Riemann，应该尝试去理解 Clojure 的基础知识。如果想学习更多关于 Clojure 的知识，Kyle Kingsbury 的 "Clojure from the ground up" 系列文章是很好的入门工具。本节是对该系列文章的简短总结，在此对 Kyle 致以诚挚的谢意，感谢他的分享。该系列文章可以大大补充本书的内容。建议在学习本书之前，至少仔细地阅读该系列的前 3 篇文章。

"Clojure Style Guide" 对编写具有良好风格的代码也很有价值。

提示：如果有兴趣学习更多有关 Clojure 的知识，可以访问 learn-clojure 官方网站。

TURING

图 灵 教 育

站在巨人的肩上
Standing on the Shoulders of Giants